高等职业教育系列教材

单片机技术及应用

（基于 Proteus 的汇编和 C 语言版）

主　编　黄锡泉　何用辉

副主编　王麟珠　翁　伟

　　　　骆旭坤　林　福

参　编　王红超　杨成菊　曾思通

　　　　吴云轩　罗炳莲　陈茂林

　　　　朱　群　刘思默　方凤玲

主　审　林　丰　谢广文

机械工业出版社

本书按照项目导向、任务驱动的编写模式，将进行单片机应用设计与开发所必需的理论知识与实践技能分解到不同的项目和任务中由浅入深、循序渐进地讲述。本书具有3大特色：C语言与汇编语言并存，汇编语言注重硬件资源讲解，C语言注重程序开发，两者之间既可相互独立又可进行分析比较；软硬件结合、虚拟仿真，书中所有项目均以硬件实物装置展开讲解，再基于Proteus进行虚拟仿真学习训练；淡化原理、注重实用，以具体应用项目任务实现为主导，突出单片机实用技术的学习与训练。本书结构紧凑、图文并茂，配备教学课件、视频教程、仿真源码等完善的立体化课程资源光盘，具有较强的可读性、实用性和先进性。

　　本书既可作为高职高专院校自动化类、电子信息类、机电类和计算机类等专业的课程教材，也可作为应用型本科院校、函授学院以及相关培训班的教材，还可作为单片机应用开发人员的参考书。

图书在版编目（CIP）数据

单片机技术及应用（基于Proteus的汇编和C语言版）/ 黄锡泉，何用辉主编. —北京：机械工业出版社，2014.1（2024.8重印）
高等职业教育系列教材
ISBN 978-7-111-44676-7

Ⅰ. ①单… Ⅱ. ①黄… ②何… Ⅲ. ①单片微型计算机—系统仿真—应用软件—高等职业教育—教材②汇编语言—程序设计—高等职业教育—教材③C语言—程序设计—高等职业教育—教材 Ⅳ. ①TP368.1②TP373③TP312

中国版本图书馆CIP数据核字（2013）第262592号

机械工业出版社（北京市百万庄大街22号　邮政编码100037）
责任编辑：李文轶
责任印制：郜　敏
北京富资园科技发展有限公司印刷
2024年8月第1版·第16次印刷
184mm×260mm·22.25印张·551千字
标准书号：ISBN 978 - 7 - 111 - 44676 - 7
定价：52.00元

前　言

本书是在编者从事十多年单片机应用开发和教学改革的经验基础之上，结合单片机最新应用技术和高职高专教育最新理念，按照项目导向、任务驱动的编写模式，通过海峡两岸院校合作，共同开发编写的融合汇编语言、C 语言和 Proteus 仿真教学于一体的项目式特色改革教材。本书结构紧凑、图文并茂，配备教学课件、视频教程、仿真源码等完善的立体化课程资源光盘，具有较强的可读性、实用性和先进性。

本书具有以下几个突出的特点：

1）本书作为按照项目导向、任务驱动模式编写的工学结合特色改革教材，以典型的单片机应用项目为载体，将进行单片机应用设计与开发所必需的理论知识与实践技能分解到不同的项目和任务中由浅入深、循序渐进地讲述，体现学中做、做中学的理念，注重学生职业能力的培养。

2）本书采用 C 语言与汇编语言双语讲解。由于汇编语言适合初学者对单片机原理与硬件资源的描述学习，语言灵活，但编程难掌握；而 C 语言编程容易掌握，适合程序开发，但适合对单片机原理与硬件方面具有一定基础者，一般面向产品开发。两者并存讲解既可相互独立学习又可进行分析比较，重点强化学生对单片机软硬件知识与编程能力的培养。

3）本书内容软硬件结合、虚拟仿真，书中所有项目、任务均以硬件实物装置展开讲解，沿用传统单片机学习与开发的经验，又结合目前流行的单片机软硬件仿真软件 Proteus 进行项目实物装置的虚拟仿真学习与训练，适合初学者节约学习成本、提高学习兴趣和效率。

4）本书内容选取上淡化原理、注重实用，以具体应用项目任务实现为主导，注重单片机实用技术学习与训练，有利于培养学生分析和解决实际应用项目问题的能力，强化学生项目组织与实施能力的培养，重点突出学生实践动手能力的提升。

5）本书针对每个项目的培养目标，精心选择训练任务，体现精训精练；每个任务均可直接工程化移植使用，体现技术完整性与实用性。注重学习训练的延展性，每个任务既相对独立，又与前后任务之间保持密切的联系，由点到线，由线到面，体现知识学习与能力训练的综合性和系统性。

本书为福建省教育厅高等职业教育教材建设计划支持的闽台合作、工学结合的特色改革教材，以福建省先进制造业软件公共服务平台为支撑，由海峡两岸院校合作开发编写。本书也是机械工业出版社组织出版的"高等职业教育系列教材"之一。建国科技大学黄锡泉和福建信息职业技术学院何用辉共同担任主编，负责全书内容的组织、统稿，参加编写的人员还有福建船政交通职业学院王麟珠、曾思通，黎明职业大学骆旭坤、吴云轩，闽西职业技术学院林福、罗炳莲，厦门海洋职业技术学院王红超，闽北职业技术学院杨成菊，建国科技大学陈茂林，福建信息职业技术学院翁伟、朱群、刘思默和方凤玲。本书由福建信息职业技术学院林丰教授级高工和中兴大学谢广文副教授共同主审，并对本书提出宝贵意见。在本书的编写过程中，编者参考了有关书籍及论文，并引用了其中的一些资料，在此一并向这些作者表示感谢。

本书中有些电路图为了保持与软件的统一性，使用了软件中的电路符号标准及文字描述标准，电路符号与图标不符，特此说明

限于编者的经验、水平，书中难免有不足与缺漏之处，恳请专家、读者批评指正。

编　者

目　录

V

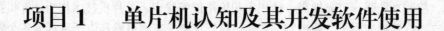

项目1　单片机认知及其开发软件使用

任务 1.1　认知单片机及其编程语言

1.1.1　初识单片机

图 1-1 为一个简单的单片机应用实物装置，在单片机的控制作用下，该实物装置可实现如下两种功能。

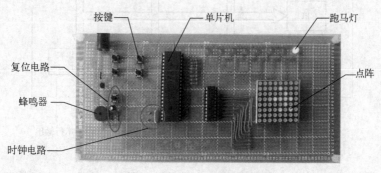

图 1-1　单片机应用实物装置

1）每当有按键按下时，蜂鸣器会发出按键按下提示声音。

2）通过 4 个按键来控制跑马灯与点阵箭头的移动方向（左移或右移）和移动速度（加速或减速）。

该单片机应用实物装置具体的工作运行情况见教材附带光盘中的视频文件。通过图 1-1 和工作运行视频，我们发现所谓的单片机实质上就是一个芯片，通过小小一片芯片的作用即可实现复杂的控制功能。

单片机又称为单片微控制器（Single Chip Microcomputer），是采用超大规模集成电路技术把具有数据处理能力的中央处理器 CPU、随机内存 RAM、只读存储器 ROM、多种 I/O 口、中断系统和定时/计数器等功能部件（可能还包括显示驱动电路、脉宽调制电路、模拟多路转换器和 A-D 转换器等电路）集成到一块电路芯片上构成的一个小而完善的计算机系统。

图 1-1 展示的实物装置即为单片机作为微型计算机系统的简单功能的应用，由于它具有结构简单、控制功能强、可靠性高、体积小和价格低等优点，单片机技术作为计算机技术的一个重要分支，广泛地应用于工业控制、智能化仪器仪表、家用电器和电子玩具等各个领域。

1.1.2 分析单片机硬件系统

自 1980 年 Intel 公司推出了 MCS-51 系列单片机，很快成为了单片机家族中的典型代表，其典型产品有 8031（内部没有程序内存）、8051（芯片采用 HMOS，功耗 630mW 是 89C51 的 5 倍）和 8751 等通用产品，实际使用中，8031 和 8051 早已经被市场淘汰。目前，以 MCS-51 技术核心为主导的单片机成为世界上许多厂家和电气公司竞选的对象，以此为基核，推出很多与 MCS-51 有极好兼容性的 CHMOS 单片机，同时还增加了许多新的功能。例如，宏晶科技公司推出的 STC89CXX 系列单片机，Atmel 公司推出的 AT89CXX 系列单片机，Philips 公司推出的 P89CXX 系列单片机，Silicon 公司推出的 C8051FXXX 系列单片机等。

1. MCS-51 单片机的内部结构

MCS-51 单片机是把 CPU、RAM、ROM、定时/计数器和多种功能的 I/O 接口等功能集成在一块芯片上所构成的微型计算机，MCS-51 单片机的内部结构框图如图 1-2 所示。

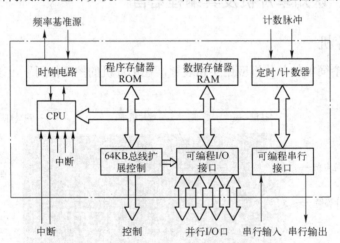

图 1-2 MCS-51 单片机的内部结构框图

1）CPU：CPU 是中央处理器的简称，它是单片机的核心部件，由运算器和控制器等部件组成，能够完成各种运算和控制操作。

2）内存：MCS-51 单片机包括空间大小为 4KB 的片内程序内存 ROM（可扩展到 64KB）、空间大小为 256B 的片内数据存储器 RAM。

3）并行 I/O 接口：MCS-51 单片机中共有 4 个 8 位并行 I/O 接口（P0、P1、P2 和 P3），每一个 I/O 接口都可以独立的用于输入和输出控制。

4）定时/计数器：51 单片机中包括两个 16 位定时/计数器。它们既可以作为定时器，用于定时、延时控制；又可以作为计数器，用于对外部事件进行计数和检测等。

5）中断控制：51 单片机具有完善的中断控制系统，其中共有 5 个中断源和两个中断优先级，用于满足实时控制的需要。

6）串行接口：51 单片机采用通用异步工作方式的全双工串行通信接口，可以同时发送和接收数据。

2. 单片机的引脚及其功能

标准的 MCS-51 单片机是 40 引脚的芯片，本书采用的是 40 引脚双列直插（DIP）封装的 STC89C51 单片机，如图 1-3 所示。

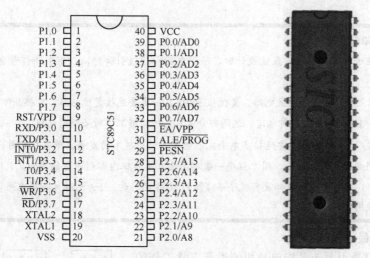

图 1-3　STC89C51 的引脚和实物图

STC89C51 单片机的 40 个引脚大致可分为电源、时钟、I/O 口和控制总线几部分，各引脚功能如下。

（1）电源引脚（VCC 和 VSS）

VCC：电源输入端，作为工作电源和编程校验。

VSS：接共地端。

（2）时钟电路引脚（XTAL1 和 XTAL2）

单片机在使用内部振荡电路时，XTAL1 和 XTAL2 用来外接石英晶体和微调电容，振荡频率为晶振频率，振荡信号送至内部时钟电路产生时钟脉冲信号。在使用外部时钟时，用于接外部时钟源。

（3）控制信号引脚（RST/VPD，ALE/$\overline{PROG}$，$\overline{PSEN}$，$\overline{EA}$/VPP）

1）RST/VPD：RST 复位信号输入端。当 RST 端保持两个机器周期以上的高电平时，单片机完成复位操作，VPD 为内部 RAM 的备用输入电源。当电源 VCC 一旦断电或者电压降到一定值时，可以通过 VPD 为单片机内部 RAM 提供电源，以保证片内 RAM 中信息不丢失，且上电后能够继续正常运行。

2）ALE/$\overline{PROG}$：地址锁存信号。在访问片外内存时，ALE 用于控制 P0 口输出低 8 位地址送入锁存器锁存起来，以实现低位地址和数据的分时传送。即使在不访问外部数据存储器时，ALE 以 1/6 晶振频率的固定频率输出的正脉冲，可作为外部时钟或者外部定时脉冲使用。

3）$\overline{PSEN}$：外部程序内存读选通信号。在访问外 ROM 时，$\overline{PSEN}$ 会产生负脉冲信号（即低电平信号）作为外 ROM 的读选通信号。

4）$\overline{EA}$/VPP：程序内存的控制信号。当$\overline{EA}$端保持低电平时，CPU 将只访问片外 ROM，当$\overline{EA}$端保持高电平时，CPU 执行片内 ROM 指令（除非程序计数器 PC 的值超过 0FFFH）。

（4）I/O 口引脚（P0、P1、P2 和 P3）

STC89C51 单片机有 4 个 8 位并行输入/输出接口，简称为 I/O 口。P0、P1、P2 和 P3 口共计 32 根输入/输出线。这 4 个接口可以并行输入/输出 8 位数据，也可以按位输出，即每一位可以独立输入/输出一个数据。

知识链接

在进行单片机应用系统设计时，除了电源和地线引脚外，以下引脚信号也必须连接相应电路。

1．单片机最小系统电路。复位信号 RST 一定要连接复位电路，外接晶体引线端 XTAL1 和 XTAL2 必须连接时钟电路，这两部分是单片机能够工作所必须的电路。

2．$\overline{EA}$ 引脚一定要连接高电平或低电平。随着技术的发展，单片机芯片内部的程序存储器空间越来越大，因此，用户程序一般都固化在单片机内部程序存储器中，此时 $\overline{EA}$ 引脚应接高电平。只有在使用内部没有程序存储器的 8031 芯片时，$\overline{EA}$ 引脚才接低电平，该芯片目前已很少使用。

3．单片机最小系统

所谓单片机最小系统是指单片机能进行正常工作的最简单电路，包括单片机电路、电源电路、时钟电路和复位电路，四者缺一不可。图 1-4 所示为单片机最小系统框图，由于其结构简单、体积小、功耗低和成本低，因此在简单的应用系统中得以广泛应用。

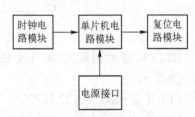

图 1-4 单片机最小系统框图

（1）电源接口模块

单片机要能够正常运行工作，就必须给以单片机上电，其使用的电源为+5V，接入单片机的 VCC 引脚上，同时在其单片机的 VSS 引脚上接地，同时为了使单片机能有更好的抗干扰性，所以一般在 VCC 和 VSS 之间接有高频和低频滤波的电容。

（2）复位电路模块

复位是指使单片机内部各寄存器的值变为初始状态。单片机复位的条件：当 RST（9 引脚）端出现高电平并保持两个机器周期以上时，单片机内部就会执行复位操作。复位电路有上电复位和按键复位两种实现方式，如图 1-5 所示。

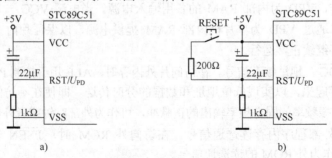

图 1-5 复位电路

1）上电复位：上电复位是指在单片机上电的瞬间，单片机的 RST 端和 VCC 端电平相同，随着电容的充电，电容两端电压逐渐上升，RST 端电压逐渐下降，完成复位。

2）按键复位：按键复位是指在单片机运行过程中，按下复位键，RST 端电位变为高电平，完成复位。

（3）时钟电路模块

要使单片机内部的每个部件之间协调一致的工作，必须在时钟信号的控制下进行。单片机内部有一个用于构成振荡器的高增益放大器，引脚 XTAL1 和 XTAL2 分别是此放大器的输入端和输出端，只需要外接一个晶振和两个电容便构成自激振荡器，为单片机系统提供时钟，如图 1-6 所示。

时钟电路中的电容一般取值在 30pF 左右，晶振的振荡频率范围一般为 1.2～24MHz，而在通常情况下，51 单片机使用的晶振频率为 6MHz 或 12MHz，在通信系统中常用 11.0592MHz。

4．单片机的时序周期

单片机系统的各部分是在 CPU 的统一指挥下协调工作的，CPU 微控制器根据不同指令，产生相应的定时信号和控制信号，各部分和各控制信号之间要满足一定时间顺序。

1）振荡周期：为单片机提供时钟信号的振荡源的周期（晶振周期和外加振荡源周期）。

2）状态周期：CPU 从一个状态转变到另一个状态所需的时间为状态周期。在 51 单片机中，一个状态周期等于两个振荡周期。

3）机器周期：计算机完成一次完整的、基本的操作所需的时间为机器周期。51 单片机的一个机器周期为 6 个状态周期组成。

4）指令周期：执行完一条指令所需的时间。指令周期往往由一个或一个以上的机器周期所组成。51 单片机的指令周期一般有 1 个、两个和 4 个机器周期这 3 种周期状态。

以上 4 个周期之间的关系如图 1-7 所示。单片机的各周期的时间长短由单片机所外接的晶振振荡频率大小所决定，例如本书中采用的是 12MHz 的晶振源，那它的时钟周期是 1/12（微秒），相应它的一个机器周期是 12*（1/12），也就是 1 微秒。各周期的时间如下所示。

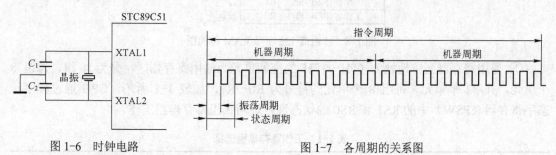

图 1-6　时钟电路　　　　　　　　　　图 1-7　各周期的关系图

振荡周期=$1/12\mu s$，状态周期=$1/6\mu s$，机器周期=$1\mu s$，指令周期=$1～4\mu s$

5．单片机内部存储器

在单片机内部具有数据存储器 RAM 和程序存储器 ROM 两个内存存储资源。

（1）片内数据存储器

片内数据存储器又称为内部 RAM，也称为随机存取内存，主要用于数据缓冲和中间数据的暂存，同时这种内存在使用过程中可随时进行写入和读取信息。STC89C51 单片机内部有 256 字节（B），通常把这 256 个字节分为两部分：低 128 字节（单元地址 00H～7FH）和高 128 字节（单元地址 80H～0FFH）。

1）片内低 128 字节 RAM。片内低 128 字节 RAM 按用途可分为 3 个区域，如图 1-8 所示。

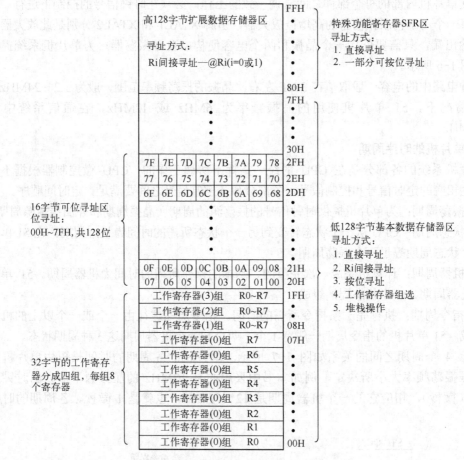

图 1-8　片内低 128 字节 RAM 结构图

① 通用寄存器区。地址为 00H～1FH 的空间单元为通用寄存器区，分为 4 组，每组 8 个单元，共 32 个单元。每组 8 个单元的符号为 R0～R7，如表 1-1 所示，CPU 通过程序状态字寄存器（PSW）中的 RS1 和 RS0 的状态选定选用哪组寄存器组工作。

表 1-1　工作寄存器组选择

RS1	RS0	工作寄存器组号	R0～R7 物理位元址
0	0	0	00H～07H
0	1	1	08H～0FH
1	0	2	10H～17H
1	1	3	18H～1FH

注：单片机复位后，RS0、RS1 的状态为 00。

知识链接

在单片机的 C 语言程序设计中，一般不会直接使用工作寄存器组 R0~R7。但是，在汇编语言设计中，工作寄存器组是用来直接存放操作数及中间结果等的重要寄存器。

② 位寻址区。地址为 20H~2FH 的空间单元为位寻址区，这 16 个单元（共 128 位）的每一位都有一个对应的地址，如表 1-2 所示。

表 1-2　位寻址区地址表

单元地址	MSB			位地址				LSB
2FH	7FH	7EH	7DH	7CH	7BH	7AH	79H	78H
2EH	77H	76H	75H	74H	73H	72H	71H	70H
2DH	6FH	6EH	6DH	6CH	6BH	6AH	69H	68H
2CH	67H	66H	65H	64H	63H	62H	61H	60H
2BH	5FH	5EH	5DH	5CH	5BH	5AH	59H	58H
2AH	57H	56H	55H	54H	53H	52H	51H	50H
29H	4FH	4EH	4DH	4CH	4BH	4AH	49H	48H
28H	47H	46H	45H	44H	43H	42H	41H	40H
27H	3FH	3EH	3DH	3CH	3BH	3AH	39H	38H
26H	37H	36H	35H	34H	33H	32H	31H	30H
25H	2FH	2EH	2DH	2CH	2BH	2AH	29H	28H
24H	27H	26H	25H	24H	23H	22H	21H	20H
23H	1FH	1EH	1DH	1CH	1BH	1AH	19H	18H
22H	17H	16H	15H	14H	13H	12H	11H	10H
21H	0FH	0EH	0DH	0CH	0BH	0AH	09H	08H
20H	07H	06H	05H	04H	03H	02H	01H	00H

位寻址区的每一位都可当做软件触发器，由程序直接进行位处理。通常可以把各种程序状态标志、位控制变量存于位寻址区内。同时，位寻址区的单元也可进行按字节操作，作为一般的数据缓冲区使用。

③ 用户 RAM 区。地址为 30H~7FH 的 80 个单元空间用于供用户使用的 RAM 区。

2）片内高 128 字节 RAM。内部数据存储器高 128 字节单元的地址为 80H~0FFH，在这 128 个单元中离散的分布着若干个特殊功能寄存器（简称为 SFR），专用于控制、选择、管理、存放单片机内部各部分的工作方式、条件、状态和结果。不同的 SFR 管理不同的硬件模块，负责不同的功能，包括程序状态字寄存器、累加器、I/O 口锁存器、定时/计数器、串口数据缓冲器及数据指针等，如表 1-3 所示。

表 1-3　特殊功能寄存器

寄存器名称	字节地址	MSB			位地址（16 进制）				LSB	功能名称
B	F0H	F7	F6	F5	F4	F3	F2	F1	F0	B 寄存器
ACC	E0H	E7	E6	E5	E4	E3	E2	E1	E0	累加器 A
PSW	D0H	D7	D6	D5	D4	D3	D2	D1	D0	程序状态字寄存器
		CY	AC	F0	RS1	RS0	OV	F1	P	

寄存器名称	字节地址	MSB			位地址（16进制）				LSB	功能名称
IP	B8H	BF	BE	BD	BC	BB	BA	B9	B8	中断优先级控制寄存器
		/	/	/	PS	PT1	PX1	PT0	PX0	
P3	B0H	B7	B6	B5	B4	B3	B2	B1	B0	I/O端口3
		P3.7	P3.6	P3.5	P3.4	P3.3	P3.2	P3.1	P3.0	
IE	A8H	AF	AE	AD	AC	AB	AA	A9	A8	中断允许控制寄存器
		EA	/	/	ES	ET1	EX1	ET0	EX0	
P2	A0H	A7	A6	A5	A4	A3	A2	A1	A0	I/O端口2
		P2.7	P2.6	P2.5	P2.4	P2.3	P2.2	P2.1	P2.0	
SBUF	99H									串行数据缓冲器
SCON	98H	9F	9E	9D	9C	9B	9A	99	98	串行口控制寄存器
		SM0	SM1	SM2	REN	TB8	RB8	TI	RI	
P1	90H	97	96	95	94	93	92	91	90	I/O端口1
		P1.7	P1.6	P1.5	P1.4	P1.3	P1.2	P1.1	P1.0	
TH1	8DH									定时/计数器1（高字节）
TH0	8CH									定时/计数器0（高字节）
TL1	8BH									定时/计数器1（低字节）
TL0	8AH									定时/计数器0（低字节）
TMOD	89H	GAT	C/T	M1	M0	GAT	C/T	M1	M0	定时/计数器方式寄存器
TCON	88H	8F	8E	8D	8C	8B	8A	89	88	定时/计数器控制寄存器
		TF1	TR1	TF0	TR0	IE1	IT1	IE0	IT0	
PCON	87H	SM0	/	/	/	/	/	/	/	电源控制寄存器
DPH	83H									数据指针（高字节）
DPL	82H									数据指针（低字节）
SP	81H									堆栈指针
P0	80H	87	86	85	84	83	82	81	80	I/O端口0
		P0.7	P0.6	P0.5	P0.4	P0.3	P0.2	P0.1	P0.0	

注意： 凡是特殊功能寄存器字节地址能被8整除的单元均能按位寻址。

① 程序计数器PC。程序计数器PC是一个16位的计数器，其内容为将要执行的指令地址，寻址范围达64KB。PC有自动加1的功能，以实现程序的顺序执行。PC没有地址，是不可寻址的，因此用户无法对它进行读写。但在执行转移、调用或返回等指令时能自动改变其内容，以改变程序的执行顺序。

② 累加器ACC及B寄存器。累加器ACC简称为A，是所有特殊功能寄存器中最重要、使用频率最高的寄存器，常用于存放参加算术或逻辑运算的两个操作数中的一个，运算结果最终都存放在A中，许多功能也只有通过A才能实现。而B寄存器也是单片机内部特有的一个寄存器，主要用于乘法和除法运算，也可作为一般寄存器使用。

③ 数据指针DPTR。数据指针DPTR是一个16位的专用寄存器，由DPH（数据指针高

8 位）和 DPL（数据指针低 8 位）组成，即可作为一个 16 位的寄存器使用，也可作为两个独立的 8 位寄存器使用，而 DPTR 通常用于存放外部数据存储器的存储单元地址。

④ 堆栈指针 SP。堆栈指针 SP 是一个 8 位的特殊功能寄存器，用于指出堆栈栈顶的地址。数据被压堆栈时，SP 自动加 1；数据出栈时，SP 自动减 1。

⑤ 程序状态字寄存器 PSW。程序状态字寄存器 PSW（8 位）是一个标志寄存器，用于存放指令运行结果的状态信息，以供程序查询和判别。有些位在执行中硬件自动设置，而有些位由用户自行设定。STC89C51 单片机中的 PSW 寄存器各位的含义如表 1-4 所示。

表 1-4 PSW 寄存器各位的含义

PSW(0D0H)	D7	D6	D5	D4	D3	D2	D1	D0
位定义	Cy	Ac	F0	RS1	RS0	OV	—	P
位含义	进位标志	辅助进位标志	用户自定义位	工作寄存器选择位		溢出标志	未定义位	奇偶标志
位地址	0D7H	0D6H	0D5H	0D4H	0D3H	0D2H	0D1H	0D0H

Cy：进位标志。在执行加法、减法指令时，若运算结果的最高位（D7 位）有借位时，Cy 位被置 "1"，否则被清 "0"。

Ac：辅助进位标志位。主要用于存放 BCD 码加法调整。在执行加、减法指令时，其低四位向高四位有进位或借位时（D3 位向 D4 位），AC 位被置 "1"，否则清 "0"。

F0：用户定义标志位。可通过位操作指令将其置位、清零。

RS1、RS0：工作寄存器组选择位。用于选择单片机内部 4 组工作寄存器中的哪一组工作。RS0、RS1 状态与工作寄存器 R0～R7 的物理地址关系如表 1-1 所示。

OV：溢出标志位。在计算机内，带符号的数一律用补码表示。在 8 位二进制中，补码所能表示的范围是 -128～+127，当运算结果超出这个范围时，OV 标志被置 "1"，否则清 "0"。

P：奇偶标志位。用于指示累加器 ACC 在运算结果中 1 的个数的奇偶性，当累加器 A 中 "1" 的个数为奇数，则 P 为被置 "1"；否则，当累加器 A 中 "1" 的个数为偶数时，P 位被清 "0"。

⑥ I/O 口寄存器。单片机内部有 4 个 I/O 口寄存器 P0、P1、P2 和 P3，实际上就是 P0～P3 口所对应的 I/O 口锁存器，用于锁存通过端口的数据。

当单片机复位后，各特殊功能寄存器的状态如表 1-5 所示。

表 1-5 寄存器复位状态

寄 存 器	复 位 值	寄 存 器	复 位 值
PC	0000H	TMOD	00H
B	00H	TCON	00H
PSW	00H	TH0	00H
SP	07H	TL0	00H
ACC	00H	TH1	00H
DPTR	0000H	TL1	00H
P0～P3	0FFH	SCON	00H
IE	0XX00000B	SBUF	不定
IP	XXX00000B	PCON	0XXX0000B

（2）片内程序存储器

片内程序存储器主要是用来存放计算机中所事先编制好的程序和表格常数。在STC89C51 单片机芯片中有 4KB 的片内程序内存单元，其地址为 0000H～0FFFH，其中地址为 0003H～002AH 的单元在使用时是有特殊规定的。

地址为 0000H～0002H 的 3 个单元是系统的启动单元，在单片机进入复位后，单片机会自动从 0000H 单元开始执行指令程序。但实际上，这 3 个单元并不能存放任何完整的程序，用户在使用时，必须在该单元存放一条无条件跳转指令，以便跳转到指定的程序地址处执行。

地址为 0003H～002AH 的 40 个单元则被平均分为 5 段，每段 8 个单元，分别用做 5 个中断源的中断地址区，具体分布如表 1-6 所示。

表 1-6　中断源地址分配表

中断入口地址	中断地址区间	中　断　源
0003H	0003H～000AH	外部中断 0
000BH	000BH～0012H	定时/计数器中断 T0
0013H	0013H～001AH	外部中断 1
001BH	001BH～0022H	定时/计数器中断 T1
0023H	0023H～002AH	串行口中断

1.1.3　认知单片机编程语言

单片机的编程语言大致可分为机器语言、汇编语言和高级语言 3 种。本书以汇编语言和高级语言中常用的 C 语言作为单片机的编程语言进行讲解。

1）机器语言是由机器能直接识别的由 0 和 1 组成的编码（通常用十六进制数表示），也被称为机器指令。用机器指令编写的程序称为机器语言源程序，它是机器所能理解和执行的，但是人们记忆和读写都很困难。

2）汇编语言是一种用"助记符"和数字符号来表示机器指令的符号语言，是最接近于机器码的一种语言。但是它必须通过汇编程序汇编成机器语言程序后，机器才能理解和执行，汇编过程也可通过手工完成。其主要优点是占用资源少，程序执行效率高。由于它一条指令就对应一条机器码，每一步的执行动作都很清楚，并且程序大小和堆栈调用情况都容易控制，调试起来也比较方便。

为了使程序的结构清晰明了，方便程序的修改及补充等，一般 51 单片机汇编语言程序可以以按照如下框架书写，其中各项详细说明将在后续的各个项目里陆续展开介绍。

```
ORG     0000H      ；程序初始化入口地址
LJMP    MAIN       ；程序跳入主函数 MAIN 中
ORG     0003H      ；外部中断 0 程序入口地址
LJMP    INT_0      ；程序跳入中断子程序 INT_0 中
ORG     000BH      ；定时/计数器 T0 程序入口地址
LJMP    T_0        ；程序跳入中断子程序 T_0 中
ORG     0013H      ；外部中断 1 程序入口地址
LJMP    INT_1      ；程序跳入中断子程序 INT_1 中
ORG     001BH      ；定时/计数器 T1 程序入口地址
LJMP    T_1        ；程序跳入中断子程序 T_1 中
ORG     0023H      ；串口中断程序入口地址
```

```
        LJMP    CK              ；程序跳入中断子程序 CK 中
        ORG     0030H           ；主程序入口地址
MAIN:   ……                      ；主程序部分
        ……                      ；程序语句
        ……                      ；程序语句
DELAY:  ……                      ；子程序部分
        ……                      ；程序语句
        RET                     ；子程序返回
INT_0:  ……                      ；外部中断 0 子程序部分
        ……                      ；程序语句
        RETI                    ；中断返回
T_0:    ……                      ；定时/计数器 0 子程序部分
        ……                      ；程序语句
        RETI                    ；中断返回
INT_1:  ……                      ；外部中断 1 子程序部分
        ……                      ；程序语句
        RETI                    ；中断返回
T_1:    ……                      ；定时/计数器 1 子程序部分
        ……                      ；程序语句
        RETI                    ；中断返回
CK:     ……                      ；串口中断子程序部分
        ……                      ；程序语句
        RETI                    ；中断返回
        END                     ；程序结束
```

3）C 语言（高级语言）是由标识符、常量、变量、运算符和分隔符号等组成的一种具有良好的可读性、易维护性、可移植性和硬件操作能力的编程语言，也是一种编译型程序设计语言，具备汇编语言的功能。C 语言具有功能丰富的库函数，运算速度快，编译效率高，有良好的可移植性，而且可以实现直接对系统硬件的控制。此外，C 语言程序具有完整的程序模块结构，从而为软件开发中采用模块化程序设计方法提供了有力的保障。

一般地，C 语言的程序可看做是由一些函数（function，或视为子程序）构成，其中的主程序是以"main（ ）"开始的函数，而每个函数可视为独立的个体，就像是模块（module）一样，所以 C 语言是一种非常模块化的程序语言。C 语言程序基本结构按照如下框架书写，其中各项详细说明将在后续的各个项目里陆续展开介绍。

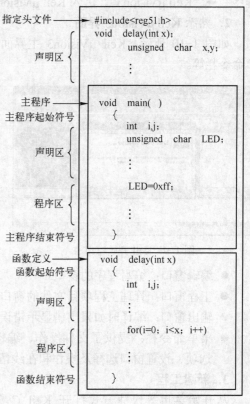

11

任务 1.2 初步使用单片机开发软件

1.2.1 Keil 软件认知及使用

单片机的源程序在哪里编写呢？编写的源程序又是在哪里转换成单片机能识别的机器语言程序呢？这些工作可用单片机的一些编译软件完成。单片机程序的编译调试软件比较多，如 51 汇编集成开发环境、伟福仿真软件和 Keil 单片机开发系统等，其中 Keil 是当前使用最广泛的基于 MCS-51 单片机内核的软件开发平台。

Keil 由德国 Keil Software 公司推出，它是一个基于 Windows 的软件开发平台，Keil μVision3 工具软件是目前最流行的 MCS-51 系列单片机的开发软件，支持汇编语言和 C 语言的程序设计。它提供了包括编辑、编译器、宏汇编、连接器、库管理和一个功能强大的仿真调试器，其内置的仿真器可模拟目标 MCU，包括指令集、片上外围设备及外部信号等。同时又有逻辑分析器，可监控基于 MCU I/O 引脚和外设状况变化下的程序变量。通过一个集成开发环境（μVision）将这些部分组合在一起，掌握这一软件的使用对于学习 MCS-51 系列单片机的学习和开发是十分必要的。

Keil 可以购买或从相关网站下载并安装，当 Keil 安装好后即可进行操作使用了。Keil 软件的具体使用步骤如下，其操作使用过程参考本书附带光盘中的视频文件。

1. 启动 Keil μVision3

在桌面上用鼠标双击 Keil μVision3 图标，或者单击桌面左下方的"开始"→"所有程序"→"Keil μVision3"。进入 Keil μVision3 的编辑环境，出现图 1-9 所示的窗口。

2. 熟悉 Keil μVision3 界面

如图 1-10 所示，Keil μVision3 主界面窗口主要有编辑窗口、工程窗口、输出窗口和菜单命令栏等。

图 1-9 Keil 开始窗口

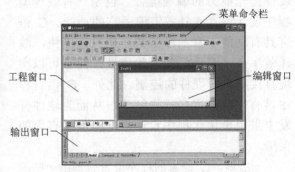

图 1-10 Keil 主界面窗口

● 编辑窗口：编写程序的窗口。
● 工程窗口：管理工程项目文件的窗口。
● 输出窗口：编译时如果出错显示错误地方的窗口。
● 菜单命令栏：提供了文件操作、编辑器操作、项目保存、外部程序执行、开发工具选项、设置窗口选择及操作和在线帮组等功能。

3. 新建工程

从开始菜单等快捷方式打开 Keil C 软件，准备新建本实验项目的工程文件。单击

"Project"菜单下的"New Project..."命令新建工程弹出图 1-11 所示对话框后选择工程路径，输入工程文件名称，新建工程文件"可控跑马灯"。

4．选择芯片型号

在图 1-11 中单击"保存"按钮后，将弹出图 1-12 所示的对话框，选择芯片型号。在"数据库目录"列表中选择"Atrnel"，展开后再选择芯片型号"AT89C51"，这时在右侧会出现该芯片的简介。

 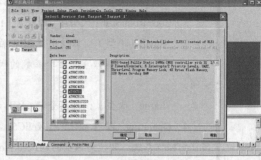

图 1-11　新建工程界面　　　　　　　　图 1-12　　选择芯片型号

在上述窗口中选择确定后，会出现图 1-13 所示的窗口，询问是否将 8051 的启动代码文件复制到工程中。该文件是 Keil C 较高级的配置文件，初学者不必理会，单击"否"按钮即可，日后可以查阅相关书籍。实际上不加入工程，Keil C 在连接时也会把对应的目标代码连接到可执行档中。

5．属性设置

选择菜单栏中的"Project"，再选择下拉菜单中的"Options for Target 'Target 1'"，出现图 1-14 所示的窗口。单击"Target"按钮，在晶体 Xtal（MHz）栏中选择晶体的频率，默认为 24 MHz。本书实例中所用的晶振频率一般为 12MHz，因此要将 24.0 改为 12.0。然后单击"Output"按钮，在"Create HEX Fi"前打勾选中，以便当编译成功后生成.HEX 文件，如图 1-15 所示窗口。其他采用默认设置，然后单击"确定"按钮。

 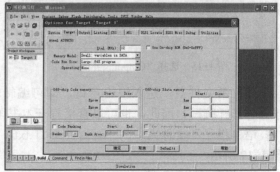

图 1-13　"是否复制代码"对话框　　　　图 1-14　　选择"Target"界面

知识链接

图 1-14 所示的"Options for Target 'Target1'"对话框各选项的含义如下。

1）Xtal(晶振频率)：默认值是所选目标 CPU 的最高可用频率值，该值与最终产生的目标代码无关，仅用于软件模拟调试时显示程序的执行时间。正确设置该数值可使显示时间与实际所用时间一致，一般将其设置成实际硬件所用晶振频率。如果没有必要了解程序执行的时间，也可以不设该项。

2）Memory Model（存储器模式）：用于设置RAM使用模式，有以下3个选择项。

Small（小型）：所有变量都定义在单片机的内部RAM中。

Compact（紧凑）：可以使用一页（256B）外部扩展RAM。

Large（大型）：可以使用全部64KB外部扩展RAM。

3）Code Rom Size（代码存储器模式）：用于设置ROM空间的使用，也有以下3个选择项。

Small（小型）：只使用低2KB程序空间。

Compact（紧凑）：单个函数的代码量不能超过2KB，整个程序可以使用64KB程序空间。

Large（大型）：可用全部64KB程序空间。

4）Operating（操作系统）：KeilC51提供了Rtx tiny和Rtx full两种操作系统，通常不使用任何操作系统，即使用该项的默认值None。

5）Off-chip Xdata memory（片外Xdata存储器）：用于确定系统扩展RAM的地址范围，由硬件确定，一般为默认值。

这些选择必须根据所选用硬件来确定。

6．新建源程序文件

如图1-16所示，单击"File"菜单下的"New"命令新建文件。

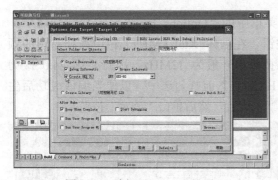

图1-15　选择"Output"界面

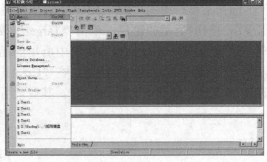

图1-16　新建文件界面

建立新文件后，进入编辑窗口，即可编辑输入程序。由于此处还没有讲解单片机程序具体怎样编写，因此，也可以直接打开本书附带光盘，找到"\C语言源程序文件\项目1\C语言程序"文件夹中的"可控跑马灯.txt"文件，将其内容直接复制到程序即可，如图1-17所示。

7．保存源程序文件

在编辑源程序过程中，单击"File"→"Save As..."，弹出"保存文件"对话框。依次选择路径，输入文件名，保存文件"可控跑马灯.C"，如图1-18所示。注意保存的时候要指定正确的扩展名，比如C语言源文件用".C"、汇编语言源文件用".ASM"，例如本实例中程序使用的就是C语言编写的源程序。

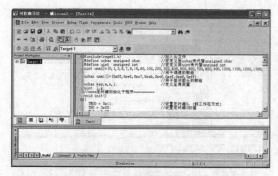

图 1-17　程序编辑输入窗口　　　　　　　　图 1-18　保存源程序界面

8．添加文件到工程

将上步中保存的文件再添加到工程项目中，用鼠标右键单击工程窗口中的"Source Group 1"，选择"Add Files to Group 'Source Group 1'"选项，如图 1-19 所示。此时要找到上一个步骤中所保存文件的路径，注意要找准扩展名。

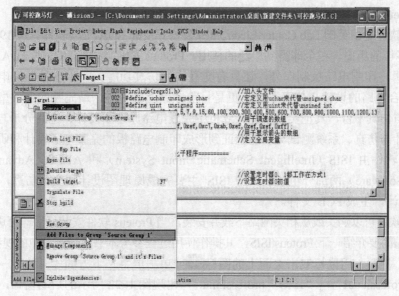

图 1-19　添加文件窗口

9．编译程序

当以上步骤全部执行完后，单击🔨编译程序。查看输出窗口如出现图 1-20 所示的提示信息，则表示程序出现错误。用鼠标双击该条提示信息，则光标会出现在出错地方附近，修改后再进行编译直至输出窗口如图 1-21 所示。

知识链接

当编译成功且在选择 Output 选项卡时打勾"Create HEX Fi"选项，就会在该项目文件夹里生成扩展名为*.HEX 的文件。

图 1-20　编译出错窗口　　　　　　　　　　图 1-21　编译成功窗口

以上的步骤就是 Keil 的一般使用方法，若编译成功则生成 HEX 二进制文件，将其导入仿真软件或实验板，就可以仿真或运行，具体方法后续在进行讲解。

1.2.2　Proteus 软件认知及使用

1．Proteus 软件初步认知

Proteus 软件是由英国 Lab Center Electronics 公司开发的 EDA 工具软件。从 1989 年问世至今已有 20 多年的历史，在全球得到广泛的使用。Proteus 软件除具有和其他 EDA 工具软件一样的原理编辑、印制电路板制作外，还具有交互式的仿真功能。它不仅是模拟电路、数字电路、模/数混合电路的设计与仿真平台，更是目前世界上最先进、最完整的多种型号微处理器系统的设计与仿真平台，真正实现了在计算机中完成电路原理图设计、电路分析与仿真、微处理器程序设计与仿真、系统测试与功能验证到形成印制电路板的完整电子设计和研发过程。

Proteus 软件由 ISIS（Intelligent Schematic Input System）和 ARES（Advanced Routing and Editing Software）两部分组成，其中 ISIS 主要完成原理图设计和交互仿真，ARES 主要用于 PCB 设计，生成 PCB 文件。

Proteus 软件可以购买或从相关网站下载并安装，当 Proteus 软件安装好后即可进行操作使用了，下面首先简要介绍一下 Proteus ISIS，其操作使用过程参考本书附带光盘中的视频文件。

1）ISIS 打开。用鼠标双击桌面上的图标 ISIS 或单击屏幕左下方的"开始"→"程序"→"Proteus 7 Professional"→"ISIS 7 professional"，出现图 1-22 所示的启动窗口，随后就进入了 Proteus ISIS 集成环境。

2）工作界面。Proteus 工作界面是一种标准的 Windows 界面，如图 1-23 所示。界面包括标题栏、菜单栏、标准工具栏、绘图工具栏、对象选择按钮、对象选择器窗口、浏览对象方位控制按钮、图形编辑窗口和浏览窗口等。

3）常用的工具按钮。在 Proteus ISIS 7 中提供了许多图标工具按钮，常用的图标按钮对应的操作如下。

▶ 为"选择"按钮：可以在图形编辑窗口中单击任意元器件并编辑元器件的属性。

⇒ 为"元器件"按钮：在对象选择按钮中单击"P"按钮时，根据需要从库中将元器件添加到元器件列表中，也可以在列表中选择已添加的元器件。

╋ 为"连接点"按钮：可在原理图中放置连接点，也可在不用边线工具的前提下，方便地在节点之间或节点到电路中任意点或线之间的连线。

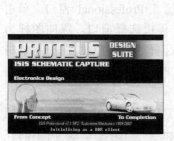

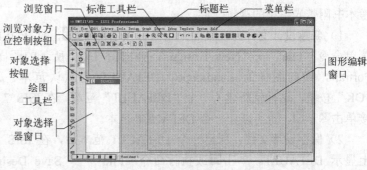

浏览对象方位控制按钮

对象选择按钮

绘图工具栏

对象选择器窗口

图形编辑窗口

图1-22　启动界面　　　　　　　　图1-23　Proteus ISIS 的工作界面

LBL 为"连线的网络标号"按钮：在绘制电路图时，使用网络标号可使连线简单化。

为"总线"按钮：总线在电路图中显示的是一条粗线，其实是由多根单线组成。在使用总线时，每个分支线都要标好相应的网络标号。

为"元器件终端"按钮：绘制电路图时，一般都要涉及电源和地端的端子，还有一些输入输出端等。单击此按钮，在弹出的窗口中提供了各种常用的端子。DEFAULT 为默认的无定义端子，INPUT 为输入端子，OUTPUT 为输出端子，BIDIR 为双向端子，POWER 为电源端子，GROUND 为接地端子，BUS 为总线端子。

A 为"文本"按钮：用于插入各种文本。

C Ɔ 为"旋转"按钮：前一个为顺时针旋转 90°，后一个为逆时针旋转 90°。

↔ ↕ 为"翻转"按钮：用于水平翻转和垂直翻转。

▶ ▐▶ ▐▐ ■ 这4个按钮用于仿真运行控制，依次为运行、单步运行、暂停和停止。

2．Proteus ISIS 原理图设计

下面以本项目中前面展示的单片机应用实物装置（见图 1-1）——可控跑马灯为例，其电路原理图如图 1-24 所示，来介绍 Proteus ISIS 原理图的绘制使用方法，其详细绘制过程参

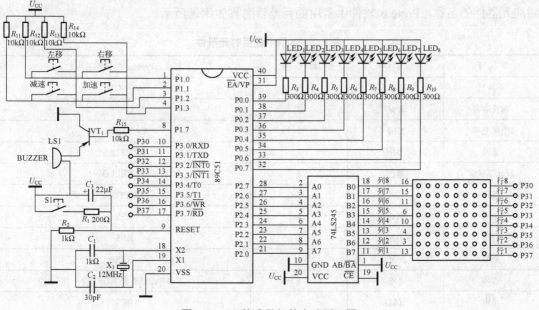

图1-24　可控跑马灯的电路原理图

考本书附带光盘中的视频文件。

1）新建设计文件。在桌面上用鼠标双击图标 ISIS，打开 ISIS 7 Professional 窗口。单击菜单命令 "File" → "New Design"，弹出图 1-25 所示的图样模板选择窗口。纵向图样为 Portrait，横向图样为 Landscape，DEFAULT 为默认范本。选择 "DEFAULT"，再单击 "OK" 按钮，这样就新建了一个 "DEFAULT" 范本。在 ISIS 7 Professional 窗口中也可以直接单击图示，也可新建一个 DEFAULT 范本。

2）保存设计文件。新建一个 DEFAULT 范本后，在 ISIS 7 Professional 窗口的标题栏上显示 DEFAULT。单击 或执行命令 "File" → "Save Design"。弹出图 1-26 所示的界面，选择保存的目录，保存文件名为 "可控跑马灯"。该文件的扩展名为.DSN，即该文件名为可控跑马灯.DSN。

图 1-25 图样模板选择窗口　　　　　图 1-26 保存文件界面

3）添加元器件。本例中使用的元器件如表 1-7 所示。表中备注栏内容为 Proteus 软件中对应元器件的名称，Proteus 软件中常用的元器件名称如附录所示。

表 1-7　本例中使用的元器件

名　称	型　号	数　量	备注（Proteus 中器件名称）
单片机	AT89C51	1	AT89C51
陶瓷电容	30pF	2	CAP
电解电容	22μF	1	CAP-ELEC
晶振	12MHz	1	CRYSTAL
发光二极管	黄色	8	LED-YELLOW
按钮		5	BUTTON
电阻	1kΩ	1	RES
电阻	300Ω	8	RES
电阻	200Ω	1	RES
点阵	8×8	1	MATRIX-8X8-GREEN
电阻	10kΩ	1	RES

名　称	型　号	数　量	备注（Proteus 中器件名称）
蜂鸣器		1	BUZZER
74LS245	74LS245	1	74LS245
上拉电阻	1kΩ	1	RESPACK-8
晶体管	PNP	1	9012

单击"元器件"按钮 ⇒，再单击对象选择按钮 P L DEVICES 中的"P"按钮，或执行菜单"Library"→"Pick Device/Symbol"，弹出图 1-27 所示的窗口。在这个窗口中，添加所需要的元器件的方法有两种。

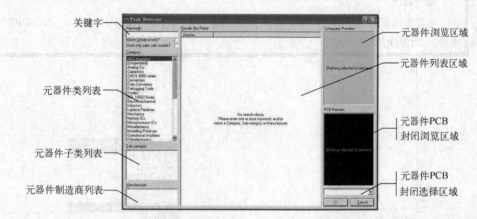

图 1-27 "Pick Devices"对话框

① 在关键词中输入所需要的元器件名称，如 89C51，则出现与关键词相匹配的元器件列表，如图 1-28 所示，选择并用鼠标双击 89C51 所在的行，单击"OK"按钮或按〈Enter〉键，则元器件 8951 加入到 ISIS 对象选择器窗口中。参照表 1-7 给出的关键字，用同样的方法调出其他元器件。

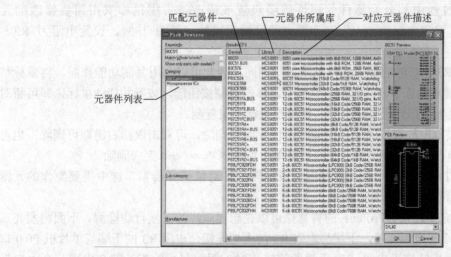

图 1-28 元器件搜索窗口

② 在元器件类列表中选择元器件所属，然后在元器件子类列表中选择所属子类；当对

元器件的制造商有要求时，在制造商区域选择需要的厂商，即可在元器件列表区域得到相对应的元器件。

4）放置元器件。单击"元器件"按钮 ，在对象选择器窗口中，选中 AT89C51 选项（由于在 Proteus 库中没有 STC89C51 这一款芯片，所以我们选用与之结构功能类似的 AT89C51 芯片），将鼠标置于图形编辑窗口，将该对象放置欲放的位置，单击鼠标，此时出现元器件的虚框，如图 1-29 所示。再次单击鼠标即完成放置，同理，其余元器件放置预放位置。

知识链接

电源和地在 元器件终端里，单击 出现图 1-30 所示的 Terminals 窗口，"POWER"为电源，"GROUND"为地。

图 1-29　选择欲放置的位置状态图

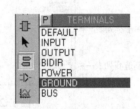

图 1-30　Terminals 窗口

根据 1-24 原理图放置完元器件后，发现有些元器件的位置需要移动，将鼠标移到该对象上，单击鼠标右键，此时该对象被选中，颜色呈红色状态，单击并拖动鼠标，将对象移至新的位置后松开鼠标，完成移动操作。

若在放置过程中部分元器件的属性需要设置或修改，可用鼠标双击需要修改的元件，在出现的"Edit component"对话框中即可设置属性。见图 1-31，设置电阻为 R3，阻值为 300Ω。

由于电阻 R3~R10 的型号和电阻阻值均相同，因此可以利用复制功能作图，将鼠标移至 R 用鼠标右键单击选中，在标准工具栏中，单击复制按钮 ，按下并拖动鼠标，即可将对象复制到新的位置，如此反复，直到右键单击鼠标结束复制。

若在放置过程中放置错的元器件或放错位置需要删除，可双击鼠标右键即可删除；也可选中元器件，单击鼠标右键在出现的右键菜单中单击 ✕ Delete Object 完成删除。

若在放置过程中有些元器件需要旋转或翻转，在对象选择器窗口选中需要操作的元器件，然后单击相应的操作按钮，见图 1-32。

5）元器件之间连接。Proteus 的智慧化可以在想要画线的时候自动检测。下面将发光二极管 VD1 的上端与电源连接，下端与电阻 R3 的上端连接，电阻 R3 的下端与单片机 P0.0 口连接。当鼠标的指针靠近电阻 R3 下端的连接点时，跟着鼠标的指针就会出现一个"口"号，表明检测到电气连接点，单击鼠标左键出现深绿色的连接线；再将鼠标靠近 P0.0 口

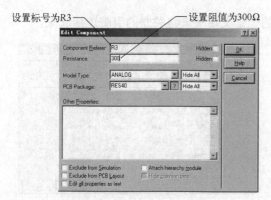

设置标号为R3　　　　　　设置阻值为300Ω

图1-31　设置元器件属性

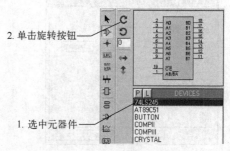

2. 单击旋转按钮

1. 选中元器件

图1-32　元器件旋转

端，直到鼠标指针出现打"口"号，单击鼠标左键，完成连接，如图1-33所示。

6）总线的绘制。单击鼠标总线按钮 ，在proteus中绘制出一条总线。接着将需要与总线连接的引脚用导线完成连接（通常先单击左键再按住〈Ctrl〉键用斜线连接），见图1-34。

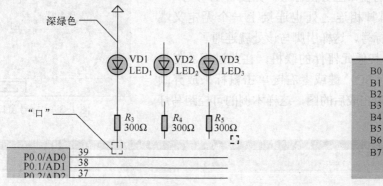

图1-33　元器件之间的联机　　　　　　　　图1-34　总线与引脚的连接

连接完成之后，还需要进行标号处理。标号的设置分为两种，一种直接用网络标号按钮 进行标号，另一种则使用属性分配工具 标号。前者适用于单个标号，后者适用于大量的网络标号。

当直接采用网络标号按钮 进行标号时，先单击 按钮，然后选中需要标号的导线。接着在弹出的"Edit Wire Label"对话框的String栏中输入对应的标号名称，如图1-35所示。单击"OK"按钮，完成标号。

另一种方法为，先单击菜单栏上的"Tools"，选择"Property Assignment Tool"，或直接按键盘A打开"Property Assignment Tool"对话框。在String栏中输入NET=A#（其中A为标号中不变部分，#为可变数字），设置Count栏值为0，Increment栏值为1，如图1-36所示。此设置表示编号由A0开始每次加1，根据需要可修改为其他参数。

以上设置完毕后，鼠标单击所需要标号的导线，显示并标记上A0。依次选中其他引脚导线，逐一加上标号。完成一条总线设置之后，再设置与其功能相同的另外一处总线时，须重新设置Property Assignment Tool编号，使其标号从A0开始。保证新设置的总线与前一条总线编号一致，这样才可以将两总线之间建立电气联系。

7）默认无定义端子的使用。当线路太过复杂，使用导线将各引脚一一连接起来时，电路会显得杂乱无章。此时我们可以使用默认的无定义端子来将关联的引脚连接起来。

图 1-35 "标号名称输入"对话框

图 1-36 总线参数设置窗口

单击 元器件终端,在弹出的"Terminals Selector"中选中 DEFAULT 默认的无定义端子,并在原理图编辑窗口中单击画出,将其与之要相连的引脚连接,并用鼠标双击该端子在弹出的窗口上标上标号,如图 1-37 所示。

在需要于该引脚相连之处也连接上一个无定义端子,也标上相同的标号,这样引脚与该处就连通了。

同理可以完成其他元器件的联机,在此过程的任何时刻,都可以按〈ESC〉键或者右键单击鼠标来放弃画线,图 1-38 所示为完成后的图,这样本例的可控跑马灯就完成了。

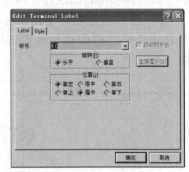

图 1-37 标号窗口

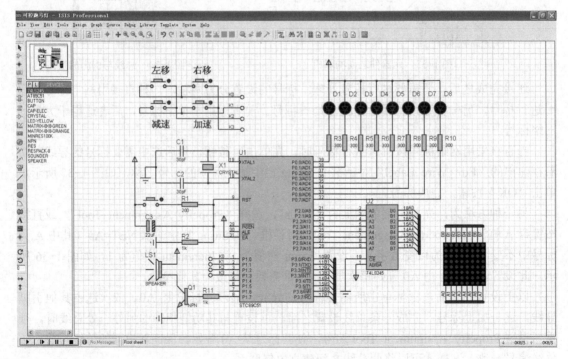

图 1-38 可控跑马灯的仿真电路图

3．Proteus ISIS 仿真

打开前面画好的仿真电路原理图，单击鼠标右键将 89C51 单片机选中并单击鼠标左键，弹出"Edit Componet"对话框，在此对话框的"Clock Frequency"栏中设置单片机晶振率为12MHz，在"Program File"栏中单击图示🗁，选择先前用 Keil uVision3 编译生成的"可控跑马灯.HEX"文件。

在 Proteus ISIS 编辑窗口中单击▶ 或在"Debug"菜单中选择"⚡Execute"，开始仿真运行，即可看到与本项目中单片机应用实物装置一样的仿真运行现象。

随堂一练

一、填空题

1．使 MCS-51 单片机复位有_____和_____两种方式。

2．如果 MCS-51 单片机外部晶振频率为 12MHz，那么它的一个机器周期是_____。

3．一块单片机要正常工作，除了要有单片机芯片外还需要_____、_____和_____3 个基本电路。

4、若将引脚$\overline{EA}$接地，则 MCS-51 只访问_____，而不管是否有_____。

5．MCS-51 系统中，当$\overline{PSEN}$有效时，表示 CPU 要从_____中读取信息。

6．MCS-51 单片机内部 RAM 的通用寄存器区 00H～1FH 中共有_____个字节单元，分为_____组寄存器组，每组_____个字节单元，分别以_____至_____作为寄存器名称。

7．单片机内部的主要存储资源是_____和_____。

8．MCS-51 单片机中特殊功能寄存器凡是字节地址能被_____整除的均能按位寻址。

9．当 PC 复位后的内容为_____；执行当前指令后，PC 内容为_____。

10．当使用堆栈指针 SP 时，数据被压堆栈时，SP 自动_____；数据出栈时，SP 自动_____。

11．当 PSW 的内容为#10H 时，MCS-51 的工作寄存器置为第_____组。

12．数据指针 DPTR 是一个_____位的专用寄存器。

13．在 Keil 软件中，C 语言源程序的扩展名是_____，汇编语言源程序的扩展名是_____。

14．KeiL C51 软件中，工程文件的扩展名是_____，编译连接后生成可烧写的文件扩展名是_____。

二、选择题

1．在下列计算机语言中，CPU 能直接识别的语言是（　　）。

    A．自然语言　　　　B．高级语言　　　　C．汇编语言　　　D．机器语言

2．当 ALE 信号有效时，表示（　　）。

    A．从 P0 口可靠地送出地址低 8 位　　　　B．从 ROM 中读取数据

    C．从 P0 口输出数据　　　　　　　　　　D．从 RAM 的读取数据

3．关于 MCS-51 单片机的复位信号有效的是(　　)。

    A．脉冲　　　　　　B．高电平　　　　　C．下降沿　　　　D．低电平

4．若 MCS-51 单片机选用频率为 6MHz 的晶振，则它的复位持续时间应该至少超过（   ）。

  A．2μs   B．4μs   C．8μs   D．1ms

5．MCS-51 单片机的一个机器周期由几个状态周期组成？（   ）

  A．1   B．2   C．3   D．6

6．MCS-51 单片机上电复位后，SP 的内容应是（   ）。

  A．00H   B．70H   C．07H   D．60H

7．关于 MCS-51 片内 20H～2FH 范围内的数据存储器，下列说法正确的是（   ）。

  A．只能采用字节寻址   B．只能采用按位寻址

  C．既能按字节寻址又能按位寻址 D．只能采用直接寻址

8．在 MCS-51 单片机中表格常数一般在（   ）。

  A．片内 ROM B．片内 RAM C．片外 ROM D．片外 RAM

9．MCS－51 的特殊功能寄存器分布在（   ）地址范围内。

  A．60H～80H B．80～0F0H C．60～0F0H D．0B0～0F0H

10．在 Proteus ISIS 原理图设计中，器件晶振的符号名称为下列哪一个？（   ）

  A．BUTTON B．RES   C．CRYSTAL D．CAP-ELEC

11．51 单片机的 XTAL1 和 XTAL2 是（   ）的引脚。

  A．外接定时器 B．外接串行口 C．外接中断 D．外接晶振

12．进位标志 Cy 在（   ）中。

  A．累加器   B．算逻运算部件 ALU

  C．程序状态字寄存器 PSW   D．DPTR

三、思考题

1．什么是单片机？它有哪些基本结构？

2．简述控制线 RST、$\overline{EA}$ 的功能。

3．单片机的 40 个引脚大致可分为几个部分？功能各是怎样的？

4．说明什么是单片机的机器周期、状态周期、振荡周期和指令周期，并阐述它们之间的关系。

5．在单片机中位寻址区有什么特殊用途？

6．在 SFR 中可以位寻址和位操作是哪些？如何确定它们的位地址？

7．简述程序状态字寄存器 PSW 的作用，并说明各个标志位的作用。

8．MCS-51 单片机内部的特殊功能寄存器有几个，分布在什么地址范围内？

9．简要说明机器语言、汇编语言和高级语言（C 语言）的各自优缺点。

10．用 Keil 软件进行程序编译时，如果需要在项目文件夹里生成扩展名为*.HEX 的文件，那么需要做怎样的设置处理？

11．简述用 Proteus 软件进行单片机应用系统调试仿真的过程。

项目 2 2个 LED 发光二极管控制

知识与能力目标

1）熟悉单片机的 I/O 口功能与特性。
2）掌握 LED 接口和开关接口电路与处理方法。
3）初步学会使用汇编语言进行简单 I/O 口控制程序的分析与设计。
4）初步学会使用 C 语言进行简单 I/O 口控制程序的分析与设计。
5）理解并掌握软件延时程序的分析与设计。
6）初步学会使用 Keil 与 Proteus 软件进行程序调试与仿真。

任务 2.1 LED 轮流闪烁控制

2.1.1 控制要求与功能展示

图 2-1 所示为单片机控制两个 LED 发光管闪烁的实物装置，其电路的原理图如图 2-2 所示。本任务的具体控制要求为在单片机的控制作用下，通过单片机的 P0.0 和 P2.0 两个 I/O 接口来实现两个 LED 发光管的交替闪烁运行，其具体的工作运行情况见本书附带光盘中的视频文件。

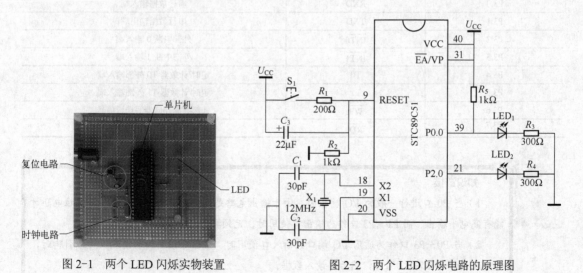

图 2-1 两个 LED 闪烁实物装置   图 2-2 两个 LED 闪烁电路的原理图

2.1.2 硬件系统与控制流程分析

1. 任务硬件系统分析

电路原理图如图 2-2 所示，该电路实际上是在前面介绍的单片机最小系统的基础之上，通过单片机 I/O 接口进行简单的电路设计而成。因此，要分析理解以上的电路设计，必须先学习掌握单片机的 I/O 接口部分的具体知识。

1）单片机 I/O 口功能与地址分配。单片机 I/O 接口又称为 I/O 端口（简称为 I/O 口）或称为 I/O 通道。I/O 接口是单片机与外围器件或外部设备实现控制和信息交换的桥梁。51 系列单片机有 4 个双向 8 位的 I/O 口，即 P0、P1、P2 和 P3，共 32 根 I/O 线。每个双向 I/O 口都包含一个锁存器（专用寄存器 P0、P1、P2 和 P3）、一个输出驱动器和输入缓冲器。

如项目 1 中所述，这 4 个 I/O 口接口既可以并行输入/输出 8 位数据，又可按位单独输入/输出一位数据。这是因为 P0、P1、P2、P3 的地址是在特殊功能寄存器中，且地址单元能被 8 整除。故它们既能按字节寻址又能按位寻址。

P0 口：P0 为一个 8 位漏极开路的双向 I/O 口，内部不含上拉电阻。在访问外部 ROM 时，分时提供低 8 位的地址和 8 位的数据，作为普通的 I/O 输出时由于输出电路是漏极开路电路，此时需要外部接上拉电阻。

P1 口：P1 口为一个带内部上拉电阻的 8 位准双向 I/O 口，在单片机正常工作时，P1 口为默认高电平状态。

P2 口：P2 口也是一个带内部上拉电阻的 8 位准双向 I/O 口，在单片机正常工作时，P2 口为默认高电平状态；在访问外部 ROM 时，输出高 8 位的地址。

P3 口：P3 口也是一个带内部上拉电阻的 8 位准双向 I/O 口，在单片机正常工作时，P3 口为默认高电平状态；在系统中，这 8 个引脚又具有各自的第二功能，如表 2-1 所示。

表 2-1 P3 口的第二功能

I/O 口	第二功能	功能含义
P3.0	RXD	串行数据输入端
P3.1	TXD	串行数据输出端
P3.2	$\overline{INT0}$	外部中断 0 输入端
P3.3	$\overline{INT1}$	外部中断 1 输入端
P3.4	T0	定时/计数器 T0 外部输入端
P3.5	T1	定时/计数器 T1 外部输入端
P3.6	$\overline{WR}$	外部数据存储器写选通信号
P3.7	$\overline{RD}$	外部数据存储器读选通信号

知识链接

1）当 P0 口进行一般的 I/O 输出时，由于输出电路是漏极开路电路，必须外接上拉电阻才能有高电平输出。而 P1～P3 口作为输出口使用时，无须再外接上拉电阻。

2）当 P0～P3 口作为通用 I/O 端口的输入口使用时，应区分读引脚和读端口。读引脚时，必须先向锁存器写入"1"，然后再读入数据。

3）当需要扩展存储器时，低 8 位地址 A7～A0 和 8 位数据 D7～D0 由 P0 分时传送，高 8 位地址 A15～A8 由 P2 口传送。所以只有在没有扩展外存储器的系统中，P0 口和 P2 口的每一位才可作为双向 I/O 端口使用。

4）P3 端口用做第二功能使用时，不能同时当做通用 I/O 端口使用。

如前项目 1 所述，单片机内部高 128B 的 RAM 中，集合了一些特殊用途寄存器（SFR），专用于控制、选择、管理、存放单片机内部各部分的工作方式、条件、状态和结果。不同的 SFR 管理不同的硬件模块，负责不同的功能，它们的地址分散在 80H～0FFH 中，其中对于本任务中所讲解的 I/O 接口的地址分配关系如表 2-2 所示。

表 2-2 I/O 口地址分配表

I/O 口	字 节 地 址	MSB			位地址（十六进制）				LSB
P0	80H	P0.7	P0.6	P0.5	P0.4	P0.3	P0.2	P0.1	P0.0
		87	86	85	84	83	82	81	80
P1	90H	P1.7	P1.6	P1.5	P1.4	P1.3	P1.2	P1.1	P1.0
		97	96	95	94	93	92	91	90
P2	A0H	P2.7	P2.6	P2.5	P2.4	P2.3	P2.2	P2.1	P2.0
		A7	A6	A5	A4	A3	A2	A1	A0
P3	B0H	P3.7	P3.6	P3.5	P3.4	P3.3	P3.2	P3.1	P3.0
		B7	B6	B5	B4	B3	B2	B1	B0

这些 I/O 接口当做为输入口时，可以外接开关量信号的各种设备，如行程开关，传感器等，当然也可以外接芯片控制信号；当作为输出口时，可以以开关量的形式驱动各种开关电路或设备，例如，LED、蜂鸣器和继电器等，当然也可以通过相应的外部电路驱动更多的设备。

2）LED 接口控制电路。单片机驱动 LED 接口电路有低电平点亮驱动和高电平点亮驱动两种方式。当用低电平点亮驱动方式时，如图 2-3 左图所示，与 LED 相连接的单片机 I/O 口输出低电平时，LED 就被驱动点亮；当输出引脚为高电平时，LED 就熄灭。而高电平点亮驱动方式则正好相反，如图 2-3 右图所示，当输出引脚为高电平时，与其相连接的 LED 就被点亮；反之，LED 就熄灭。

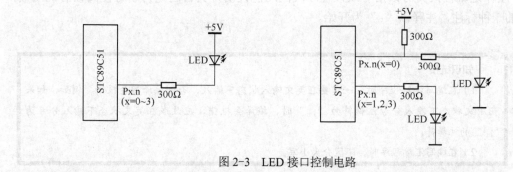

图 2-3 LED 接口控制电路

如前所述，由于单片机的 I/O 口中 P0 口为漏极开路输出，内部没有上拉电阻，所以在图 2-3 右图中采用高电平点亮驱动方式时，P0 口与 P1～P3 的电路设计有所不同，即 P0 口必须外接上拉电阻。同时，在 LED 驱动电路中均需要串入一个限流电阻，用于保护电路的正常工作。由于本任务中两个 LED 分别由 P0.0 和 P2.0 采用高电平点亮驱动方式工作，所以其电路如图 2-2 所示。

2．任务控制流程分析

根据本任务中所示的电路原理图和任务控制功能要求可知，本任务控制功能上主要是实现单片机的 P0.0 和 P2.0 两个 I/O 口交替输出高低电平，从而实现 LED 的交替闪烁运行。图 2-4 所示为本任务程序设计的程序控制流程图。

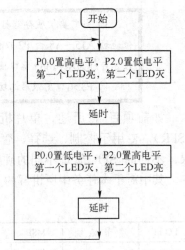

图 2-4　轮流闪烁 LED 控制流程图

2.1.3　汇编语言程序分析与设计

在分析完硬件系统与控制流程之后，要想基于以上的硬件来实现单片机所要求的控制功能，必须还要根据硬件来分析、设计与编写对应的控制程序。如前所述，单片机程序语言常采用汇编语言和 C 语言，下面我们先开始学习汇编语言，并通过所学到的汇编知识来完成本任务控制程序的编写。

1．汇编语言指令格式

汇编语言指令主要由标号、操作码、操作数和注释 4 部分组成，格式如下：

　　[标号：]　操作码　[第一个操作数] [，第二个操作数]　[，第三个操作数]　[；注释]

　　　示例：　MAIN：　MOV　　P0，#0FH　　　　　　；将立即数 0FH 赋给 P0 口

基于以上语言格式还必须说明如下：

1）带方括号的部分是可选部分，依据情况的不同选择。

2）标号是用符合表示的一个地址常量，它表示该指令在程序内存中的起始地址。标号的命名规则是：必须以字母开头、长度不超过 6 个字符，并以"："结束。

3）操作码表示的是指令的操作功能。每条指令都有操作码。

4）操作数表示的是参与操作的数据来源和操作之后结果数据的存放位置，可以是常数、地址或寄存器符号。指令的操作数可能有 1 个、2 个或 3 个，有的指令可能没有操作数。操作数与操作数之间用"，"分隔，操作码与操作数之间用空格分隔。

5）注释是编程人员对该指令或该程序段的功能说明，其目的是为了方便阅读者的阅读而添加的一种标注，注释以"；"为开始。

> **知识链接**
>
> 　1）在编写汇编程序时，一定要在英文输入状态下输入，否则编译器会报错。例如，如果在中文状态下输入分号注释符为"；"时，编译会报错，应改成在英文状态下输入分号为"；"的注释符。
>
> 　2）在编写汇编程序时，不区分大小写。

2．指令系统符号约定

指令的一个重要组成部分是操作数，为了表示指令中同一种类型的操作数，MCS-51 单片机指令系统采用了表 2-3 所示的符号约定。

表 2-3　操作数的符号约定

符　号	符　号　含　义
Rn	n=0~7，表示当前工作寄存器区的 8 个工作寄存器 R0~R7
Ri	i=0，1，表示当前工作寄存器区的两个工作寄存器 R0、R1
direct	表示 8 位内部数据存储单元的地址。当取值在 00H~7FH 范围时，表示内部数据 RAM；当取值在 80H~0FFH 范围时，表示特殊功能寄存器。当表示特殊功能寄存器时也可用寄存器名称来代替其直接地址
#data	表示 8 位立即数。"#"表示后面的 data 为立即数
#data16	表示 16 位立即数。"#"意义同上
addr11	表示 11 位目的地址。用于 ACALL 和 AJMP 指令中，它可以是下一条指令地址第一个字节所指出的同一个 2KB 程序存储空间中的任何值
addr16	表示 16 位目的地址。用于 LCALL 和 LJMP 指令中，它可以是 64KB 程序存储空间中的任何值
rel	表示带符号的 8 位偏移量，用于 SJMP 和条件转移指令中。可代表下一条指令地址-128~+127 的范围内的任何值
bit	表示 8 位内部数据存储器空间或特殊功能寄存器区中可按位寻址区的 8 位位地址。当位地址取值为 00H~7FH 时，表示内部数据 RAM 20H~2FH 单元中每一位的地址，当位地址取值为 80H~0FFH 时，表示特殊功能寄存器的位地址
$\overline{\text{bit}}$	表示在位操作指令中，对该位(bit)先取反，再参与运算，但不改变位(bit)的原值
@Ri	表示寄存器 Ri(i=0 或 1)中存放的是操作数的地址。如果该地址是内部数据存储区中的地址，其取值范围为 00H~7FH；如果该地址是外部数据存储区中的地址，其取值范围 00H~0FFH
@DPTR	表示 DPTR 中存放的是操作数的地址，该地址位于外部数据存储空间，取值范围在 0000H~0FFFFH
$	表示本指令的起始地址
( )	表示某一寄存器、存储单元或表达式的内容
(( ))	表示某一寄存器、存储单元或表达式的内容的内容
@	表示其后的寄存器或表达式的值为操作数的地址

> **知识链接**
>
> 　　当指令中出现@Ri，且 Ri 的值在 00H~7FH 时，Ri 中存放的既可能是内部数据存储空间中的地址，也可能是外部数据存储空间中的地址，我们需要通过指令操作码 MOVC 与 MOVX 来区分。具体的操作码指令将在项目 4 和项目 8 中讲解。

3. 汇编程序的基本框架

　　为了使程序的结构清晰明了，方便程序的修改及补充等，一般 51 单片机汇编语言程序可以按照如下框架书写。

```
        ORG     0000H       ；程序初始化入口地址
        LJMP    MAIN        ；程序跳入主程序 MAIN 中
        ORG     0003H       ；外部中断 0 程序入口地址
        LJMP    INT_0       ；程序跳入中断子程序 INT_0 中
        ORG     000BH       ；定时/计数器 T0 程序入口地址
        LJMP    T_0         ；程序跳入中断子程序 T_0 中
        ORG     0013H       ；外部中断 1 程序入口地址
        LJMP    INT_1       ；程序跳入中断子程序 INT_1 中
        ORG     001BH       ；定时/计数器 T1 程序入口地址
        LJMP    T_1         ；程序跳入中断子程序 T_1 中
        ORG     0023H       ；串口中断程序入口地址
        LJMP    CK          ；程序跳入中断子程序 CK 中
        ORG     0030H       ；主程序入口地址
```

```
    MAIN:     ……              ；主程序部分
              ……              ；程序语句
              ……              ；程序语句
    INT_0:    ……              ；外部中断 0 子程序部分
              ……              ；程序语句
              RETI             ；中断返回
    T_0:      ……              ；定时/计数器 0 子程序部分
              ……              ；程序语句
              RETI             ；中断返回
    INT_1:    ……              ；外部中断 1 子程序部分
              ……              ；程序语句
              RETI             ；中断返回
    T_1:      ……              ；定时/计数器 1 子程序部分
              ……              ；程序语句
              RETI             ；中断返回
    CK:       ……              ；串口中断子程序部分
              ……              ；程序语句
              RETI             ；中断返回
    DELAY:    ……              ；子程序部分
              ……              ；程序语句
              RET              ；子程序返回
              END              ；程序结束
```

程序初始化入口地址：当单片机系统复位后，单片机就从 0000H 地址单元开始读取指令执行程序，但实际上 3 个单元并不能存放任何完整的程序，使用时一般在程序初始化地址后加一条无条件转移指令（如 LJMP MAIN），使程序转移到指定的程序地址处执行。

主程序：主程序其实是一个死循环区，在单片机 CPU 运行时，实际上就是在不断的反复执行主程序，从而实现能够随时的接收外部输入和输出不同的结果。

子程序：子程序就是一个程序段，当单片机 CPU 在运行主程序时，若多次用到同一个程序段，这时就可将这一程序段打包成一个子程序，只要在主程序中用到时进行调用即可。

如果需要用到中断的话，就要在各个特定的中断入口地址中写入中断子程序，假如中断程序过长，则需要使用跳转指令，将中断服务程序写在其他的地址区。例如：上面基本框架中，在 0003H、000BH 等中断入口后往往加上 LJMP xxxx 跳转指令。

知识链接

1）每个程序的框架都必须要有程序的初始化地址和主程序两部分组成。

2）在汇编程序中，数据既可以用二进制数（以"B"结尾），也可以使用十进制数（以"D"结尾或省略不写）和十六进制数（以"H"结尾），在程序中一般使用十六进制，如下所示为同一数值的 3 种表示方法：

```
        #00001010B    ；10 的二进制表示
        #10           ；10 的十进制表示
        #0AH          ；10 的十六进制表示
```

注意：以十六进制数表示时当数字开头是 A~F 时，要在数字前面加上 0。如下列所示：

```
        #B3H          #0B3H
```

4.任务相关汇编指令

为了完成本任务控制程序的编写，需要先学习掌握一些基本的汇编指令，具体如下：ORG、LJMP、AJMP、SJMP、JMP 、MOV、LCALL、ACALL、DJNZ、RET 和 END。

（1）数据传送指令：MOV

使用格式：MOV   <目的操作数>，<源操作数>

使用说明：MOV 指令是把源操作数提供的数据传送给目的操作数所指定的单元，源操作数的内容不变。MOV 指令的源操作数和目的操作数包括有：#data 立即数（仅作源操作数）；@Ri（Ri 值为内部数据存储单元的地址，i 值为 0、1）；工作寄存器 Rn（寄存器 R0～R7）；direct 内部数据存储单元或特殊功能寄存器；累加器 ACC（A）；但是两者不能同时为 Rn 或@Ri，也不能一个为 Rn，另一个为@Ri。执行完一条 MOV 指令所需一个机器周期时间。

使用示例：

MOV	A, #41H	；将立即数 41H 送入累加器 A 中
MOV	A, 41H	；将 41H 单元中的内容送入累加器 A 中
MOV	@R1, A	；将累加器 A 中的内容送入以 R1 的内容为地址的单元中
MOV	R1, 70H	；将 70H 单元中的内容送入当前寄存器 R1 中
MOV	P0,70H	；将 70H 单元中的内容送入 P0 口

（2）无条件跳转指令：LJMP、AJMP、SJMP、JMP

◆ 绝对无条件转移指令：AJMP

使用格式：AJMP   addr11

使用说明：绝对无条件转移指令 AJMP 中提供 11 位地址，在使用绝对转移指令时，要求转移的目标地址必须和 AJMP 指令的下一条指令的首字节在同一个 2KB 的存储区域内，即 PC+2 后的值与目标地址的高 5 位 a15～a11 应该相同（PC 为 AJMP 指令的首字节单元的指针）。该指令占 2B。

使用示例：

分析下列转移指令是否正确

① 1FFEH   AJMP   27BCH

② 1FFEH   AJMP   1F00H

上例中的 1FFEH 代表指令的存储地址

分析：

第一条指令：（PC）+2=1FFEH+2=2000H，高 5 位为 00100；与转移地址的高 5 位 00100 相同，即 PC+2 与转移目标地址在同一个区域，转移正确。

第二条指令：（PC）+2=1FFEH+2=2000H，高 5 位为 00100；与转移地址的高 5 位 00011 不相同，即 PC+2 与转移目标地址不在同一个区域，转移不正确。

◆ 长跳转指令：LJMP

使用格式：LJMP   addr16

使用说明：长跳转指令给出的 16 位字节地址直接送给程序计数器（PC），程序可以转到程序内存 0000H～0FFFFH 范围内的任何一个单元。执行完一条 LJMP 指令所需两个机器周期时间。

使用示例：LJMP   MAIN   ；程序跳入 MAIN 中

◆ 相对转移指令：SJMP

使用格式：SJMP　rel

使用说明：相对转移指令给出的 rel 为转移偏移量，它是一个以补码形式表示的有符号数，指令转移目的地址为当前指令的下一条指令的地址与偏移量 rel 的和，即：

转移目的地址 PC=PC（当前值）+2+rel

同时在 51 系列指令系统中没有暂停指令，可以使用 SJMP 指令实现动态停机。

使用示例：HERE：SJMP　HERE　或　SJMP　$

知识链接

AJMP 和 LJMP 指令是直接给出转移地址，因此在修改程序时必须修改指令中转移地址。而 SJMP 指令给出的是相对地址，修改程序时只要相对偏移量不变，就不必修改程序，所以建议尽量使用 SJMP 指令。

◆ 间接转移指令：JMP

使用格式：JMP　@A+DPTR

使用说明：间接转移指令的目标地址，是由数据指针 DPTR 的内容加上累加器（A）的内容形成的，A 和 DPTR 的内容均为无符号数。本指令可以在程序运行过程中动态决定转移的目标地址，是一条极其有用的多分支选择转移指令，又称为散转指令。

使用示例：　　　　MOV　　　　DPTR,#JAB

　　　　　　　　　JMP　　　　　@A+DPTR

　　　………

JAB: SJMP　　　　AS0

　　　SJMP　　　　AS1

　　………

示例说明：在程序中，以标号 JAB 为首地址建立一张转移指令表。表中有两个相对转移指令，它们的目标地址分别为 AS0、AS1。JMP　@A+DPTR 指令会依据程序执行前累加器（A）中的内容实现散转功能，即 A=0，转移到 AS0，A=2，转移到 AS1。

（3）减 1 非 0 条件转移指令：DJNZ

使用格式：DJNZ　<寄存器/地址>，<相对地址>

示例：DJNZ　R1,X1　　　;先对 R1 中的数进行减 1，然后再进行判断是否等于 0

　　　　　　　　　　　　;若是，则执行下一条程序，否则，跳转到 X1 中执行

该指令常用来做指定次数的循环程序，如延时程序。虽然单片机执行一条指令的时间很短，仅为 1μs 左右（具体时间和时钟与具体指令的指令周期有关），但是如果让单片机反复执行指令多次，完成所需的时间就会比较明显，因此此指令常用做循环程序以达到延时目的。执行完一条 DJNZ 指令所需时间为两个机器周期时间。延时程序可参见如下所示：

　　　　　　　MOV　　　R0,#0FFH　　　　;循环次数赋值

　　　　X1: DJNZ　　　R0,X1　　　　　;延时程序

（4）子程序调用指令：LCALL

使用格式：LCALL　addr16

使用说明：长调用指令 16 位的目标地址，子程序可以设置在程序内存的任何一个单

元，调用子程序时，只要调用子程序的地址或标号，程序就会转移到被调用的子程序中执行。执行完一条 LCALL 指令所需时间为两个机器周期时间。

使用示例：LCALL　　DELAY　　；调用标号为 DELAY 的子程序

（5）绝对调用指令：ACALL

使用格式：ACALL　addr11

使用说明：绝对调用指令 ACALL 中提供 11 位地址，和绝对转移指令 AJMP 一样，要求子程序的起始地址必须和 ACALL 指令的下一条指令的首字节（断点地址）在同一个 2KB 存储区内。

使用示例：　　LOOP: ACALL　1100H

如果 addr11=0001 0001 0000 0000，程序转向何处将取决于标号 LOOP。若标号 LOOP 地址为 1030H，则执行指令后将转至 1100H 处执行子程序，压入堆栈的断点地址为 1032H；若标号 LOOP 地址为 07FEH，则执行指令调用子程序失败。

（6）子程序返回：RET

使用说明：子程序返回指令是当调用的子程序结束时，用于返回调用该子程序的下一条指令处执行。执行完一条 RET 指令所需两个机器周期时间。

（7）起始地址定义伪指令：ORG

使用说明：规定目标程序在程序存储器中所占空间的起始地址，其格式一般如下：

　　ORG　　16 位地址

使用示例：ORG　　1000H　；表示以下的数据或程序存放在从 1000H 开始的程序存储单元中。

（8）汇编程序结束伪指令：END

使用说明：标志源程序的结束，即通知汇编程序不在继续往下汇编。

在一个程序中只能有一条 END 指令，而且必须安排在源程序的末尾。汇编软件对 END 后面的所以语句都不进行汇编。

5.　汇编程序设计

学习完以上任务所需的汇编指令后，即可开始进行本任务的汇编程序的分析与设计工作。根据图 2-4 所示的程序控制流程分析图，结合汇编语言指令编写出汇编语言控制程序如下。

汇编程序代码：

```
1.  ; ==================程序初始入口==================
2.       ORG     0000H        ; 程序复位入口地址
3.       LJMP    MAIN         ; 程序跳到地址标号为 MAIN 处执行
4.  ; ==================主程序==================
5.       ORG     0030H        ; 主程序执行地址
6.  MAIN: MOV     R0,#0FEH     ; 将立即数 0FEH 赋值给 R0
7.       MOV     R1,#0FFH     ; 将立即数 0FFH 赋值给 R1
8.       MOV     P2,R0        ; 将 R0 内容给 P2，即 P2 口最低位输出低电平
9.                            ; 其余高电平
10.      MOV     P0,R1        ; 将 R1 内容给 P0，即 P0 口输出高电平
11.      LCALL   DELAY        ; 调用延时子程序
```

12.		MOV	P0,R0	；将 R0 内容给 P0，即 P0 口最低位输出低电平
13.				；其余高电平
14.		MOV	P2,R1	；将 R1 内容给 P2，即 P2 口输出高电平
15.		LCALL	DELAY	；调用延时子程序
16.		SJMP	MAIN	；程序跳转至 MAIN 处执行
17.	；===================延时子程序===================			
18.	DELAY:	MOV	R2,#167	；给寄存器 R2 中赋值 167
19.	D1:	MOV	R3,#171	；给寄存器 R3 中赋值 171
20.	D2:	MOV	R4,#16	；给寄存器 R4 中赋值 16
21.		DJNZ	R4,$	；判断 R4 中的内容减 1 是否为 0
22.				；否，等待，是，则执行下一条指令
23.		DJNZ	R3,D2	；判断 R3 中的内容减 1 是否为 0
24.				；否，跳至 D2 处执行
25.		DJNZ	R2,D1	；判断 R2 中的内容减 1 是否为 0
26.				；否，跳至 D1 处执行
27.		RET		；延时子程序结束返回
28.		END		；主程序结束

汇编程序说明：

1）序号 1～3：基本的程序开头都会有以下这 3 条指令:

```
ORG    0000H
LJMP   MAIN
ORG    0030H
```

中间跳过了 0000H～0030H 的空间，这是因为单片机的 0003H～002AH 的空间给中断作为中断服务区了，所以我们一般将程序写在 0030H 后。虽然在没用中断时这段空间也可以使用，但最好还是跳过这段空间养成好习惯。

2）序号 4～16：主程序将 0FEH 赋值给 P2 口、将 0FFH 赋值给 P0 口，用来置高 P0.0，置低 P2.0，然后调用延时子程序延时。当延时结束后，将 0FEH 赋值给 P0 口、将 0FFH 赋值给 P2 口，用来置高 P2.0，置低 P0.0，然后再次调用延时子程序。当延时结束后，返回主程序，再次从头开始。

3）序号 17～27：是延时子程序，具体内容在下一个子任务中讲解。

6. 程序的 Keil 调试与编译

当一个汇编语言源程序编写完成后，还需要对其进行不断的调试与修改，直到调试无误后，再将程序进行编译生成单片机可执行的二进制机器码文件。下面结合本汇编程序，通过 Keil 软件来讲解具体的调试过程与编译等情况。

（1）调试方法与步骤介绍

使用 Keil 软件对源程序进行调试，其调试方法与步骤如下。

1）选择调试模式。μVision3 提供了两种程序调试的模式，这两种模式可以在菜单"Project"→"Option for Target 'Target 1'"对话框的"Debug"页中选择。一种是软件仿真模式，另一种是硬件仿真模式。在此选择软件仿真模式，将μVision3 调试器配置成纯软件产品来调试。图 2-5 所示为仿真调试模式设置界面。

2）编译程序。当程序编写完成后，单击按钮，编译源程序，若编译成功，则在"Output windows"窗口中显示没有错误，并创建了"LED 轮流闪烁控制.HEX"文件。

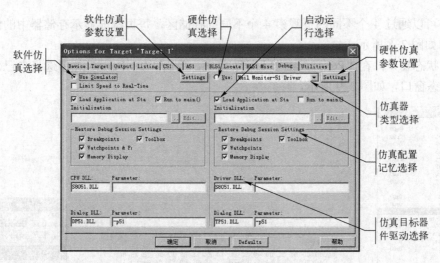

图 2-5 仿真调试模式设置界面

3）启动调试。当源程序编译成功后，并选择软件仿真模式，即可启动源程序的调试。单击 ⓠ 或在"Debug"下拉菜单中选择"Start/Stop Debug Session(Ctrl+F5)"命令可启动 μVision3 调试模式，调试界面如图 2-6 所示。

图 2-6 调试界面

4）断点的设置。在调试程序时，经常使用断点来配合调试程序。而在 μVision3 中可以使用很多种不同的方法来定义断点，但最常用的有以下两个：

Ⅰ．在文本编辑框中选定所在行，然后单击图标 ⤶ 。

Ⅱ．在文本编辑框中要设定断点的所在行标号前双击。

5）各种数据窗口打开。CPU 窗口：在"Debug"下拉菜单中，单击"Start"→"Stop Debug Session"选项后，在"Project Windows"窗口的"Page"页中会显示 CPU 寄存器内存，CPU 窗口如图 2-7 所示。

存储器窗口：单击"View"→"Memory Window"就能打开存储器窗口，在存储器窗口中，最多可以通过 4 个不同的页观察 4 个不同的存储区，每页都能显示存储器中的内容，存储器窗口如图 2-8 所示。

I/O 状态窗口：在"Peripherals"下拉菜单中，单击"I/O-Ports"按钮选择自己想要查看的 I/O 状态窗口，如图 2-9 所示。

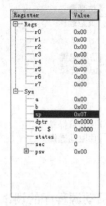

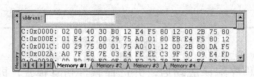

图 2-7　CPU 窗口　　　　　　　图 2-8　存储器窗口　　　　　　图 2-9　I/O 状态窗口

6）目标程序的执行。目标程序的执行方式分为单步执行与全速执行两种。

单步执行：单步执行又分为"进入子程序（Step(F11)）"和"不进入子程序（Step Over(F10)）"两种。可以手动控制程序的运行，通过观察 I/O 状态窗口来判断程序是否正确。

全速执行（Run(F5)）：程序一条接一条快速向下执行，直到断点处或程序结束，中间过程不停止。可以看到该程序执行的总体效果，但是如果程序有错，则难以确认错误出现在哪些程序行。

程序调试中，如果能灵活应用这两种运行方式，则可以大大提高调试效率。

在调试界面中，可以看到一个黄色的调试箭头，它指向了当前执行到的程序行。

（2）调试本任务汇编语言程序

下面以本任务的汇编语言程序为例，详细讲解程序的 Keil 调试与编译。

在桌面上用鼠标双击 Keil μVision3 图标![icon]，单击菜单命令"Project"→"New project…"新建一个工程，并保存为"LED 轮流闪烁控制.UV2"，并选择单片机型号为 AT89C51。

执行菜单命令"File"→"New"创建新文件，输入源程序，保存为"LED 轮流闪烁控制.ASM"。在"Project"栏的 File 项目管理窗口中用鼠标右键单击文件组，选择"Add File to Group'Source Group1'"将源程序"LED 轮流闪烁控制.ASM"添加到工程中。

然后执行菜单命令"Project"→"Options for Targer'Targer 1'"，在弹出的对话框中选择"Output"选项卡，选中"Create HEX File"。同时在"Target"选项卡中将晶振频率改为 12MHz。最后在"Debug"选项卡里选中"Use Simulator"。

单击![icon]按钮，编译源程序，若编译成功，则在"Output windows"窗口中显示没有错误，并创建了"LED 轮流闪烁控制.HEX"文件，如图 2-10 所示。如果编译不成功，则要按照项目 1 中所述方法继续进行程序修改。

执行菜单命令"Debug"→"Start/Stop Debug Session"，调出 P0、P2 I/O 状态窗口。按〈F11〉键，单步运行程序，观察结果。如果 P0、P2 的 I/O 口位为高电平"1"时，则状态窗口对应位窗口中出现"√"，如图 2-11 所示。

图 2-10 编译成功窗口

图 2-11 调试程序窗口

当程序单步执行到"MOV R0,#0FEH;MOV R1,#0FFH;"时,通过左边的 CPU 窗口可以清楚地看出,R0=0xfe、R1=0xff,如图 2-12 所示。

经验之谈

若先在"MOV R0,#0FEH; MOV R1,#0FFH; "的后一条指令前设置一个断点,再按〈F5〉全速执行程序,使程序执行到断点处停下,也能在 CPU 窗口上看到图 2-12 所示的状态。而且这样调试程序效率更高。

当程序执行到"MOV P2,R0; MOV P0,R1;"时,通过 P0、P2 I/O 状态窗口可以清楚地看出,此时 P0=0xFF、P2=0xFE,如图 2-13 所示。

当程序执行到"LCALL DELAY"时,程序会进入 DELAY 子程序并在里面循环运行,此时可以单击 图标跳出延时子程序或者在"LCALL DELAY"语句下方设置一个断点采用全速运行的方式让程序自动执行到断点处。若下次不想再次进入该子程序,可以在程序执行到"LCALL DELAY"之前按〈F10〉键调试,则程序运行不进入子程序。

当程序执行到"MOV P2,R1; MOV P0,R0;"时,通过 P0、P2 I/O 状态窗口可以清楚地看出,此时 P0=0xFE、P2=0xFF,如图 2-14 所示。

 课堂反思:在上述程序中如何点亮 LED?

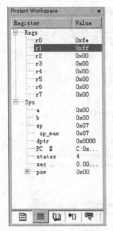

图 2-12 CPU 状态窗口　　　　图 2-13 I/O 状态窗口　　　　图 2-14 I/O 状态窗口

2.1.4 C 语言程序分析与设计

　　同样，在分析完单片机硬件电路后，要想基于以上的硬件采用 C 语言编程来实现单片机所要求的控制功能，必须还要根据硬件来分析、设计与编写对应的 C 语言控制程序。下面再开始学习 C 语言相关知识，并分析本任务控制 C 语言程序的编写思路与方法。

1. C 语言的基本结构

　　下面先通过项目 1 所介绍的 C 语言程序基本结构框架，来进一步的讲解 C 语言程序结构。

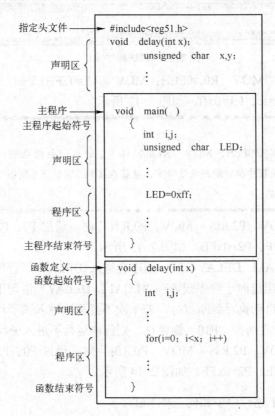

通过上面的结构框架可以发现 C 语言程序是以函数形式组织程序结构存在的，C 语言程序中的函数与其他语言中所描述的"子程序"或"过程"的概念是一样的。C 语言程序结构图如图 2-15 所示。

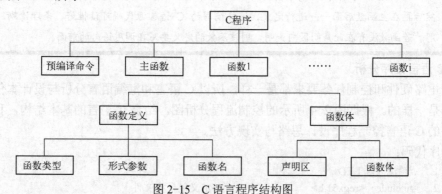

图 2-15　C 语言程序结构图

一个 C 语言源程序是由一个或若干个函数组成的，每一个函数完成相对独立的功能。在每个 C 语言程序都必须有（且仅有）一个主函数 main（），其他函数可有可无。程序的执行总是从主函数开始，在执行其他程序时以调用的形式来执行。在执行完其他函数后返回主程序 main（），不管函数的排列顺序如何，最后在主程序中结束整个程序。

一个函数由函数定义和函数体两部分组成。

（1）函数定义

函数定义部分包括函数名、函数类型（表示函数返回值的类型）、函数属性、函数参数（形式参数）名和参数类型等。

对于上面程序中的主程序 void　main（　）函数来讲：main 是函数名，函数名前的 void 说明函数的类型（void 表示空类型，表示没有返回值），函数名后面必须跟一对圆括号，里面是函数的形式参数定义，在这里的 main（）函数没有形式参数。

（2）函数体

main（）函数后面一对大括号内的部分称为函数体，函数体由定义数据类型的声明区部分和实现函数功能的程序部分组成。

例如：上述框架中的延时函数 void delay（int x）

定义该函数名称为 delay，函数类型为 void，形式参数为整型变量 x。{ }内是 delay 函数的函数体。

（3）预处理命令

C 语言程序当中可以含有预处理命令，例如上述框架中"#include　<regx51.h>"，通常预处理命令放在源程序的最前面。

C 语言程序使用"；"作为语句的结束符，一条语句可以多行书写，也可以一行书写多条语句。

知识链接

1）函数的类型是指函数返回值的类型，如果函数的类型是 int 型，则可以不写 int，int 为默认的函数返回值类型；如果函数没有返回值，应该将函数类型定义为 void（空类型）。

2）由 C 语言编译器提供的函数一般称为标准函数，在调用标准函数前，必须在程序的开头先用预处理命令 "#include" 将包含该标准函数的头文件包含起来。

3）在主程序前有一个声明区，如果程序中包括很多函数，通常在主函数前面集中声明，然后再在主函数后面一一进行定义，这样编写的 C 语言源代码可读性好，条理清晰，易于理解。若函数没有在此声明区内声明，则该函数的定义要写在调用语句的前面。

2．C 语言程序分析

由于电路硬件和控制任务要求都是一样，所以 C 语言和汇编语言分析与设计本任务的控制流程都是一样的。根据图 2-4 所示的控制流程分析图，结合 C 语言的基本结构，我们来分析本任务的 C 语言控制程序设计思路与实现方法。

C 程序代码：

```
1.  //轮流闪烁 LED
2.  #include   <regx51.h>              //定义包含头文件
3.  #define uint unsigned int          //宏定义
4.  #define uchar unsigned char        //宏定义
5.  void delay_ms(uint x);             //函数声明
6.  //========主函数====================
7.  void   main( )
8.  {
9.      while(1)                       //在主程序内无限循环扫描
10.      {
11.         P2_0=0;                     //P2.0 输出低电平
12.         P0_0=1;                     //P0.0 输出高电平
13.         delay_ms(1000);            //调用延时函数
14.         P0_0=0;                     //P0.0 输出低电平
15.         P2_0=1;                     //P2.0 输出高电平
16.         delay_ms(1000);            //调用延时函数
17.      }
18. }
19. //=====================================
20. //函数名：delay_ms( )
21. //功能：利用 for 循环执行空操作来达到延时
22. //调用函数：无
23. //输入参数：x
24. //输出参数：无
25. //说明：延时的时间为 1ms 的子程序
26. //=====================================
27. void delay_ms(uint   x)
28. {
29.     uchar j;                        //定义局部变量，只限于本函数体中使用
30.     while(x--)                      //含 x 参数的 while 的循环语句
31.     for(j=120；j>0；j--)
32.        ；
33. }
```

C 程序说明：

1）序号 1 "//轮流闪烁 LED"：对程序进行简要说明，主要是说明程序功能。"//" 是单

行注释符号，从该符号开始直到一行结束的内容，通常用来说明相应语句的意义，或者对重要的代码行、段落进行提示，方便程序的编写、调试及维护工作，提高程序的可读性。程序在编译时，不对这些注释内容进行任何处理。

2）序号 2 "#include <regx51.h>"：是文件包含语句，表示把语句中指定文件的全部内容复制到此处，与当前的源程序文件链接成一个源文件。该语句中指定的文件 regx51.h 是 Keil C51 编译器提供的头文件，该文件包含了对 MCS-51 系列单片机特殊功能寄存器（SFR）和位名称的定义。而在使用汇编语言编写程序时，单片机内部各功能寄存器地址是自行分配的，无需再对其地址进行分配定义。

例如：

在 regx51.h 中定义了下面语句：

    sbit P0_0=0x80;

该语句定义了符号 P0_0 与 MCS-51 单片机内部 P0.0 口的地址 0x80 相对应。我们就可以用 P0_0 来操作 P0.0 口。所以加入 "regx51.h" 的目的是为了通知 C51 编译器，程序中所用的特殊功能寄存器对应的地址。

经验之谈

1）在 C51 程序设计中，我们可以把 regx51.h 头文件包含在自己的程序中，直接使用已定义的 SFR 名称和位名称。例如符号 P1 表示并行口 P1；也可以直接在程序中自行利用关键字 sfr 和 sbit 来定义这些特殊功能寄存器和特殊位名称。

2）如果需要使用 regx51.h 文件中没有定义的 SFR 或位名称，可以自行在该文件中添加定义，也可以在源程序中定义。

3）序号 3 "#define uint unsigned int"：预处理宏命令用 uint 来代替 unsigned int，方便写程序。

4）序号 5 "void delay_ms(uint x);"：延时函数声明。在 C 语言中，函数遵循先声明，后调用的原则。

5）序号 7~18：主函数 main（ ）。main 函数是 C 语言中必不可少的函数，也是程序开始执行的函数，在本程序中实现对两个 LED 灯的控制。

6）序号 27 "void delay_ms（uint x）"：uint x 是一个形参，而 delay_ms（1000）中的 1000 为实参，在调用时用实参代替形参。即 void delay（uint x=1000）。

7）序号 27~32：函数 delay（ ）。delay 函数的功能是延时，用于控制 LED 的闪烁速度。若没有延时 LED 亮灭间隔也就几微秒，时间太短，眼睛无法看到闪烁效果。本次延时使用了双重循环，外循环由形式参数 x 提供，总循环次数为 120*x，循环体是空指令。

知识链接

1）此外另一种注释符号 "/*   */"。在程序中可以使用这种成对注释符进行多行程序注释，注释内容从 "/*" 开始，到 "*/" 结束，中间的注释文字可以是多行文字。

2）C 语言区分大小写，所以程序书写时务必要区分。

例如：i 和 I 表示两个不同的变量。

3．程序的 Keil 调试与编译

当一个 C 语言源程序编写完成后，还需要对其进行不断的调试与修改，直到调试无误后，再将程序进行编译生成单片机可执行的二进制机器码文件。下面结合本 C 语言程序，通过 Keil 软件来讲解具体的调试过程与编译等情况。

（1）调试方法与步骤介绍

使用 Keil 软件对源程序进行调试，其调试方法与步骤如下。

1）选择调试模式。μVision3 提供了两种程序调试的模式，这两种模式可以在菜单"Project"→"Option for Target'Target 1'"对话框的"Debug"页中选择。一种是软件仿真模式，另一种是硬件仿真模式。在此选择软件仿真模式，将μVision3 调试器配置成纯软件产品来调试。图 2-16 所示为仿真调试模式设置界面。

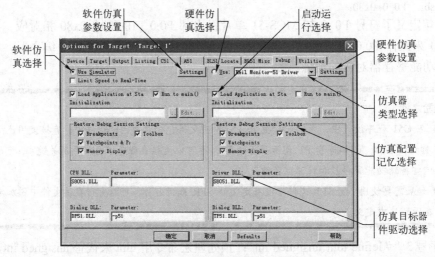

图 2-16　仿真调试模式设置界面

2）编译程序。当程序编写完成后，单击▦按钮，编译源程序，若编译成功，则在"Output windows"窗口中显示没有错误，并创建了"LED 轮流闪烁控制.HEX"文件。

3）启动调试。当源程序编译成功后，并选择软件仿真模式，即可启动源程序的调试。单击◉或在"Debug"下拉菜单中选择"Start/Stop Debug Session(Ctrl+F5)"命令可启动μVision3 调试模式，调试界面如图 2-17 所示。

4）断点的设置。在调试程序时，经常使用断点来配合调试程序。而在μVision3 中可以使用很多种不同的方法来定义断点，但最常用的有以下两个：

Ⅰ．在文本编辑框中选定所在行，然后单击图标🖑。

Ⅱ．在文本编辑框中要设定断点的所在行标号前双击。

5）各种数据窗口打开。CPU 窗口：单击"Debug"下拉菜单中，单击"Start/Stop Debug Session"选项后，在"Project Windows"窗口的"Page"页中会显示 CPU 寄存器内存，CPU 窗口如图 2-18 所示。

存储器窗口：单击"View"→"Memory Window"就能打开存储器窗口，在存储器窗口中，最多可以通过 4 个不同的页观察 4 个不同的存储区，每页都能显示存储器中的内容，存储窗口如图 2-19 所示。

I/O 状态窗口：在"Peripherals"下拉菜单中，单击"I/O-Ports"选择自己想要查看的 I/O 状态窗口，如图 2-20 所示。

图 2-17　调试界面

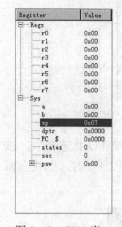

图 2-18　CPU 窗口

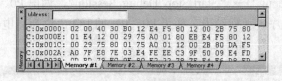

图 2-19　存储器窗口

图 2-20　I/O 状态窗口

6）目标程序的执行。目标程序的执行方式分为单步执行与全速执行两种。

单步执行：单步执行又分为"进入子程序（Step(F11)）"和"不进入子程序（Step Over(F10)）"两种。可以手动控制程序的运行，通过观察 I/O 状态窗口来判断程序是否正确。

全速执行（Run(F5)）：程序一条接一条快速向下执行，直到断点处或程序结束，中间过程不停止。可以看到该程序执行的总体效果，但是如果程序有错，则难以确认错误出现在哪些程序行。

程序调试中，如果能灵活应用这两种运行方式，则可以大大提高调试效率。

在调试界面中，可以看到一个黄色的调试箭头，它指向了当前执行到的程序行。

（2）调试本任务 C 语言程序

下面以本任务的 C 语言程序为例，详细讲解程序的 Keil 调试与编译。

在桌面上用鼠标双击 Keil μVision3 图标 ，单击菜单命令"Project"→"New project…"

新建一个工程，并保存为"LED 轮流闪烁控制.UV2"，并选择单片机型号为 AT89C51。

执行菜单命令"File"→"New"创建新文件，输入源程序，保存为"LED 轮流闪烁控制.C"。在"Project"栏的 File 项目管理窗口中用鼠标右键单击文件组，选择"Add File to Group'Source Group1'"将源程序"LED 轮流闪烁控制.C"添加到工程中。

然后执行菜单命令"Project"→"Options for Targer'Targer 1'"，在弹出的对话框中选择"Output"选项卡，选中"Create HEX File"。同时在"Target"选项卡中将晶振频率改为12MHz。最后在"Debug"选项卡里选中"Use Simulator"。

单击■按钮，编译源程序，若编译成功，则在"Output windows"窗口中显示没有错误，并创建了"LED 轮流闪烁控制.HEX"文件，如图 2-21 所示。如果编译不成功，则要按照项目 1 中所述方法继续进行程序修改。

0个错误，表示编译成功

图 2-21 编译成功窗口

执行菜单命令"Debug"→"Start/Stop Debug Session"，调出 P0、P2 I/O 状态窗口。按〈F11〉键，单步运行程序，观察结果。如果 P0、P2 的 I/O 口位为高电平"1"时，则状态窗口对应位窗口中出现"√"，如图 2-22 所示。

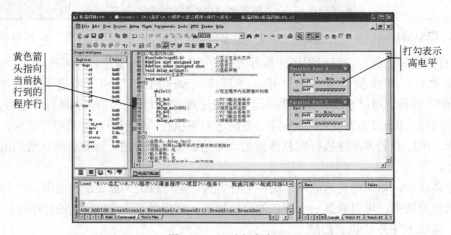

黄色箭头指向当前执行到的程序行

打勾表示高电平

图 2-22 调试程序窗口

当程序执行到"P2_0=0；P0_0=1；"时，通过 P0、P2 I/O 状态窗口可以清楚地看出，此时 P0=0xFF、P2=0xFE，如图 2-23 所示。

当程序执行到 "delay_ms（1000）" 时，程序会进入 delay_ms（）子程序并在里面循环运行，此时我们可以单击 ⊕ 图标跳出延时子程序或者在 "delay_ms（1000）" 语句下方设置一个断点采用全速运行的方式让程序自动执行到断点处。若下次不想再次进入该子程序，可以在程序执行到 "delay_ms（1000）" 之前按〈F10〉调试，则程序运行不进入子程序。

当程序执行到 "P0_0=0; P2_0=1；" 时，通过 P0、P2 I/O 状态窗口可以清楚地看出，此时 P0=0xFE、P2=0xFF，如图 2-24 所示。

图 2-23 I/O 状态窗口　　　　　图 2-24 I/O 状态窗口

❓ **课堂反思：** 在上述 C 语言程序中是如何控制两个 LED 的闪烁？与汇编程序有何区别？

2.1.5 基于 Proteus 的调试与仿真

使用 Keil 调试程序只能直接调试程序的语法与语句表述正确与否，至于控制系统程序逻辑关系正确与否需要借助调试人员分析判断才能实现，不能直观反映出程序的运行结果，而且对于复杂的单片机控制系统，其根本难以实现仿真调试。由于如前项目 1 所述 Proteus 的诸多优点，在进行单片机系统程序调试与仿真时，Proteus 软件已成当前单片机调试与仿真的主流工具。

下面以本任务中的汇编语言程序来讲解怎样进行单片机应用系统的 Proteus 调试与仿真。本任务的仿真系统构建过程与仿真运行等详细情况参考本书附带光盘中的视频文件。

1. 创建 Proteus 仿真电路图

1）列出元器件表。根据单片机应用的电路原理图 2-2 所示，列出 Proteus 中实现该系统所需的元器件配置情况，如表 2-4 所示。

表 2-4　元器件配置表

名　称	型　号	数　量	备注(Proteus 中元器件名称)
单片机	AT89C51	1	AT89C51
陶瓷电容	30pF	2	CAP
电解电容	22μF	1	CAP-ELEC

名 称	型 号	数 量	备注(Proteus 中元器件名称)
晶振	12MHz	1	CRYSTAL
发光二极管	黄色	2	LED-YELLOW
按钮		1	BUTTON
电阻	1kΩ	2	RES
电阻	300Ω	2	RES
电阻	200Ω	1	RES

2）绘制仿真电路图。用鼠标双击桌面上的图标进入"Proteus ISIS"编辑窗口，单击菜单命令"File"→"New Design"，新建一个 DEFAULT 模板，并保存为"LED 轮流闪烁控制.DSN"。在元器件选择按钮 [P][L] DEVICES 单击"P"按钮，将上表 2-4 中的元器件添加至对象选择器窗口中，如图 2-25 所示。

然后，将对象选择器窗口中各个元器件拖放到仿真电路图绘图窗口中，并按照电路关系摆放好位置，如图 2-26 所示。

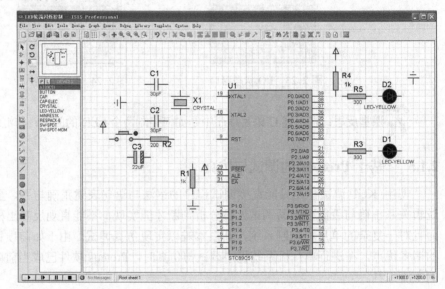

图 2-25　添加元器件　　　　　　　　图 2-26　元器件布局窗口

最后，依照图 2-2 所示的原理图将各个器件连接起来完成电路仿真图绘制，如图 2-27 所示。

至此 Proteus 仿真图绘制完毕，下面将 Keil 与 Proteus 联合起来进行调试，使之可以像仿真器一样调试程序。

2. Proteus 与 Keil 联调

1）在安装好 Proteus 7.1 和 Keil3 软件的计算机上，首先安装插件 vdmagdi.exe（注意：应把插件安装在 Keil3 的安装目录下），插件 vdmagdi.exe 可以购买或从相关网站下载并安装。

2）将 Keil 安装目录\C51\BIN 中的 VDM51.dll 文件复制到 Proteus 软件的安装目录Proteus\MODELS 目录下。

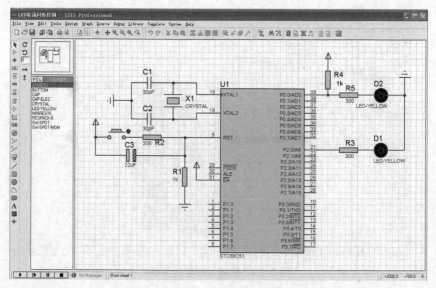

图 2-27　仿真电路连接窗口

3）修改 Keil 安装目录下的 Tools.ini 文件，在 C51 字段中加入 TDRV11=BIN\
VDM51.DLL（"PROTEUS 6 EMULATOR"）并保存。注意：不一定是使用 TDRV11，应根据
原来字段选用一个不重复的数值，如图 2-28 所示。

图 2-28　修改 Tools.ini 文件窗口

以上步骤只在初次使用时设置一次，再次使用就不必设置。

4）打开已绘制好的"LED 轮流闪烁控制.DSN"文件，在 Proteus 的"Debug"菜单中选
中"Use Remote Debug Monitor（远程监控）"，如图 2-29 所示。同时，右键选中 STC89C51
单片机，在弹出的对话框"Program File"项中，导入在 Keil 中生成的十六进制 HEX 文件
"LED 轮流闪烁控制.HEX"。

5）用 Keil 打开刚才已经创建好的"LED 轮流闪烁控制.UV2"，打开窗口"Option for
Target'工程名'"。在 Debug 选项中右栏上部的下拉菜单选中 Proteus VSM Simulator，如
图 2-30 所示。接着再单击进入"Settings"窗口，设置 IP 为 127.0.0.1，端口号为 8000。

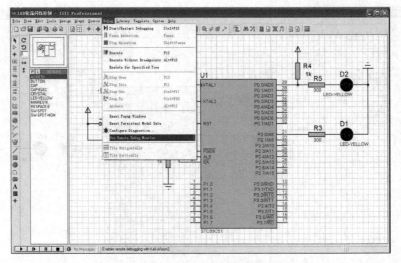

图 2-29　选择远程监控界面

图 2-30　选择 Proteus VSM Simulator 窗口

6）在 Keil 中单击⑭按钮，使用单步执行来调试程序，同时在 Proteus 中查看直观的仿真结果。这样就可以像使用仿真器一样调试程序了，如图 2-31 所示。

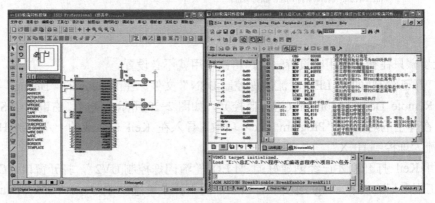

图 2-31　Proteus 与 Keil 联调界面

当单步执行程序到"MOV　P0,R1；MOV　　P2,R0；"程序时，能够清楚地看到左侧 Proteus 仿真电路中 P0.0 所接的发光管点亮了，而右侧 Keil 中的 I/O 口状态窗口显示 P0=0X01，P2=0XFE，由于 P0 口只在 P0.0 处接上上拉电阻，所以也只有 P0.0 能输出高电平，故 P0=0X01，如图 2-32 所示。

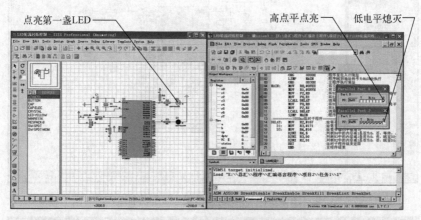

图 2-32　第一个 LED 亮

当单步执行程序到延时子程序里时，两个 LED 的亮灭情况保持不变。

当单步执行程序到"MOV　P0,R0；MOV　　P2,R1；"程序时，能够清楚地看到左侧 Proteus 仿真电路中，P2.0 所接的发光管点亮了，而 P0.0 所接的发光管熄灭了，同时由于 Proteus 存在某些局限性使得加上上拉电阻后的 P0.0 口存在一直处于高电平的假象，在右侧 的 Keil 中的 P0.0 也一直处于高电平状态，但实际上是低电平，如图 2-33 所示。

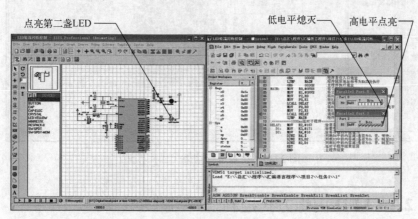

图 2-33　第二个 LED 亮

3．Proteus 仿真运行

用 Proteus 打开已绘制好的"LED 轮流闪烁控制.DSN"文件，并将最后调试完成的程序重新编译生成新".HEX"文件导入 Proteus 中。

在 Proteus ISIS 编辑窗口中单击 ▶ 或在"Debug"菜单中选择" Execute "启动运行。当单片机运行时，会看见两个 LED 轮流闪烁的画面，其运行结果如图 2-34 和图 2-35 所示。

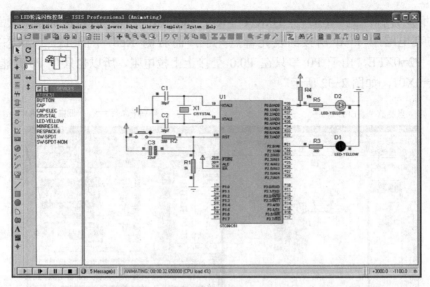

图 2-34　仿真运行结果（一）界面

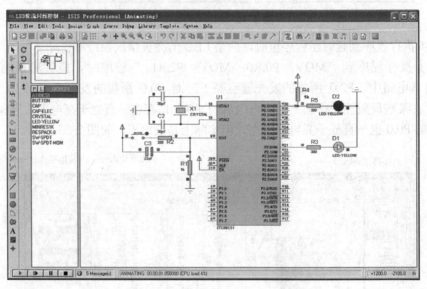

图 2-35　仿真运行结果（二）界面

任务 2.2　LED 闪烁方式控制

2.2.1　控制要求与功能展示

图 2-36 所示为单片机控制两个 LED 发光管闪烁的实物装置，其电路原理图如图 2-37 所示。本任务的具体要求为在单片机的控制作用下，通过 P3.0 外接一个开关来控制 P0.0 和 P2.0 两个 I/O 接口所接 LED 发光管的闪烁方式。具体实现功能为：当开关闭合时，两个 LED 发光管同时亮灭闪烁运行；当开关断开时，两个 LED 发光管亮灭交替闪烁运行；其具体的工作运行情况见本书附带光盘中的视频文件。

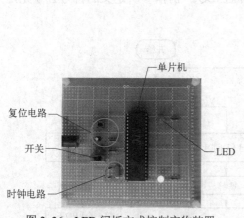

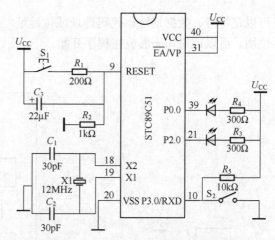

图 2-36　LED 闪烁方式控制实物装置　　　　图 2-37　LED 闪烁方式控制的电路原理图

2.2.2　硬件系统与控制流程分析

1.　任务硬件系统分析

电路原理图如图 2-37 所示，该电路实际上是在前面任务 2.1 介绍的"两个 LED 闪烁电路"的基础之上，外接一个开关接口电路而成。因此，要分析理解以上的电路设计，必须先学习单片机开关接口电路部分知识。

开关控制是单片机 I/O 口输入控制的一种常用方式，开关的闭合与断开通常用高、低电平来进行体现。图 2-38 所示为开关电路接口原理图，当开关闭合时，引脚直接与地相连，此时引脚输入为低电平；当开关断开时，由于上拉电阻的存在引脚被拉高，此时输入为高电平。

经验之谈

如图 2-38 所示的开关电路中，若无上拉电阻，则开关断开时引脚处于悬空状态易受外界干扰，而发生误动作。加入上拉电阻后，当开关断开时引脚被上拉电阻拉高，提高了抗干扰性。

2.　任务控制流程分析

根据电路原理图和任务控制功能要求可知，本任务功能上主要是通过一个开关控制单片机来实现两个 LED 的闪烁方式控制。当开关闭合时，两个 LED 同时闪烁运行；当开关断开时，两个 LED 交替闪烁运行。图 2-39 所示为本任务程序设计的程序控制流程图。

2.2.3　汇编语言程序分析与设计

在分析完硬件系统与控制流程之后，进一步进行单片机汇编语言相关知识的学习，来完成本任务汇编控制程序的编写。

1.　任务中相关的汇编指令

为了完成本任务控制程序的编写，需要先进一步学习掌握一些常用的汇编指令，主要有：EQU、JB、JNB。

（1）宏代换伪指令：EQU

使用说明：在程序中用 EQU 后面的字符串去替换 EQU 前面的符号。EQU 后面的字符串可以是符号、数据地址、代码地址或位地址，并且 EQU 伪指令所定义的符号必须先定义后使用。所以该语句一般放在程序开始。

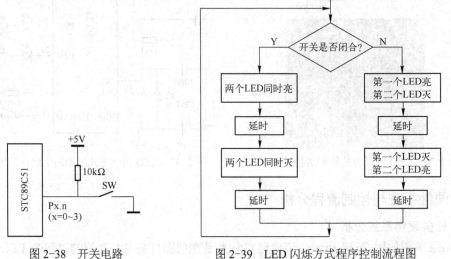

图 2-38　开关电路　　　　　图 2-39　LED 闪烁方式程序控制流程图

使用示例：BUFFER　　EQU　67H　　　　　　；BUFFER 的值为 67H

　　　　　MOV　　　A,BUFFER　　　　　　；表示将 67H 单元的内容送给 A

（2）位判断控制转移指令：JB、JNB

使用格式：JB　　Bit，rel

　　　　　JNB　　Bit，rel

使用说明：位判断控制转移指令是根据某一位的值来决定是否转移的指令，也是一种条件转移指令，条件是某指定位的值，其转移过程属于相对转移，与 SJMP 指令基本相同，包括位值为 1 转移和位值为 0 转移两种形式。如：JB 为位判断值为 1 转移指令；JNB 为位值为 0 转移指令。执行完一条位判断控制转移指令所需两个机器周期时间。

使用示例：JB　P1.0，LOOP1　　　；判断 P1.0 端口是否为 1，是，则跳转到 LOOP1

　　　　　　　　　　　　　　　；否，则执行下一条指令

　　　　　JNB　P1.0，LOOP2　　　；判断 P1.0 端口是否为 0，是，则跳转到 LOOP2

　　　　　　　　　　　　　　　；否，则执行下一条指令

2．软件延时算法分析

在单片机控制应用中，常常需要用到软件延时，而软件延时一般是通过循环延时程序完成。延时程序的延时时间主要由两个因素决定：晶振频率的大小和循环的次数，因为晶振频率的大小决定着机器周期的大小。

若单片机的晶振频率为 6MHz，则机器周期 T 为 2μs。

若单片机的晶振频率为 12MHz，则机器周期 T 为 1μs。

一旦单片机的晶振频率确定，则延时时间就由延时程序的循环次数所决定。循环又分为单循环、双重循环和三重循环，甚至多重循环。但是常见的就是三重循环以内的循环，下面分析这三种循环的延时计算方法。

（1）单循环延时程序

```
          MOV      R0,#X          ;一个机器周期时间
D1:       DJNZ     R0,D1          ;两个机器周期时间
          RET                     ;两个机器周期时间
```

单循环延时时间=1*T+2*X*T+2*T=(2*X+3)*T

（2）双重循环延时程序

```
          MOV      R0,#Y          ;一个机器周期时间
D1:       MOV      R1,#X          ;一个机器周期时间
D2:       DJNZ     R1,D2          ;两个机器周期时间
          DJNZ     R0,D1          ;两个机器周期时间
          RET                     ;两个机器周期时间
```

双重循环延时时间=1*T+(2*X+1+2)*Y*T+2*T=(2*X*Y+3*Y+3)*T

（3）三重循环延时程序：

```
          MOV      R0,#Z          ;一个机器周期时间
D1:       MOV      R1,#Y          ;一个机器周期时间
D2:       MOV      R2,#X          ;一个机器周期时间
D3:       DJNZ     R2,D3          ;两个机器周期时间
          DJNZ     R1,D2          ;两个机器周期时间
          DJNZ     R0,D1          ;两个机器周期时间
          RET                     ;两个机器周期时间
```

三重循环延时时间=1*T+[(2*X+1+2)*Y+1+2]*Z*T+2*T

$$=(2*X*Y*Z+3*Y*Z+3*Z+3)*T$$

3．汇编程序设计

学习完以上任务所需的汇编知识之后，即可开始进行本任务的汇编程序的分析与设计工作。根据图 2-39 所示的控制流程分析图，结合汇编语言指令编写出汇编语言控制程序如下：

汇编语言程序代码：

```
1.     K1      EQU      P3.0        ;用 K1 代替 P3.0 口
2.             ORG      0000H       ;程序复位入口地址
3.             LJMP     MAIN        ;程序跳到地址标号为 MAIN 处执行
4.             ORG      0030H       ;主程序执行地址
5.     MAIN:   MOV      R0,#0FEH    ;将立即数#0FEH 赋值给 R0
6.             MOV      R1,#0FFH    ;将立即数#0FFH 赋值给 R1
7.     START:  MOV      P3,#0FFH    ;对 P3 口赋值为 FFH，向按键输入 P3 接口先写 1
8.             JB       K1,A2       ;判断 P3.0 的值，为 1，则跳到 A2，否则继续执行
9.     A1:MOV  P2,R0                ;R0 内容给 P2，即 P2 口最低位输出低电平
10.                                 ;其余高电平
11.            MOV      P0,R1       ;将 R1 内容给 P0，即 P0 口输出高电平
12.            LCALL    DELAY       ;调用延时
13.            MOV      P0,R0       ;将 R0 内容给 P0，即 P0 口最低位输出低电平
14.                                 ;其余高电平
15.            MOV      P2,R1       ;将 R1 内容给 P2，即 P2 口输出高电平
16.            LCALL    DELAY       ;调用延时
17.            SJMP     START       ;程序跳转至 START 处执行
18.    A2:     MOV      P2,R1       ;将 R1 内容给 P2，即 P2 口输出高电平
19.            MOV      P0,R1       ;将 R1 内容给 P0，即 P0 口输出高电平
```

20.	LCALL	DELAY	；调用延时
21.	MOV	P2,R0	；将 R0 内容给 P2，即 P2 口最低位输出低电平
22.			；其余高电平
23.	MOV	P0,R0	；将 R0 内容给 P0，即 P0 口最低位输出低电平
24.			；其余高电平
25.	LCALL	DELAY	；调用延时
26.	SJMP	START	；程序跳转至 START 处执行
27.;	========1000ms 延时子程序==========		
28.	DELAY: MOV	R2,#167	；给寄存器 R2 中赋值 167
29.	D1: MOV	R3,#171	；给寄存器 R3 中赋值 171
30.	D2: MOV	R4,#16	；给寄存器 R4 中赋值 16
31.	DJNZ	R4,$	；判断 R4 中的内容减 1 是否为 0
32.			；否，等待，是，则执行下一条指令
33.	DJNZ	R3,D2	；判断 R3 中的内容减 1 是否为 0，否，跳至 D2 处执行
34.	DJNZ	R2,D1	；判断 R2 中的内容减 1 是否为 0，否，跳至 D1 处执行
35.	RET		；延时子程序结束返回
36.	END		

汇编语言程序说明：

1）序号 1：首先用 EQU 伪指令将 P3.0 口用 K1 来代替，而后在主程序里只需判断 K1 的状态即可。

2）序号 7：由于 P3.0 口作为通用的 I/O 输入口使用，所以要读其引脚时，必须先写入 "1"，以便后续再读入数据作准备。

3）序号 8：读入 P3.0 端口数据，判断 K1 为 "1" 还是为 "0"，1 表示开关断开，0 表示开关闭合。

4）序号 9～17：若 K1 为 "0" 则执行标号为 A1 的程序段，该内容是两个 LED 轮流亮、灭各 1s 闪烁运行。

5）序号 18～26：若 K1 为 "1" 则执行标号为 A2 的程序段，该内容是两个 LED 同时亮灭各 1s 闪烁运行。

6）序号 27～35：DELAY 是延时 1s 子程序，主要通过 DJNZ 指令来构成延时子程序。精确延时时间按照前述的软件三重循环延时算法分析计算。即：

三重循环延时时间 $= (2*X*Y*Z+3*Y*Z+3*Z+3)*T$

$=(2*16*171*167+3*171*167+3*167+3)*0.000001s=1s$

当然，以上汇编语言源程序编写与设计过程中，实际上需要借助 Keil 软件对其进行不断的调试与修改，直到调试无误后，才能将程序进行编译生成单片机可执行的二进制机器码文件。程序的 Keil 调试过程与编译等具体情况可以参考前面任务 2.1 中内容所述，在此不再讲解。

2.2.4 C 语言程序分析与设计

在完成以上任务的汇编语言程序设计之后，接下来继续学习 C 语言相关知识，以完成本任务的 C 控制程序设计。

1. C 语言的基本语句

C 语言程序的执行部分由语句组成。C 语言提供了丰富的程序控制语句，按照结构化程序设计的基本结构：顺序结构、选择结构和循环结构，组成各种复杂程序。这些语句主要包括表达式语句、复合语句、选择语句和循环语句等。本节介绍 C 语言基本控制语句的格式及应用，使读者对 C 语言中常见的控制语句有一个初步的认识。

（1）表达式语句

表达式语句是最基本的 C 语言语句。表达式语句由表达式加上"；"组成，其一般形式如下：

```
P2=0x00;          //赋值语句，将 P2 口的 8 个口置低电平
P2_0=0;           //将 P2.0 口置低电平
i++;              //自增 1 语句，i 加 1 后，再赋值给变量 i
;                 //空语句
```

在 C 语言中有一个特殊的表达式语句称为空语句。空语句中只有一个"；"，程序执行空语句时需要占用一个机器周期的时间，但是什么也不做。在 C51 程序中常常把空语句作为循环体，用于消耗 CPU 时间来作为延时。

例如，任务 2.1 中的 delay（）延时函数中，有下面语句：

```
void delay_ms(uint x)
{
    uchar j;          //定义局部变量，只限于本函数体中使用
    while(x--)        //含 x 参数的 while 的循环语句
    for(j=120; j>0; j--)
        ;
}
```

上面的 for 语句后面的分号"；"是一条空语句，作为循环体出现。

知识链接

1）表达式是由运算符及运算对象所组成的、具有特定含义的式子，例如"y+z"。C 语言是一种表达式语言，表达式后面加上分号"；"就构成了表达式语句，例如"y+z;"。C 语言中的表达式与表达式语句的区别就是前者没有分号"；"，而后者有分号"；"。

2）在 while 或 for 构成的循环语句后面加一个分号"；"，构成一个不执行其他操作的空循环体。例如：

```
while（1）    ;
```

上面语句循环条件永远为真，是无限循环；循环体为空，什么也不做。程序设计时，通常把该语句作为停机语句使用。

（2）复合语句

把多个语句用大括号{ }括起来，组合在一起形成具有一定功能的模块，这种由若干条语句组合而成的语句称为复合语句。在程序中应把复合语句看成是单条语句，而不是多条语句。

复合语句在程序运行时，{ }中的各行单语句是依次顺序执行的。在 C 语言的函数中，函数体就是一个复合语句，例如任务 2.1 中主程序 main（）就包含两个复合语句：

```
void main(void)
{
    while(1)                    //在主程序内无限循环扫描
    {
```

```
        P2_0=0;              //P2.0 输出低电平
        P0_0=1;              //P0.0 输出高电平
        delay_ms(1000);      //调用延时函数
        P0_0=0;              //P0.0 输出低电平
        P2_0=1;              //P2.0 输出高电平
        delay_ms(1000);      //调用延时函数
    }
}
```

在上面的程序段中，组成函数体的复合语句内还嵌套了组成 while（）循环体的复合语句。复合语句允许嵌套，也就是在{}中的{}也是复合语句。

复合语句内的各条语句都必须以分号";"结尾，复合语句之间用{ }分隔，在括号外，不能加分号。

知识链接

复合语句不仅可由可执行语句组成，还可由变量定义语句组成。在复合语句中所定义的变量，称为局部变量，它的有效范围只在复合语句中。函数体是复合语句，所以函数体内定义的变量，其有效范围也只在函数内部。

（3）循环语句

在结构化程序设计中，循环程序结构是一种很重要的程序结构，几乎所有的应用程序都包含循环结构。

循环程序的作用是：对给定的条件进行判断，当给定的条件成立时，重复执行给定的程序段，直到条件不成立时为止。给定的条件称为循环条件，需要重复执行的程序段为循环体。

在 C 语言中，可以用下面 3 个语句来实现循环程序结构：while 语句、do-while 语句和 for 语句，下面分别对它们加以介绍。

◆ while 语句

while 语句用来实现"当型"循环结构，即当条件为"真"时，就执行循环体。while 语句的一般形式为：

```
        while（表达式）
        {
            …
            语句组;           //循环体
            …
        }
```

在 while 语句中将判断条件放在语句之前，称之为前条件循环。其中，"表达式"通常是逻辑表达式或关系表达式，为循环条件；"语句组"是循环体，即被重复执行的程序段。

当其中的表达式成立时，才开始执行其下大括号内的内容。执行过程如图 2-40 所示。

例如：要使 i 不等于 0 时才执行循环，代码如下：

```
        while(i!=0)
        {
```

```
        …
    指令；
        …
    }
```

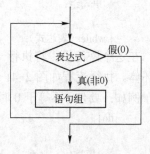

图 2-40 while 语句执行流程

若 while 的表达式为 1，则形成无穷循环，即

```
    while（1）
    {
        …
    指令；
        …
    }
```

假如大括号内只有一行指令，则可以省略大括号。

例如：

```
    while（i!=0）
    x--；
```

另外，若循环未达到跳出条件，而又要因其他条件成立，而强行跳出循环，则可在循环内加上判断条件与 break 指令。

例如：

```
    while（1）
    {
        …
    if(k!=0)  break；
        …
    }
```

知识链接

在 C 语言中 break 只能跳出一层循环，而如果要跳出多重循环常用 goto 语句，其一般形式如下：

```
    goto   语句标号；
```

其中语句标号是一个带冒号 ":" 的标识符，标识符标识语句的地址。当执行跳转语句时，使控制跳转到标识符指向的地址，从该语句继续执行程序。将 goto 语句和 if 语句配合使用经常用来实现当条件成立跳出多重循环，但要注意，只能用 goto 语句从内循环跳至外循环，而不允许从外循环跳至内循环。

由于 goto 语句容易导致程序结构混乱，因而少用 goto 语句。

◆ do-while 语句

do-while 语句用来实现"直到型"循环结构，前面所述的 while 语句是在执行循环体之前判断循环条件。如果条件不成立，则该循环不会被执行。但有时候，实际情况往往需要先执行一次循环体后，再进行循环条件的判断。我们将这种先执行在判断的循环，称为后条件循环，其格式如下：

```
    do{
        …
```

```
        语句组；              //循环体
        …
    } while（表达式）；
```

在这个语句里，将执行一次循环后再判断表达式是否成立，若不成立，则不会再执行该循环体。执行流程如图 2-41 所示。

例如：要使 i 不等于 0 时才执行循环，代码如下：

```
    do{
        …
        指令；
        …
    }while（i!=0）；
```

同样地若 while 的表达式为 1，则形成无穷循环，即

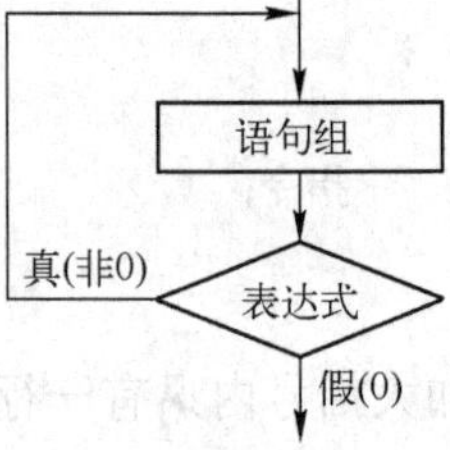

图 2-41　do-while 语句执行流程

```
    do{
        …
        指令；
        …
    } while（1）；
```

同样，若大括号内只有一行指令，则可省略大括号。

例如：do i++；

    while（i!=0）；

另外，若循环未达到跳出的条件，因其他条件成立，而要强行跳出循环，则可在循环内添加判断条件与 break 指令。

例如：

```
    do{
        …
        if(k!=1) break;
        …
    }while（1）；
```

◆ for 语句

在函数 delay（）中，我们使用了 for 语句，实现重复执行若干次空语句循环体，以达到延时的目的。在 C 语言中，当循环次数明确的时候，使用 for 语句比 while 和 do-while 语句更为方便。for 语句的一般格式如下：

```
    for（循环变量赋初值；循环条件；修改循环变量）
    {
        …
        语句组；         //循环体
        …
    }
```

关键字 for 后面的圆括号内通常包括 3 个表达式：循环变量赋初值、循环条件和修改循环变量，3 个表达式之间用";"隔开。大括号内的是循环体"语句组"。

当循环条件还满足时，先执行语句组，后修改变量，然后再次判断条件。执行过程如图 2-42 所示。例如，若要使循环体循环 100 次，代码如下。

```
for（k=1；k<=100；k++）
{
    …
    指令；
    …
}
```

当然也能用 while 语句来实现，即：

```
i=1；
while（i<=100）
{
    …
    指令；
    i++；
    …
}
```

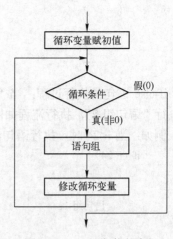

图 2-42　for 语句执行流程

比较 for 语句和 while 语句，显然 for 语句更加简捷方便。

（4）选择语句

◆ if 语句

if 语句的格式如下：

```
if（表达式）
{
    …
    语句组；
    …
}
```

if 语句的执行过程：当"表达式"的结果为"真"时，执行其后的"语句组"，否则跳过该语句组，继续执行下面的语句，执行流程如图 2-43 所示。

例如：如果 i=1 时，则执行语句组，代码如下：

```
if（i=1）
{
    …
    语句组；
    …
}
```

同样，当语句组只有一条指令时，大括号也可以去掉。

◆ if-else 语句

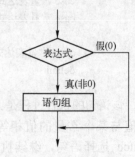

图 2-43　if 语句执行流程

if-else 语句的一般格式如下：

```
if（表达式）
    {
        …
        语句组 1；
        …
    }
else
```

```
        {
            …
        语句组 2；
            …
        }
```

if-else 语句的执行过程：当"表达式"的结果为"真"时，执行其后的"语句组 1"，否则执行"语句组 2"，执行流程如图 2-44 所示。

例如：当 i<24 时，执行语句组 1；否则执行语句组 2。代码如下：

```
        if（i<24）
        {
            …
        语句组 1；
            …
        }
        else
        {
            …
        语句组 2；
            …
        }
```

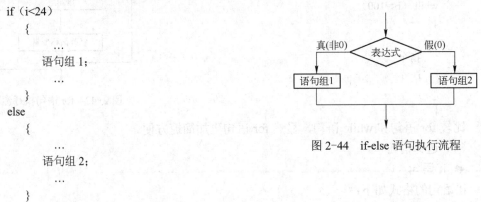

图 2-44 if-else 语句执行流程

同样，当语句组只有一条指令时，大括号也可以去掉。

◆ switch 语句

if 语句一般用做单一条件或分支数目较少的场合，如果使用 if 语句来编写超过 3 个以上分支的程序，就会降低程序的可读性。C 语言提供了一种用于多分支选择的 switch 语句，其一般形式如下：

```
        switch（表达式）
        {
            case 常量表达式 1：语句组 1；break；
            case 常量表达式 2：语句组 2；break；
            …
            case 常量表达式 n：语句组 n；break；
            default：        语句组 n+1；
        }
```

该语句的执行过程是：首先计算表达式的值，并逐个与 case 后的常量相比较，当表达式的值与某个常量的值相等，则执行对应该常量表达式后的语句组，再执行 break，跳出 switch 选择语句，继续执行下一条语句。如果表达式的值与所有的常量均不相等，则执行 default 后的语句组，执行流程如图 2-45 所示。

经验之谈

1）case 后的常量表达式不能相同。

2）即使 case 后的语句组有 N 条语句也不用{ }括起来。

3）如果 case 后的语句组没有 break 的话，除了执行常量表达式与表达式相等的语句组外还会执行之后的语句组直到遇到 break。

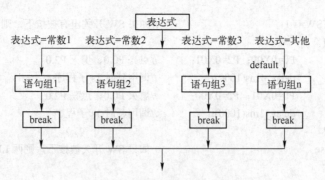

图 2-45 switch 语句执行流程

例如：

```
switch(shu)
{
    case 1: a=1;   break;
    case 2: a=2;   break;
    case 3: a=3;   break;
    default: a=4;
}
```

上述语句执行后，假设

shu 的值为 1，则 a 的值为 1；

shu 的值为 2，则 a 的值为 2；

shu 的值为 3，则 a 的值为 3；

shu 的值不为 1、2、3，则 a 的值为 4。

经验之谈

在使用 if 语句、while 语句时，表达式括号（ ）后面都不能加分号 "；"，但在 do-while 语句的表达式括号后面必须加分号。

2．C 语言程序设计

由于电路硬件和控制任务要求都是一样，所以 C 语言和汇编语言分析与设计本任务的控制流程都是一样的。根据图 2-39 所示的控制流程分析图，结合 C 语言的基本语句结构，我们来分析设计本任务的 C 语言控制程序。

C 语言程序代码：

```
1.  #include <reg51.h>                    //定义包含头文件
2.  #define  uint unsigned int
3.  #define uchar unsigned char           //宏定义
4.  sbit SW=P3^0;                         //用 SW 代替 P3.0 口
5.  void delay_1ms(uint x);               //延时子函数声明
6.  //===============主函数===============
7.  void main( )
8.  { while(1)                            //无限循环扫描运行
9.  {
10.     SW=1;                             //在读 P3.0 口引脚之前，先写入 1
```

```
11.        if(SW==1)                              //如果 SW 开关没有被按下，则两 LED 轮流闪烁
12.        {
13.               P0=0X00; P2=0X01;               //点亮 P0.0、熄灭 P2.0
14.               delay_1ms(1000);                //调用延时 1s 子程序
15.               P0=0X01; P2=0X00;               //熄灭 P0.0、点亮 P2.0
16.               delay_1ms(1000);                //调用延时 1s 子程序
17.        }
18.        else                                   //如果 SW 开关被按下，则两 LED 一起亮、灭
19.        {
20.               P0=0X00; P2=0X00;               //点亮 P0.0 和 P2.0
21.               delay_1ms(1000);                //调用延时 1s
22.               P0=0X01; P2=0X01;               //熄灭 P0.0 和 P2.0
23.               delay_1ms(1000);                //调用延时 1s
24.        }
25.     }
26. }
27. //================================================
28. //函数名：delay_1ms( )
29. //功能：利用 for 循环执行空操作来达到延时
30. //调用函数：无
31. //输入参数：x
32. //输出参数：无
33. //说明：延时的时间为 1ms 的子程序
34. //================================================
35. void delay_1ms(uint   x)
36. {
37.      uchar   j;                               //定义局部变量
38.      while（x--）                             //每循环一次，x 值减 1 一次
39.            for(j=0; j<120; j++)
40.                  ;                            //空语句循环体
41. }
```

C 语言程序说明：

1）序号 1："#include <regx51.h>"：是文件包含语句，表示把语句中指定文件的全部内容复制到此处，与当前的源程序文件链接成一个源文件。该语句中指定的文件 regx51.h 是 Keil C51 编译器提供的头文件，该文件包含了对 MCS-51 系列单片机特殊功能寄存器（SFR）和位名称的定义。

2）序号 2、3：预处理宏命令用 uint 来代替 unsigned int，用 uchar 来代替 unsigned char 方便写程序。

3）序号 4："sbit SW=P3^0；" 在程序中通过 sbit 定义可位寻址变量，实现访问芯片内部特殊功能寄存器的可寻址位，这样在后面的程序中就可以用 SW 来进行该位的读写操作。

4）序号 8："while(1){ }" 由于 while 的条件表达式为 "1"，该语句作用为实现其后面 "{ }" 里面内容的无限循环运行。

5）序号 10："SW=1；"在读 P3.0 口引脚之前，先写入 1，再读入数据。因为 P3.0 口作为通用的 I/O 输入口使用，所以要读其引脚时，必须先写入"1"，以便后续再读入数据作准备。

6）序号 11~17："if (SW==1) else"由于开关 SW 值不是 0 就是 1，所以用 if-else 来进行开关状态的判断处理，进而实现 LED 闪烁方式的控制实现。

7）序号 38："while（x--）"程序的延时子程序使用了 while（x--）循环，其本质和 for 是一样的，当（）里的值大于 0 时继续循环执行下一条语句，直到（）里的条件值为 0。

8）序号 35~40：延时 1ms 带参数的子程序，通过 for 循环来执行空语句和 while 一起构成双重循环来实现延时的。

当然，以上 C 语言源程序编写与设计过程中，实际上需要借助 Keil 软件对其进行不断的调试与修改，直到调试无误后，才能将程序进行编译生成单片机可执行的二进制机器码文件。程序的 Keil 调试过程与编译等具体情况可以参考前面任务 2.1 中内容所述，在此不再讲解。

 课堂反思：该任务与任务 1 中 LED 的点亮方式有何不同？对于单片机应用来说哪种方法更好？

2.2.5 基于 Proteus 的调试与仿真

当完成了硬件系统的分析以及控制程序的设计与编写之后，就可以进行控制程序的 Proteus 调试与仿真了。下面以本任务中的 C 语言程序来讲解怎样进行单片机应用系统的 Proteus 调试与仿真。本任务的仿真系统构建过程与仿真运行等详细情况见本书附带光盘中的视频文件。

1. 创建 Proteus 仿真电路图

1）列出元器件表。根据单片机应用电路原理图 2-37 所示，列出 Proteus 中实现该系统所需的元器件配置情况，如表 2-5 所示。

表 2-5　元器件配置表

名　　称	型　　号	数　　量	备注（Proteus 中元器件名称）
单片机	AT89C51	1	AT89C51
陶瓷电容	30pF	2	CAP
电解电容	22μF	1	CAP-ELEC
晶振	12MHz	1	CRYSTAL
发光二极管	黄色	2	LED-YELLOW
按钮		1	BUTTON
电阻	1kΩ	2	RES
电阻	300Ω	2	RES
电阻	10kΩ	1	RES
电阻	200Ω	1	RES
刀开关		1	SW-SPST

2）绘制仿真电路图。用鼠标双击桌面上的图标 进入 Proteus ISIS 编辑窗口，单击菜单命令"File"→"New Design"，新建一个 DEFAULT 模板，并保存为"LED 闪烁方式控制.DSN"。在元器件选择按钮 P L DEVICES 单击"P"按钮，将表 2-5 中的元器件添加至对象选择器窗口中。然后将各个元器件摆放好，最后依照图 2-37 所示的原理图将各个器件连接起来，如图 2-46 所示。

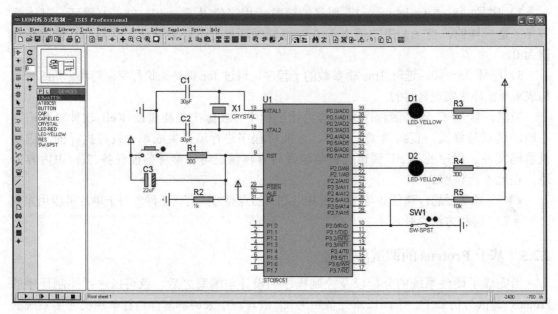

图 2-46　LED 闪烁方式控制仿真图

至此 Proteus 仿真图绘制完毕，下面将 Keil 与 Proteus 联合起来进行调试，使之可以像仿真器一样调试程序。

2．Proteus 与 Keil 联调

1）按照前面任务 2.1 中 Proteus 与 Keil 联调的步骤完成基本的软件设置。如果前面已经设置过一次，在此可以跳过忽略。

2）用 Proteus 打开已绘制好的"LED 闪烁方式控制.DSN"文件，在 Proteus 的"Debug"菜单中选中"Use Remote Debug Monitor（远程监控）"。同时，用鼠标右键选中 STC89C51 单片机，在弹出对话框"Program File"项中，导入在 Keil 中生成的十六进制 HEX 文件"LED 闪烁方式控制.HEX"。

3）用 Keil 打开刚才创建好的"LED 闪烁方式控制.UV2"文件，打开窗口"Option for Target'工程名'"。在 Debug 选项中右栏上部的下拉菜单选中 Proteus VSM Simulator。接着再单击进入"Settings"窗口，设置 IP 为 127.0.0.1，端口号为 8000。

4）在 Keil 中单击@，使用单步执行来调试程序，同时在 Proteus 中查看直观的仿真结果。这样就可以像使用仿真器一样调试程序了，如图 2-47 所示。

首先，将 Proteus 仿真电路中的开关 SW 断开，来联合调试当开关断开时的系统运行情况。

当单步执行程序运行到"P0=0X00；　P2=0X01；"时，能够清楚地看到左侧 Proteus 仿真电路中 P2.0 所接的 LED 熄灭，P0.0 所接的 LED 点亮，如图 2-48 所示。

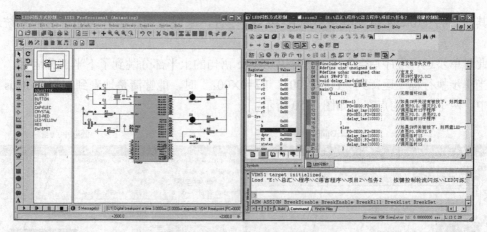

图 2-47　Proteus 与 Keil 联调界面

第一个LED点亮　　　　　　　高电平熄灭　低电平点亮

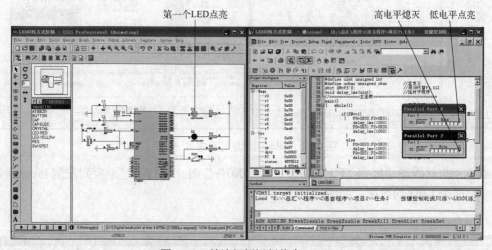

图 2-48　轮流闪烁运行状态（一）

当单步执行程序运行到"P0=0X01；P2=0X00；"时，能够清楚地看到左侧 Proteus 仿真电路中 P0.0 所接的 LED 熄灭，P2.0 所接的 LED 点亮，如图 2-49 所示。

第二个LED点亮　　　　　　　低电平点亮　高电平熄灭

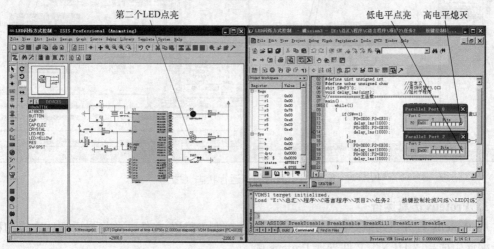

图 2-49　轮流闪烁运行状态（二）

其次，将 Proteus 仿真电路中的开关 SW 闭合，来联合调试当开关闭合时的系统运行情况。

此时单步运行程序后会发现，程序从 if-else 语句的上半部分跳到了下半部分运行。

当单步执行程序运行到"P0=0X00； P2=0X00；"时，能够清楚地看到左侧 Proteus 仿真电路中，两个 LED 均点亮，如图 2-50 所示。

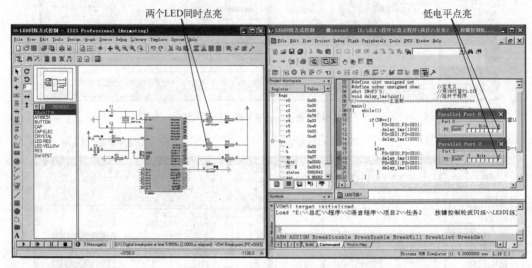

图 2-50 同时闪烁运行状态（一）

当单步执行程序运行到"P0=0X01； P2=0X01；"时，能够清楚地看到左侧 Proteus 仿真电路中，两个 LED 均熄灭，如图 2-51 所示。

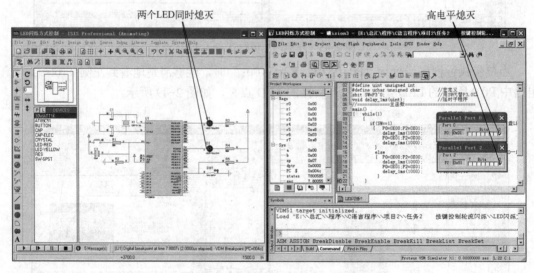

图 2-51 同时闪烁运行状态（二）

3. Proteus 仿真运行

用 Proteus 打开已绘制好的"LED 闪烁方式控制.DSN"文件，并将最后调试完成的程序重新编译生成新".HEX"文件导入 Proteus 中。

在 Proteus ISIS 编辑窗口中单击  或在 "Debug" 菜单中选择 "🏃Execute" 启动运行。当单片机运行时会发现两个 LED 闪烁方式受开关的控制。当开关闭合时，会观察到两个 LED 同时亮或灭的间歇闪烁运行画面，其运行结果如图 2-52 所示；当开关断开时，会观察到两个 LED 轮流亮或灭的间歇闪烁运行画面，其运行结果如图 2-53 所示。

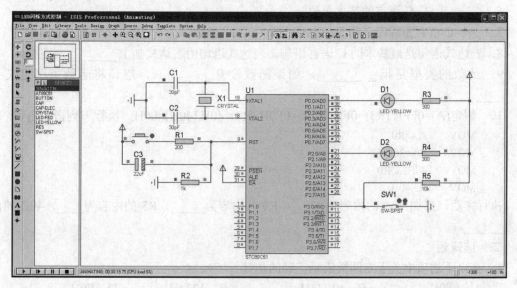

图 2-52　仿真运行结果（一）界面

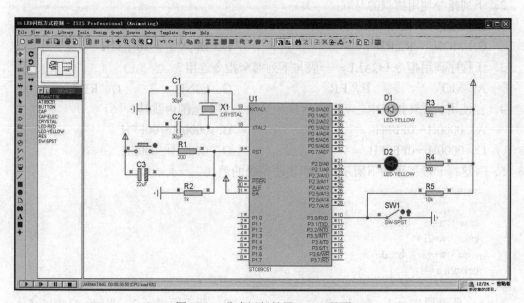

图 2-53　仿真运行结果（二）界面

随堂一练

一、填空题

1. MCS-51 单片机的 4 组 I/O 口中，具有第 2 功能端口是_____。

2．MCS-51 单片机的 4 组 I/O 口中，内部没有上拉电阻的端口是_____。

3．汇编程序的框架都必须要由_____和_____两部分组成。

4．汇编语言指令主要由_____、_____、_____和_____4 部分组成。

5．在 R7 初值为 00H 的情况下，DJNZ R7，rel 指令将循环执行____次。

6．_____是 C 语言的基本单位。

7．一个 C 语言源程序必须且仅有一个_____函数。

8．表达式语句是最基本的 C 语言语句，表达式语句由表达式加上_____组成。

9．函数的类型是指_____，如果函数没有_____，应该将函数类型定义为_____。

10．假定(A)=0FFH,(R3)=0FH,(30H)=0F0H,(R0)=40H,(40H)=00H。执行下列指令语句：

```
MOV    A,@R0
MOV    R0,#30H
MOV    40H,@R0
MOV    R3,40H
```

执行完后，累加器 A 的内容为____，R0 的内容为____，R3 的内容为____，40H 的内容为_____。

二、选择题

1．在以下选项中关于立即数表示正确的是（   ）。

    A．#F0H   B．#1234H   C．1234H   D．F0H

2．下列指令使用错误的是（   ）。

    A．MOV   A,R0   B．MOV   @R0,A

    C．MOV   R2,R3   D．MOV   30H,31H

3．子程序调用指令 LCALL，一般与下列哪个指令连用？（   ）

    A．MOV   B．RR   C．CJNE   D．RET

4．在使用长跳转指令中，可以在程序地址最大多少范围内跳转？（   ）

    A．0000H～0FFFH   B．0000H～00FFH

    C．0000H～0FFFFH   D．0000H～000FH

5．有这样一段程序如下所示，下面说法正确的是（   ）。

```
switch(shu)
{
case 1: a=1;  break;
case 2: a=2;
case 3: a+=3;  break;
default: a=4;
}
```

    A．假设原先 a=3，当 shu=1 时 a=5   B．假设原先 a=3，当 shu=3 时 a=5

    C．假设原先 a=3，当 shu=4 时 a=5   D．假设原先 a=3，当 shu=2 时 a=5

6．以下关于 if 语句，假设 a=5,b=9，则执行后 b 的结果是（   ）。

```
if(a<b)
    b=a;
else
    a=b;
```

A. 2 B. 3 C. 4 D. 5

7．若单片机的晶振频率为 12MHz，则采用如下所示的单循环延时程序，需要延时 59μs 时，则寄存器 R0 初始值 X 应为（ ）。

```
        MOV     R0,#X
D1:     DJNZ    R0,D1
        RET
```

A. 8 B. 18 C. 28 D. 38

8．执行返回指令时，返回的断点是（ ）。

A．调用指令的首地址

B．调用指令的末地址

C．调用指令下一条指令的首地址

D．返回指令的末地址

三、思考题

1．阐述 MCS-51 单片机 4 个并行 I/O 口在使用时他们各自的特点以及分工。

2．简要说明开关输入电路中的上拉电阻在端口起到什么作用。

3．试写出单片机汇编语言程序的基本结构。

4．在实际的应用中可能需要时间上的暂停，在 MCS-51 单片机中虽然没有暂停指令，但可通过某种方式实现动态暂停。请说明如何实现动态暂停。

5．分析阐述无条件跳转指令之间的区别，并说明它们适合于什么情况使用。

6．写出汇编的一重、二重、三重循环延时的程序语句，并进行延时时间计算。

7．在进行单片机的 LED 接口控制电路设计时，有哪些注意事项？

8．如何使用 Keil 的各种调试窗口高效直观的进行程序的开发调试？

9．简述进行单片机应用系统 Keil 与 Proteus 联调的设置要点与方法步骤。

技能训练 1：2 个 LED 闪烁控制

一、训练目的

1．学会简单的单片机 I/O 口应用电路分析设计；

2．初步掌握简单的单片机 I/O 口应用程序分析与编写；

3．初步掌握单片机软件延时程序的分析与编写；

4．初步学会程序的调试过程与仿真方法。

二、训练任务

图 2-54 所示电路为一个 89C51 单片机控制两个 LED 闪烁运行的电路原理图。该单片机应用系统的具体功能为：当系统上电运行工作时，该两个 LED 以一定的时间间隔轮流点亮闪烁运行，其具体的工作运行情况见本书附带光盘中的仿真运行视频文件。

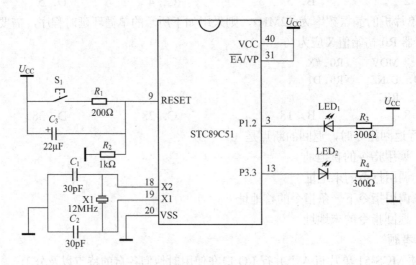

图 2-54　两个 LED 闪烁控制

三、训练要求

训练任务要求如下：

1. 进行单片机应用电路分析，并完成 Proteus 仿真电路图的绘制。

2. 根据任务要求进行单片机控制程序流程和程序设计思路分析，画出程序流程图。

3. 依据程序流程图在 Keil 中进行源程序的编写与编译工作。

4. 在 Proteus 中进行程序的调试与仿真工作，最终完成实现任务要求的程序。

5. 完成单片机应用系统实物装置的焊接制作，并下载程序实现正常运行。

技能训练 2：3 个 LED 闪烁控制

一、训练目的

1. 学会简单的单片机 I/O 口应用电路分析设计；

2. 初步掌握简单的单片机 I/O 口应用程序分析与编写；

3. 初步掌握单片机软件延时程序的分析与编写；

4. 初步学会程序的调试过程与仿真方法。

二、训练任务

图 2-55 所示电路为一个 89C51 单片机控制 3 个 LED 发光管闪烁运行的电路原理图。该单片机应用系统的具体功能为：当开关闭合时，3 个 LED 同时亮灭闪烁运行；当开关断开时，3 个 LED 轮流点亮闪烁运行，其具体的工作运行情况见本书附带光盘中的仿真运行视频文件。

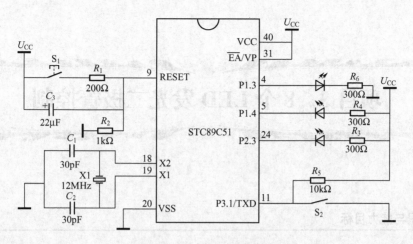

图 2-55　3 个 LED 闪烁控制

三、训练要求

训练任务要求如下：

1. 进行单片机应用电路分析，并完成 Proteus 仿真电路图的绘制。
2. 根据任务要求进行单片机控制程序流程和程序设计思路分析，画出程序流程图。
3. 依据程序流程图在 Keil 中进行源程序的编写与编译工作。
4. 在 Proteus 中进行程序的调试与仿真工作，最终完成实现任务要求的程序。
5. 完成单片机应用系统实物装置的焊接制作，并下载程序实现正常运行。

项目 3　8 个 LED 发光二极管控制

 知识与能力目标

1）进一步掌握单片机的 I/O 口功能与特性。
2）掌握简单按键接口电路及消除抖动的措施。
3）初步学会按键软件消抖的编程实现方法。
4）学会使用汇编语言进行较复杂 I/O 口控制程序的分析与设计。
5）学会使用 C 语言进行较复杂 I/O 口控制程序的分析与设计。
6）进一步学习 Keil μVsion3 与 Proteus 软件的使用。

任务 3.1　LED 拉幕灯控制

3.1.1　控制要求与功能展示

图 3-1 所示为单片机控制 8 个 LED 逐一点亮和熄灭的"拉幕灯"实物装置，其电路原理图如图 3-2 所示。本任务的具体控制要求为当单片机上电开始运行时，该装置在程序的控制作用下，通过单片机的 P2 口实现 8 个 LED 发光管从左到右逐一点亮，再相反从右到左逐一熄灭，接着再从左到右逐一点亮……一直循环运行，形成一种简易的"拉幕灯"。其具体的工作运行情况见本书附带光盘中的视频文件。

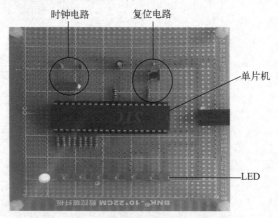

图 3-1　LED 拉幕灯控制装置

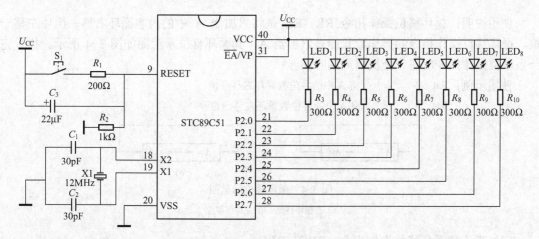

图 3-2　LED 拉幕灯控制电路原理图

3.1.2　硬件系统与控制流程分析

1.　任务硬件系统分析

电路原理图如图 3-2 所示，单片机对 8 个 LED 驱动均采用低电平点亮方式接口设计，因为单片机 I/O 口的低电平灌入电流能力比高电平输出电流能力要强。该电路实际上是在前面任务 2.2 介绍的电路上进行扩展而成，将 8 个 LED 发光管连接在 P2 口上，并串上电阻进行限流保护。其他的硬件系统结构与前述任务相同，在此不再重述。

2.　任务控制流程分析

根据电路原理图和任务控制功能要求可知，本任务功能上主要是在单片机的控制作用下，当单片机上电开始运行时，8 个 LED 发光管从左到右逐一点亮，再相反从右到左逐一熄灭，接着再从左到右逐一点亮……一直循环运行。图 3-3 所示为本任务程序设计的程序控制流程图。

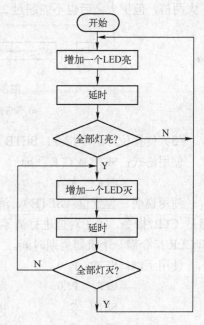

图 3-3　LED 拉幕灯程序控制流程图

3.1.3　汇编语言程序分析与设计

在分析完硬件系统与控制流程之后，进一步进行单片机汇编语言相关知识的学习，来完成本任务汇编控制程序的编写。

1.　任务中相关的汇编指令

为了完成本任务控制程序的编写，我们再进一步学习掌握一些常用的汇编指令，主要有：RR、RL、RRC、RLC、CLR、SETB 和 CPL。

（1）循环移位操作指令：RR、RL

使用格式：RR 或 RL　A

使用说明：循环移位操作指令 RR、RL 是将累加器 A 中的内容循环右移、循环左移一位。循环移位操作指令的操作数只能是累加器 A，其循环移位示意图如图 3-4 所示。执行完一条移位操作指令所需一个机器周期时间。

使用示例：RR　A　　　；将 A 中的各位数循环右移一位

　　　　　　RL　A　　　；将 A 中的各位数循环左移一位

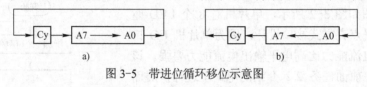

图 3-4　循环移位示意图

a) 右循环移位　b) 左循环移位

（2）带进位循环移位操作指令：RRC、RLC

使用格式：RLC 或 RRC　A

使用说明：带进位循环移位指令 RLC、RRC 是将累加器 A 中的内容带进位循环右移、循环左移一位，其循环移位示意图如图 3-5 所示。其中 RLC 指令可以将累加器 A 中的内容扩大两倍，但扩大之后也不能超过 255；而 RRC 指令可以将累加器 A 中的内容除以 2。

图 3-5　带进位循环移位示意图

a) 带进位右循环移位　b) 带进位左循环移位

（3）位置位、清零指令：SETB、CLR

使用格式：SETB 或 CLR　bit

　　　　　　CLR　A

使用说明：位置位（SETB）、清零（CLR）指令就是对某个位进行置位或者清零操作，但是 CLR 指令，除了对位进行清零外，还可对累加器 A 进行字节清零。执行完一条 SETB 和 CLR 指令需一个机器周期时间。

使用示例：SETB　P1.0　　；将 P1.0 口置位

　　　　　　CLR　P1.0　　；将 P1.0 口清零

　　　　　　SETB　C　　　；将进位位 Cy 置位

　　　　　　CLR　C　　　；将进位位 Cy 清零

　　　　　　CLR　A　　　；将累加器 A 中的内容清零

（4）取反指令：CPL

使用格式：CPL　A

　　　　　　CPL　bit

使用说明：取反指令 CPL 是将累加器 A、存储单元中的某一位的内容进行取反操作，并且完成取反操作后存入原来的地址中。

2．汇编程序设计

学习完以上任务所需的汇编知识之后，即可开始进行本任务的汇编程序的分析与设计工作。根据图 3-3 所示的控制流程分析图，结合汇编语言指令编写出汇编语言控制程序如下：

汇编语言程序代码：

1.		ORG	0000H	; 程序复位入口地址
2.		LJMP	MAIN	; 程序跳到地址标号为 MAIN 主程序处执行
3.		ORG	0030H	; 主程序执行地址
4.	MAIN:	MOV	R0,#08H	; 给寄存器 R0 赋值 08H，用于循环次数控制
5.		MOV	A,#11111110B	; 把立即数#0FEH 送入累加器 A
6.	RL1:	MOV	P2,A	; 将 A 中的值输出到 P2 口
7.				; 与 P2 口相连接的 LED 随着 A 值变化逐个点亮
8.		CLR	ACC.7	; 将 A 的最高位清零
9.		RL	A	; A 内容左移 1 位
10.		LCALL	DELAY	; 调用延时子程序
11.		DJNZ	R0,RL1	; 用来控制循环，判断 R0 中的内容减 1 是否为 0
12.				; 是 0，则循环结束，执行下一条指令；否则跳到 RL1
13.		MOV	R0,#08H	; 给寄存器 R0 重新赋值 08H，用于循环次数控制
14.	RR1:	SETB	ACC.0	; 将 A 的最低位置位
15.		RR	A	; A 内容右移 1 位
16.		MOV	P2,A	; 将 A 中的值输出到 P2 口
17.				; 与 P2 口相连接的 LED 随着 A 值变化逐个熄灭
18.		LCALL	DELAY	; 调用延时子程序
19.		DJNZ	R0,RR1	; 用来控制循环，判断 R0 中的内容减 1 是否为 0
20.				; 是 0，则循环结束，执行下一条指令；否则跳到 RR1
21.		LJMP	MAIN	; 返回主程序执行
22.	;	==========500ms 延时子程序============================		
23.	DELAY:	MOV	R7,#17H	; 给寄存器 R7 中赋值#17H
24.	D1:	MOV	R6,#98H	; 给寄存器 R6 中赋值#98H
25.	D2:	MOV	R5,#46H	; 给寄存器 R5 中赋值#46H
26.		DJNZ	R5,$	; 判断 R5 中的内容减 1 是否为 0
27.				; 否，继续执行判断，是，则执行下一条指令
28.		DJNZ	R6,D2	; 判断 R6 中的内容减 1 是否为 0
29.				; 否，跳至 D2 处执行，是，则执行下一条指令
30.		DJNZ	R7,D1	; 判断 R7 中的内容减 1 是否为 0
31.				; 否，跳至 D1 处执，是，则执行下一条指令
32.		RET		; 延时子程序结束返回
33.		END		; 程序结束

汇编语言程序说明：

1）序号 1~3：跳过中断入口，将程序保存在 0030H 以后的地址单元中。

2）序号 4：进入主程序后，将 8 赋值于 R0 作为循环次数的计数值

3）序号 5：把立即数 11111110B 送入累加器 A，用于初始 P2.0 为低。A 作为移位的容器。

4）序号 8~9：通过这两句指令实现当 A 每左移一次时，A 的最低位值都是 0。

5）序号 11：该语句用于控制循环移位的次数，与序号 4 语句配合实现循环执行 8 次。

6）序号 5~12：开始给 A 赋值 11111110B 用于点亮第 1 个 LED 灯，通过循环左移位改变 A 的值作为 P2 口的输出值。R0 用于循环次数控制，每循环移位一次，LED 依序多点亮

一个，当循环 8 次后，LED 全部点亮，此时 R0 已减到 0，结束循环。

7）序号 13：将 8 重新赋值于 R0，作为下个循环次数的计数值。

8）序号 14~15：通过这两句指令实现当 A 每右移一次时，A 的最高位值都是 1。

9）序号 19：该语句用于控制循环移位的次数，与序号 13 语句配合实现循环执行 8 次。

10）序号 13~20：开始时 A 值已为 00000000B，8 个 LED 全点亮，通过循环右移位再改变 A 的值作为 P2 口的输出值。R0 用于循环次数控制，每循环移位一次，LED 依序熄灭一个，当循环 8 次后，LED 全部熄灭，此时 R0 已减到 0，结束循环。

11）序号 21：用于完成一个控制周期后，重新返回开始新周期运行。

12）序号 23~32：DELAY 为延时 0.5s 的延时子程序。

当然，以上汇编语言源程序编写与设计过程中，实际上需要借助 Keil 软件对其进行不断的调试与修改，直到调试无误后，才能将程序进行编译生成单片机可执行的二进制机器码文件。程序的 Keil 调试过程与编译等具体情况可以参考前面任务 2.1 中内容所述，在此不再讲解。

3.1.4　C 语言程序分析与设计

在完成以上任务的汇编语言程序设计之后，接下来继续学习 C 语言相关知识，完成本任务的 C 控制程序设计。

1．C 语言的数据类型与运算符。

C51 是一种专门为 MCS-51 系列单片机设计的 C 语言编译器，支持 ANSI 标准的 C 语言程序设计，同时根据 8051 单片机的特点做了一些特殊扩展。C51 编译器把数据分成了多种数据类型，并提供了丰富的运算符进行数据处理，数据类型、运算符和表达式是 C51 单片机应用程序设计的基础。本书在此先对其基本数据类型、常量和变量、运算符及表达式进行详细介绍。

（1）数据类型

数据是计算机操作的对象，任何程序设计都要进行数据处理。具有一定格式的数字或数值成为数据，数据的不同格式称为数据类型。

在 C 语言中，数据类型可分为：基本数据类型、构造数据类型、指针类型和空类型 4 大类，如图 3-6 所示。

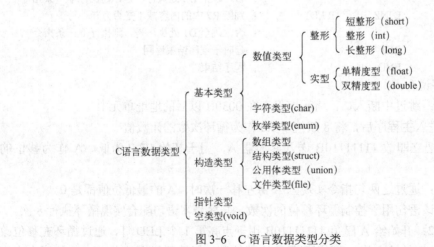

图 3-6　C 语言数据类型分类

76

在进行 C51 单片机程序设计时，支持的数据类型与编译器有关。在 C51 编译器中整型 (int)和短整型(short)相同，单精度浮点型(float)和双精度浮点型(double)相同。表 3-1 列出了 Keil μVision3 C51 编译器所支持的数据类型。

表 3-1　Keil μVision3 C51 的编译器所支持的数据类型

型　态	名　称	位　数	范　围
char	字符	8	−128～+127
unsigned char	无符号字符	8	0～255
int	整型	16	−32768～+32767
unsigned int	无符号整型	16	0～65535
long	长整型	32	-2^{31}～$+2^{31-1}$
unsigned long	无符号长整型	32	0～2^{32-1}
float	浮点数	32	±1.175494E−38～±3.402823E+38
*	指针型	1～3B	对象的地址
bit	位类型	1	0 或 1
sfr	特殊功能寄存器	8	0～255
sfr16	16 位特殊功能寄存器	16	0～65535
sbit	可位寻址	1	0 或 1

注：数据类型中加底色的部分为 C51 扩充数据类型

◆ 字符类型　char

char 类型的数据长度占 1B（字节），通常用于处理字符数据的变量或常量，分为无符号字符类型 unsigned char 和有符号字符类型 signed char，默认为 signed char 类型。

unsigned char 类型为单字节数据，用字节中所有的位来表示数值，可以表达的数值范围是 0～255。signed char 类型用字节中最高位表示数据的符号，"0"表示正数，"1"表示负数，负数用补码表示，所能表示的数值范围是-128～+127。

> **经验之谈**
>
> 在单片机的 C 语言程序设计中，unsigned char 经常用于处理 ASCII 字符或用于处理小于等于 255 的整型数，是使用最为广泛的数据类型。

◆ 整型　int

int 整型数据长度占 2B，用于存放一个双字节数据，分为有符号整型 signed int 和无符号整型 unsigned int，默认为 signed int 类型。

unsigned int 表示的数值范围是 0～65535。signed int 表示的数值范围是-32768～+32767，字节中最高位表示数据的符号，"0"表示正数，"1"表示负数，负数用补码表示。

> **经验之谈**
>
> 在程序中使用变量时，变量的范围取决与该变量的数据类型，要注意不能使该变量的值超过其数据类型的值域。例如在以前的例子中将变量 i、j 定义为 unsigned char 类型，则 i、j 就只能在 0～255 取值，因此调用 delay（500）就不能达到预期的延时效果。

◆ 长整型　long

long 长整型数据长度为 4B，用于存放一个 4 字节数据，分为有符号长整型 signed long 和无符号长整型 unsigned long 两种，默认为 signed long 类型。unsigned long 表示的数值范围是 0～4294967295。signed long 表示的数值范围是-2147483648～+2147483647，字节中最高位表示数据的符号，"0" 表示正数，"1" 表示负数，负数用补码表示。

◆ 浮点型 float

float 浮点型数据长度为 32b，占 4B。许多复杂的数学表达式都采用浮点数据类型。它用符号位表示的符号，用阶码与尾数表示数的大小。采用浮点型数据进行任何数学运算时，需要使用编译器决定的各种不同效率等级的标准函数。C51 浮点变量数据类型的使用格式符合 IEEE——754 标准的单精度浮点型数据。

◆ 指针型*

指针型本身就是一个变量，在这个变量中存放的内容是指向另一个数据的地址。指针变量占据一定的内存单元，对不同的处理器，其长度也不同。在 C51 中它的长度一般为 1～3B。

◆ 位类型 bit

位类型 bit 是 C51 编译器的一种扩充数据类型，利用它可定义一个位类型变量，但不能定义位指针，也不能定义数组。它的值是一个二进制位，只有 0 或 1，与某些高级语言的 boolean 类型数据 True 和 False 类似。

◆ 特殊功能寄存器 sfr

MCS-51 系列单片机内部定义了 21 个特殊功能寄存器，它们不连续地分布在片内 RAM 的高 128 字节中，地址为 80H～0FFH。

sfr 也是 C51 扩展的一种数据类型，占用 1B，值域为 0～255。利用它可以访问单片机内部的所有 8 位特殊功能寄存器。例如：

    sfr P0=0x80;   //定义 P0 口在片内的寄存器，P0 端口地址为 80H

对 sfr 操作，只能用直接寻址方式，用 sfr 定义特殊功能寄存器地址的格式为：

sfr 特殊功能寄存器名=特殊功能寄存器地址；

例如：

    sfr PSW=0xd0;
    sfr ACC=0xe0;

知识链接：**sfr**

在关键字 sfr 后面必须跟一个标识符作为寄存器名，名字可以任意选取。等号后面是寄存器的地址，必须为 80H～0FFH 的常数，不允许为带运算符的表达式。

◆16 位特殊功能寄存器 sfr16

在新一代的 MCS-51 系列单片机中，特殊功能寄存器经常组合成 16 位来使用。采用 sfr16 可以定义这种 16 位的特殊功能寄存器。sfr16 也是 C51 扩充数据类型，占 2B，值域为 0～65535。

sfr16 和 sfr 一样用于定义特殊功能寄存器，所不同的是它用于定义占 2 字节的寄存器。如 8052 定时器 T2，使用地址 0XCC 和 0XCD 作为低字节和高字节，可以用如下方式定义：

    sfr16 T2=0xcc；//这里定义 8052 定时器 2，地址为 T2L=CCH,T2H=CDH

采用 sfr16 定义 16 位特殊功能寄存器时，2 字节的地址必须是连续的，并且低字节地址在前，定义时等号后面是它的低字节地址。使用时，把低字节地址作为整个 sfr16 地址。在这里要注意的是，不能用于定时器 0 和 1 的定义。

◆ 可寻址位 sbit

sbit 类型也是 C51 的一种扩充数据类型，利用它可以访问芯片内部 RAM 中的可寻址位或特殊功能寄存器中的可寻址位。有 11 个特殊功能寄存器具有位寻址功能，它们的字节地址都能被 8 整除，即以 16 进制表示的字节地址以 8 或 0 为尾数。

例如任务 2.2 中的：

    sbit SW=P3^0；　//可用 SW 来表示 P3 口中的 3.0

    sbit SW=0xb0；　//也可用 P3.0 的位地址来定义

这样在后面就可以用 SW 来对 P3.0 进行读写操作了。

sbit 的定义格式如下：

    sbit 位名称=位地址；

（2）常量和变量

单片机程序中处理的数据有常量和变量两种形式，二者的区别在于：常量的值在程序执行期间是不能发生变化的，而变量的值在程序执行期间可以发生变化。

Ⅰ. 常量

常量是指在程序执行期间其值固定、不能改变的量。常量的数据类型有整型、浮点型、字符型、字符串型和位类型，表 3-2 为常量的数据类型表。

表 3-2　常量的数据类型表

数 据 类 型	表 达 形 式	举　　例
整型常量（若是长整型则在数字后加字母"L"）	十进制	12（12L）、−60(-60L)等
	十六进制	0x14(0x14L)、−0x1B(−0X1B)等
	八进制	o14(o14L)、o17(o17L)等
浮点型常数	十进制	0.888、354.657 等
	指数表示	125e3、−3.0e-3 等
字符型常量	单引号	'a'、'9' 等
字符串型常量	双引号	"test"、"OK" 等
位类型	一个二进制数	1、0

经验之谈

    单引号与双引号分别是字符常量和字符串常量的定界符，而不是常量的一部分。若要在常量中表示单引号、双引号与反斜杠，可以在该字符前加一个反斜杠 '\'。例如 '\'' 表示单引号字符，而 '\\' 表示反斜杠字符。

常量可以是数值型常量，也可以是符号型常量。

数值型常量就是常说的常数，如 14、26.5、o34、0x23、'A'、"Good！"等，数值型常量不用声明就可以直接使用。

符号型常量是指在程序中用标识符来代表的常量。符号型常量在使用之前必须用编译预处理命令"#define"先进行定义。例如：

    #define　　PP　2.3456　　//用符号常量 PP 表示数值 2.3456

在此语句后面的程序代码中，凡是出现标识符 PP 的地方，均用 2.3456 来代替。

Ⅱ．变量

在 C 语言里，变量是为某个数据指定存储器空间，其中常数是固定不变的，而变量是可变的。声明常数或变量的格式如下：

[存储种类] 数据类型 [存储器类型] 变量名称[=默认值];

其中，数据类型和变量名称是必要项目，存储种类、存储器类型与默认值是可选项，而分号"；"是结束符号。

存储种类有 4 种：auto（自动变量）、extern（外部变量）、static（静态变量）和 register（寄存器变量）。默认类型为 auto（自动变量），如表 3-3 所示。

表 3-3 变量存储种类表

变量存储种类	存储方式	说　明
auto	动态存储	凡是未加存储种类的变量均默认为自动变量，自动变量的作用域仅限于定义该变量的个体内
extern	静态存储	若某大型程序分解为若干个独立程序文件，而其中某一变量要在所有文件中使用，则只需在其中一文件中将其变量定为全局变量，在其他文件中用 extern 说明
static	静态存储	在函数内定义，其变量始终存在，作用域与 auto 相同，退出函数后其变量仍在但不能用 在函数外定义，能为该源文件内的函数公用，其作用域限于该文件内
register	CPU 寄存器	使用它时不需要访问内存，直接从寄存器中读写，这样可以提高效率

知识链接：静态存储和动态存储

变量的存储方式可分为静态存储和动态存储俩大类，静态存储变量通常在定义变量时就分配存储单元并一直保持不变，直至整个程序结束，动态存储变量在程序执行过程中使用它们才分配存储单元，使用完立即释放。

因此静态存储变量是一直存在的，而动态存储变量则时而存在、时而消失。

存储器类型指定该变量在 MCS-51 硬件系统中所使用的存储区域，并在编译时准确的定位，如表 3-4 所示。

表 3-4 存储器类型表

存储器类型	描　述
data	直接访问内部数据存储器，允许最快访问（128B）
bdata	可位寻址内部数据存储器，允许位与字节混合访问（16B）
idata	间接访问内部数据存储器，允许访问整个内部地址空间（256B）
pdata	"分页"外部数据存储器（256B）
xdata	外部数据存储器（64KB）
code	程序存储器（64KB）

例如，要声明一个整型类型的 x 变量，储存种类为静态变量，存在程序存储器中。其默认值为 50，语句如下：

```
static int code x=50;
```
若不需要特别定义默认值、储存种类和定义储存区域，则为
```
int  x;
```
若要同时声明 x、y、z 三个整型类型的变量，则变量名称之间以"，"分隔，语句如下：
```
int  x，y，z;
```
其中的数据类型既指定了程序为该变量或常数保留存储空间，又限定了该变量或常数的范围。

由上述声明常数或变量的格式中可得知，在数据类型之后就是变量名称，而变量名称的指定除了容易判断外，还要遵守第一个字符不可为数字、可使用大/小写字母、数字或下划线（_）、不可使用保留字等规则。

所谓"保留字"是指编译程序将该字符串保留为其他特殊用途。当然，Keil C 也有其特有的保留字，如表 3-5 所示。

表 3-5 Keil C 保留字

-at-	-priority-	-task-	alien	dbata	Bit
code	compact	data	far	idata	interrupt
iarge	pdata	reentrant	sbit	sfr	sfr16
small	using	xdata			

（3）变量的作用范围

变量的适用范围或有效范围与该变量是在哪里声明的有关，大致可分为两种，说明如下。

◆ 全局变量

若在程序开头的声明区或者是没有大括号限制的声明区所声明的变量，其适用范围为整个程序，称为全局变量，如下面程序段所示，其中的 LED、SPEAKER 就是全局变量。
```
#include<reg51.h>
unsigned  char  LED，SPEAKER;          ┐
…                                      ├──→ 全局变量
void main(  )                          ┘
{
    int  i,j;
    …
    LED=0xff;
    …
}
```
◆ 局部变量

若在大括号内的声明区所声明的变量，其适用范围将受限于大括号，称为局部变量。下面程序段中的 i、j 就是局部变量。若在主程序与各函数之中都有声明相同名称的变量，则脱离主程序或函数时，该变量将自动无效，又称为自动变量。

如下程序所示，在主程序与 delay 子程序中各自声明 i、j 变量，但主程序的 i、j 与 delay 子程序中的 i、j 为各自独立（无关）的 i、j。
```
#include<reg51.h>
```

```
void main( )
{
    int  i,j;
    …
}
delay(int x)
{
    int  i,j;
    …
}
```

```
                          ┌──────────────→ 子函数中的局部变量
```

经验之谈

1）初学者容易混淆符号常量和变量，区别它们的方法是观察它们的值在程序运行过程中能否变化。符号常量的值在其作用域中不能改变。在编写程序时习惯上将符号常量的标识符用大写字母来表示，而变量标识符用小写字母来表示，以示二者的区别。

2）在编程时如果不进行负数运算，应尽可能使用无符号字符变量或者位变量，因为它们能被C51 直接接受，可以提高程序的运算速度。有符号字符变量虽然也只占用 1B，但需要进行额外的操作来测试代码的符号位，这将会降低代码的执行效率。

（4）运算符

运算符就是程序语句中的操作符号，Keil C 的运算符可分为以下几种。

◆ 算术运算符

顾名思义，算术运算符就是执行算术运算功能的操作符号，除了一般人所熟悉的四则运算（加减乘除）外，还有取余数运算，如表 3-6 所示。

表 3-6　算术运算符表

符　号	功　能	范　例	说　明
+	加	A=x+y	将 x 与 y 变量的值相加，其和放入 A 变量
−	减	B=x-y	将 x 变量的值减去 y 变量的值，其差放入 B 变量
*	乘	C=x*y	将 x 与 y 变量的值相乘，其积放入 C 变量
/	除	D=x/y	将 x 变量的值除以 y 变量的值，其商数放入 D 变量
%	取余	E=x%y	将 x 变量的值除以 y 变量的值，其余数放入 E 变量

程序示例

```
viod main( )
{
    int   A,B,C,D,E,x,y;
    x=7;
    y=2;
    A=x+y；B=x-y；C=x*y；D=x/y；
    E=x%y；
}
```

程序结果

A=0x0009, B=0x0005, C=0x000E, D=0x0003, E=0x0001

◆ 关系运算符

关系运算符就是处理两者之间的大小关系，如表 3-7 所示。

表 3-7　关系运算符表

符　号	功　能	范　例	说　　　　明
==	相等	x==y	比较 x 与 y 变量的值是否相等，相等则其结果为 1，否则为 0
!=	不相等	x!=y	比较 x 与 y 变量的值是否相等，不相等则其结果为 1，否则为 0
>	大于	x>y	若 x 变量的值大于 y 变量的值，其结果为 1，否则为 0
<	小于	x<y	若 x 变量的值小于 y 变量的值，其结果为 1，否则为 0
>=	大于等于	x>=y	若 x 变量的值大于或等于 y 变量的值，其结果为 1，否则为 0
<=	小于等于	x<=y	若 x 变量的值小于或等于 y 变量的值，其结果为 1，否则为 0

程序示例

```
void main( )
{
    unsigned char  A,B,C,D,E,F,x,y;
        x=7;
        y=2;
    A=(x==y)；B=(x!=y)；C=(x>y);
    D=(x<y);
    E=(x>=y)；F=（x<=y);
}
```

程序结果

A=0x00，B=0x01，C=0x01，D=0x00，E=0x01，F=0x00

◆ 逻辑运算符

逻辑运算符就是执行逻辑运算功能的操作符号，逻辑运算包括 AND（与）、OR（或）和 NOT（非），其结果为 1 或 0，如表 3-8 所示。

表 3-8　逻辑运算符表

符　号	功　能	范　例	说　　明
&&	与运算	(x>y)&&(y>z)	若 x 变量的值大于 y 变量的值，且 y 变量的值也大于 z 变量的值，其结果为 1，否则为 0
||	或运算	(x>y)||(y>z)	若 x 变量的值大于 y 变量的值，或 y 变量的值大于 z 变量的值，其结果为 1，否则为 0
!	非运算	!(x>y)	若 x 变量的值大于 y 变量的值，则其结果为 0，否则为 1

逻辑运算举例如下：

X&&Y：若 X、Y 都为真，则运算结果为真；若 X、Y 中有一个为假或都为假，则运算结果为假。

X||Y：若 X、Y 都为假，则运算结果为假；若 X、Y 中有一个为真或都为真，则运算结果为真。

!X：若 X 为真，则运算结果为假；若 X 为假，则运算结果为真。

程序范例

```
void main( )
{
        unsigned char   A,B,C,x,y,z;
            x=7;
            y=2;
            z=5;
            A=(x>y)&&(y<z);
            B=(x==y)||(y<=z);
            C=!(x>z);
}
```

程序结果

A=0x01，B=0x01，C=0x00

◆ 布尔运算符

布尔运算符与逻辑运算符非常相似，其最大的差异在于布尔运算符针对变量中的每一个位，逻辑运算符则是对整个变量操作，图 3-7 所示为布尔运算的示意图。

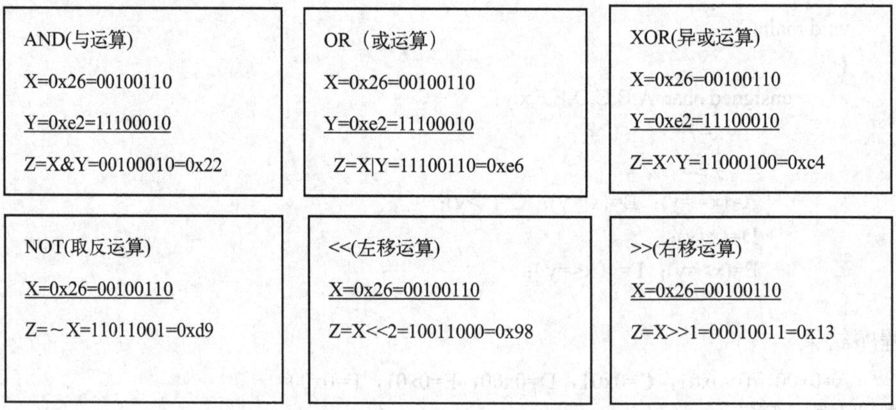

```
AND(与运算)
X=0x26=00100110
Y=0xe2=11100010
Z=X&Y=00100010=0x22
```

```
OR （或运算）
X=0x26=00100110
Y=0xe2=11100010
 Z=X|Y=11100110=0xe6
```

```
XOR(异或运算)
X=0x26=00100110
Y=0xe2=11100010
Z=X^Y=11000100=0xc4
```

```
NOT(取反运算)
X=0x26=00100110
Z=~X=11011001=0xd9
```

```
<<(左移运算)
X=0x26=00100110
Z=X<<2=10011000=0x98
```

```
>>(右移运算)
X=0x26=00100110
Z=X>>1=00010011=0x13
```

图 3-7 布尔运算的示意图

布尔运算符如表 3-9 所示。

表 3-9 布尔运算符表

符　号	功　能	范　例	说　明
&	与运算	A=x&y	将 x 与 y 变量的每个位进行 AND 运算，其结果放入 A 变量
|	或运算	B=x|y	将 x 与 y 变量的每个位进行 OR 运算，其结果放入 B 变量
^	异或运算	C=x^y	将 x 与 y 变量的每个位进行 XOR 运算，其结果放入 C 变量
~	取反运算	D=~x	将 x 变量的值进行 NOT 运算，其结果放入 D 变量
<<	左移	E=x<<n	将 x 变量的值左移 n 位，其结果放入 E 变量
>>	右移	F=x>>n	将 x 变量的值右移 n 位，其结果放入 F 变量

例如：X=5，Y=7，则上述各按位运算如下所述，运算结果示意图如图 3-8 所示。

X&Y 表示将 X 和 Y 中各位都分别对应进行"与"运算，即两个相应位均为 1 时结果为 1，否则为 0。例中按位与运算其结果为 5。

X|Y 表示将 X 和 Y 中各位都分别对应进行"或"运算，即两个相应位均为 0 时结果为 0，否则为 1。例中按位或运算其结果为 7。

X^Y 表示将 X 和 Y 中各位都分别对应进行"异或"运算，即两个相应位不同时结果为 1，否则为 0。例中按位或运算其结果为 2。

运算符"～"只要求一个运算量，～Y 表示将 Y 中各位都分别进行取反，例子中 Y 的取反结果为 248。

X>>1 表示将 X 中各个位都向右移动 1 位，左边空出来的位用 0 补足，上例中 X>>1 的结果为 2。

```
X=00000101          X=00000101
&Y=00000111         |Y=00000111
X&Y=00000101        X|Y=00000111
   按位与运算            按位或运算

X=00000101
^Y=00000111         Y=00000111
X^Y=00000010        ~Y=11111000
   按位异或运算           按位取反运算

X=00000101          X=00000101
X>>1=00000010       X<<1=00001010
   右移位运算            左移位运算
```

图 3-8　运算结果

X<<1 表示将 X 中各个位都向左移动 1 位，右边边空出来的位用 0 补足，上例中 X<<1 的结果为 10。

程序范例：

```
void main( )
{
    char A,B,C,D,E,F,x,y;
    char a1,a2,a3,a4,a5,a6;
    y=0x25;
    x=0x73;
    A=x&y;  B=x|y;  C=x^y;  D=~x;  E=x<<3;  F=x>>4;
    a1=A;  a2=B;  a3=C;  a4=D;  a5=E;  a6=F;
}
```

程序结果：

A=0x21(即 00100001)，B=0x77(即 01110111)，C=0x56 (即 01010110)
D=0x8C(即 10001100)，E=0x98(即 10011000)，F=0x07 (即 00000111)

经验之谈

按位与运算通常用来对某些位清零或保留某些位。例如，要保留从 P3 端口的 P3.0 和 P3.1 读入的两位数据，可以执行"control=P3&0x03；"操作（0x03 的二进制数为 00000011B）；而要清除 P1 端口的 P1.4～P1.7 为 0，可以执行"P1=P1&0x0f；"操作（0x0f 的二进制数为 00001111B）。

同样，按位或运算经常用于把指定位置 1，其余位不变的操作。

◆　自增/自减运算符

自增/自减运算符也是一种有效率的运算符，其中包括自增与自减两个操作符号，如表 3-10 所示。

表 3-10　自增/自减运算符表

符　号	功　能	范　例	说　明
++	加 1	X++	执行运算后将 X 变量的值加 1
—	减 1	X—	执行运算后将 X 变量的值减 1

程序示例

```
void main( )
{
    char x=5,y=10;
    x++;
    y—;
}
```

程序结果

x=0x06，y=0x09

知识链接

C51 提供的自增运算符 "++" 和自减运算符 "—"，作用是使变量值自动加 1 或减 1。自增运算符和自减运算符只能用于变量而不能用于常量表达式，运算符放在变量前和变量后是不同的。

后置运算：i++（或 i--）是先使用 i 的值，再执行 i+1（或 i-1）。

前置运算：++i（或—i）是先执行 i+1（或 i-1），再使用 i 的值。

对自增、自减运算的理解和使用是比较容易出错的，应仔细地分析，例如：

```
int  i=100, j;
j=++i;         //j=101, i=101
j=i++;         //j=101, i=102
```

编程时常将 "++"、"—" 这两个运算符用于循环语句中，使循环变量自动加 1；也常用于指针变量，使指针自动加 1 指向下一个地址。

◆ 运算符的优先级

程序中的语句可能使用不止一个运算符，因此必须有个运算规则。基本上是按照 "由左而右" 的循序，除非遇到较高优先等级的运算符号或操作符号，最常见的就是小括号，当然是小括号内的操作先进行。表 3-11 为运算符的优先等级。

表 3-11　运算符的优先等级表

优先级	运算符或操作符号	说　明	优先级	运算符或操作符号	说　明
1	( )	小括号	7	<、>、<=、>=、==、!=	关系运算符
2	~、!	取反、非运算	8	&	布尔运算符 AND
3	++、—	自增、自减	9	^	布尔运算符 XOR
4	*、/、%	乘、除、取余数	10	|	布尔运算符 OR
5	+、-	加、减	11	&&	逻辑运算符 AND
6	<<、>>	左移、右移	12	||	逻辑运算符 OR

2．C 语言程序设计

由于电路硬件和控制任务要求都一样，所以 C 语言和汇编语言分析与设计本任务的控制流程都是一样的。根据图 3-3 所示的控制流程分析图，结合 C 语言的知识，我们来分析设计本任务的 C 语言控制程序。

C 语言程序源代码：

```
1.    #include<regx51.h>                    //定义包含头文件
2.    #define  LED  P2                       //定义 LED 代替 P2 口
3.    #define uchar unsigned char
4.    #define uint unsigned int              //宏定义
5.    void delay_1ms(uint x);                //延时子程序声明
6.    //==============主函数==========================
7.    void    main( )
8.    {    char i;                           //定义局部变量，用于循环移位次数控制
9.         while(1)                          //无限循环扫描
10.        {
11.            LED=0xfe;                      //点亮第一个 LED，即 P2.0
12.            for(i=0；i<8；i++)              //循环控制，循环 8 次
13.            {
14.                delay_1ms(500);           //调用延时 0.5s
15.                LED=LED<<1;               //左移一位，
16.            }                             //即 P2 口由低位向高位移 1 位，低位补 0
17.            LED=0X80;                      //熄灭最后亮的一个 LED，即 P2.7
18.            for(i=0；i<8；i++)              //循环控制，循环 8 次
19.            {
20.                delay_1ms(500);           //调用延时 0.5s
21.                LED=(LED>>1)|0X80;        //右移一位并设置最高位为 1
22.            }                             //即 P2 口由高位向低位移 1 位，高位补 1
23.        }
24.    }
25.    //============================================
26.    //函数名：delay_1ms( )
27.    //功能：利用 for 循环执行空操作来达到延时
28.    //调用函数：无
29.    //输入参数：x
30.    //输出参数：无
31.    //说明：延时的时间为 1ms 的子程序
32.    //============================================
33.    void delay_1ms(uint x)
34.    {    uchar j;                          //定义局部变量
35.         while(x--)
36.             for(j=0；j<120；j++)
37.                 ;
38.    }
```

C 语言程序说明：

1）序号 1：在程序开头加入头文件 "regx51.h"。

2）序号 2："#define LED P2"使用宏定义将 P2 口用 LED 来代替，下面程序中用的 LED 实际上就是 P2 口，便于程序编写直观区别。

3）序号 3~4：define 宏定义处理，用 uchar 和 uint 代替 unsigned char 和 unsigned int，便于后续程序书写方便简洁。

4）序号 5：用于声明延时子程序，以便于后面主程序调用。

5）序号 6：将 i 定义成字符型局部变量，用于后面程序循环移位次数控制。

6）序号 11：将 0xfe 赋值给 P2 口用于点亮第一个 LED。

7）序号 12：for 循环语句，以含有 i 变量的表达式为条件，循环 8 次。

8）序号 15：先将 P2 口由低位向高位移动 1 位，低位自动补 0，然后将移动后的值从 P2 口输出。与 for 循环配合能实现驱动 8 个 LED 逐一点亮。

9）序号 9~16：先将 0xfe 赋值给 P2 口用于点亮第一个 LED，然后通过 for 语句循环 8 次，在循环中使用位运算符"<<"（"<<"左移过程中低位自动补 0)实现 LED 逐一点亮。

10）序号 17：将 0x80 赋值给 P2 口用于熄灭最后一个点亮的 LED。

11）序号 21：先将 P2 口由高位向低位移动 1 位，高位自动补 0，再将移动后的结果与 #10000000B 进行或运算，使其高位补 1，然后将移动后的值从 P2 口输出。与 for 循环配合能实现驱动 8 个 LED 逐一熄灭。

12）序号 17~22：先将 0x80 赋值给 P2 口用于熄灭最后一个点亮的 LED，然后通过 for 语句循环 8 次，在循环中使用位运算符">>"和"|"经过运算（"(LED>>1) |0X80"右移过程中最高位补 1）实现 LED 逐一熄灭。

13）序号 33~37：delay_1ms 为延时 1ms 的延时子程序。

当然，以上 C 语言源程序编写与设计过程中，实际上需要借助 Keil 软件对其进行不断的调试与修改，直到调试无误后，才能将程序进行编译生成单片机可执行的二进制机器码文件。程序的 Keil 调试过程与编译等具体情况可以参考前面任务 2.1 中内容所述，在此不再讲解。

 课堂反思：汇编语言中的"RL"与 C 语言中的"<<"有什么区别？

3.1.5 基于 Proteus 的调试与仿真

当完成了硬件系统的分析以及控制程序的设计与编写之后，就可以进行控制程序的 Proteus 调试与仿真了。下面进行本任务中单片机应用系统汇编语言程序的 Proteus 调试与仿真，本任务的仿真系统构建过程与仿真运行等详细情况见本书附带光盘中的视频文件。

1．创建 Proteus 仿真电路图

1）列出元器件表。根据单片机应用电路原理图 3-2 所示，列出 Proteus 中实现该系统所需的元器件配置情况，如表 3-12 所示。

表 3-12　元器件配置表

名　称	型　号	数　量	备注（Proteus 中元器件名称）
单片机	AT89C51	1	AT89C51
陶瓷电容	30pF	2	CAP

名　　称	型　　号	数　　量	备注（Proteus 中元器件名称）
电解电容	22μF	1	CAP-ELEC
晶振	12MHz	1	CRYSTAL
发光二极管	黄色	8	LED-YELLOW
按钮		1	BUTTON
电阻	1kΩ	1	RES
电阻	300Ω	8	RES
电阻	200Ω	1	RES

2）绘制仿真电路图。用鼠标双击桌面上的图标 ISIS 进入 Proteus ISIS 编辑窗口，单击菜单命令"File"→"New Design"，新建一个 DEFAULT 模板，并保存为"LED 拉幕灯控制.DSN"。在元器件选择按钮 P L DEVICES 单击"P"按钮，将表 3-12 中的元器件添加至对象选择器窗口中。然后将各个元器件摆放好，最后依照图 3-2 所示的原理图将各个元器件连接起来，如图 3-9 所示。

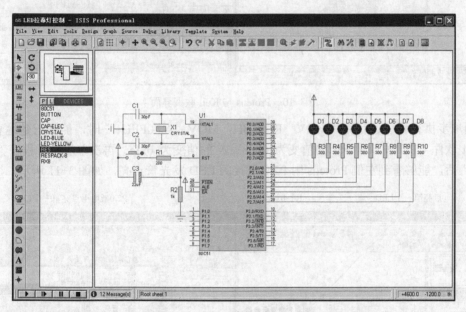

图 3-9　LED 拉幕灯控制仿真图

至此 Proteus 仿真图绘制完毕，下面将 Keil 与 Proteus 联合起来进行调试，使之可以像仿真器一样调试程序。

2．Proteus 与 Keil 联调

1）按照前面任务 2.1 中 Proteus 与 Keil 联调的步骤完成基本的软件设置。如果前面已经设置过一次，在此可以跳过忽略。

2）用 Proteus 打开已绘制好的"LED 拉幕灯控制.DSN"文件，在 Proteus 的"Debug"菜单中选中"Use Remote Debug Monitor（远程监控）"。同时，右键选中 STC89C51 单片机，在弹出对话框"Program File"项中，导入在 Keil 中生成的十六进制 HEX 文件"LED 拉幕灯控制.HEX"。

3）用 Keil 打开刚才创建好的"LED 拉幕灯控制.UV2"文件，打开窗口"Option for Target'工程名'"。在 Debug 选项中右栏上部的下拉菜单选中 Proteus VSM Simulator。接着再单击进入 Settings 窗口，设置 IP 为 127.0.0.1，端口号为 8000。

4）在 Keil 中单击⊕按钮，使用单步执行来调试程序，同时在 Proteus 中查看直观的仿真结果。这样就可以像使用仿真器一样调试程序了，如图 3-10 所示。

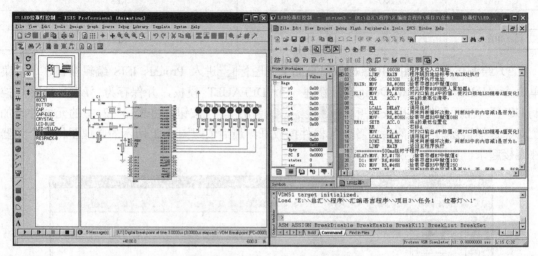

图 3-10　Proteus 与 Keil 联调界面

当单步执行程序运行完"MOV　R0,#08H；MOV　A,#0FEH；"时，能够清楚地看到右侧 Keil 软件 CPU 窗口中 R0 的值变为 0x08、A 的值变为 0xfe。再次单步执行程序"MOV P2,A；"后，能够看到左侧 Proteus 中 P2.0 所接的 LED 发光管点亮，如图 3-11 所示。

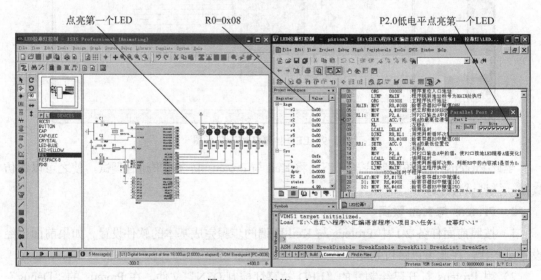

图 3-11　点亮第一个 LED

随后单步执行程序"CLR　ACC.7；"时，能够清楚地看到右侧 Keil 软件 CPU 窗口中 A 的值变为 0x7e。再次单步执行程序"RL　A；"后，A 的值再次变为 0xfc。

当延时子程序结束后，程序运行到"DJNZ R0,RL1；"时，能够清楚地看到 R0 的值变为 0x07。并且程序跳转到 RL1 处运行。

然后，重新执行 RL1 后的程序段，将 P2.0、P2.1 所接的 LED 灯点亮，如图 3-12 所示。

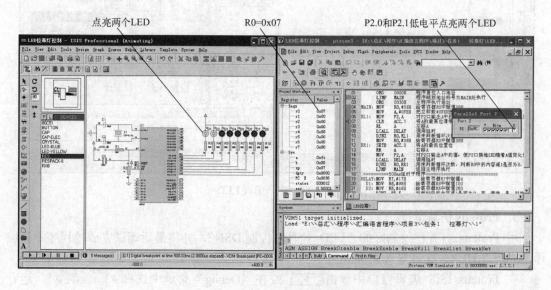

图 3-12　点亮第二个 LED

每执行完一次"DJNZ R0,RL1；"后，R0 的值都会减少 1，LED 灯就会多点亮 1 个。直到 R0 的值减少到 0，即 8 个 LED 灯全亮，如图 3-13 所示。

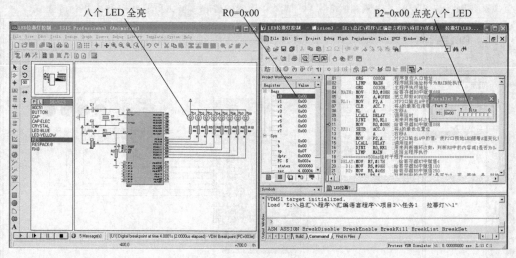

图 3-13　8 个 LED 全亮

当 R0 的值减 0 后，DJNZ 指令就无法使其再跳转到 RL1 处运行程序。程序往下执行，RR1 后的程序段是将点亮的 LED 逐一熄灭，如图 3-14 所示。该段程序与 RL1 段程序功能类似在此不详细说明。

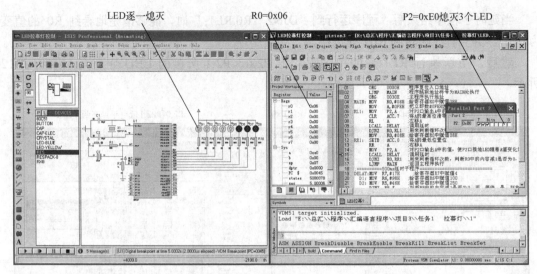

图 3-14　逐一熄灭 LED

3．Proteus 仿真运行

用 Proteus 打开已绘制好的"LED 拉幕灯控制.DSN"，并将最后调试完成的程序重新编译生成新".HEX"文件导入 Proteus 中。

在 Proteus ISIS 编辑窗口中单击 ▶ 或在"Debug"菜单中选择"❖ Execute"，运行时，8 个 LED 发光管从左到右逐一点亮，如图 3-15 所示。当 8 个 LED 发光管全亮后，再相反从右到左逐一熄灭，如图 3-16 所示。

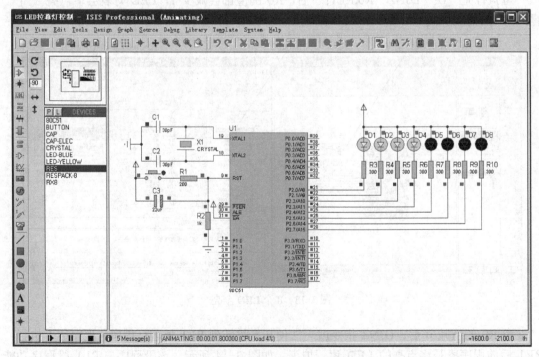

图 3-15　仿真运行结果（一）界面

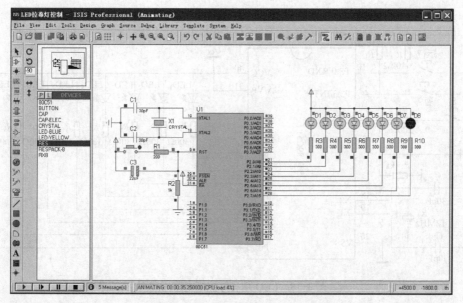

图 3-16 仿真运行结果（二）界面

任务 3.2 LED 跑马灯控制

3.2.1 控制要求与功能展示

图 3-17 所示为单片机按键控制 8 个 LED 轮流点亮的"跑马灯"实物装置，其电路原理图如图 3-18 所示。该装置在单片机的控制作用下，通过 P3.0 和 P3.3 外接两个按键来控制 P0 口所接的 8 个 LED 快速左移点亮，形成一种简易的跑马灯，其主要控制要求如下。

1）当 P3.0 运行按键按下时，8 个 LED 依次左移点亮。

2）当 P3.3 暂停按键按下时，8 个 LED 停止左移保持在当前状态，直到 P3.0 运行按键再次按下，8 个 LED 从停止状态再次开始左移点亮。

其具体的工作运行情况见本书附带光盘中的视频文件。

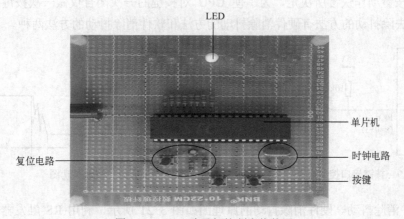

图 3-17 LED 跑马灯控制实物装置

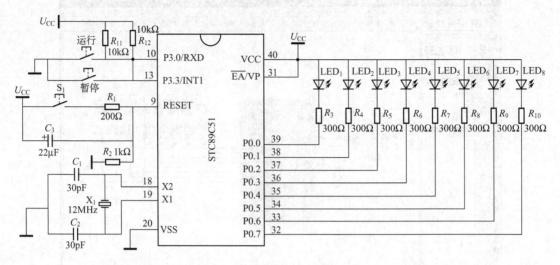

图 3-18　LED 跑马灯控制电路原理图

3.2.2　硬件系统与控制流程分析

1. 任务硬件系统分析

电路原理图如图 3-18 所示，该电路实际上是在前面介绍的 8 个 LED 拉幕灯电路的基础之上，通过外接两个按键设计而成。因此，要分析理解以上的电路设计，必须先学习按键电路的部分知识。

LED 控制是单片机 I/O 口的输出控制，而按键控制则是单片机 I/O 口输入控制。与开关电路一样，按键的闭合与通断通常用高、低电平来体现。按键接口控制电路如图 3-19 所示，当按键闭合时，引脚直接与地相连，此时引脚输入为低电平；当按键断开时，由于上拉电阻的存在引脚被拉高，此时输入为高电平。

由于按键的闭合与断开都是利用其机械弹性，在机械弹性的作用下，按键的闭合与断开的瞬间均有抖动过程，抖动的时间一般为 5～10ms，如图 3-20 所示。按键的稳定闭合期由操作人员的按键动作快慢所决定，为了使 CPU 对按键的一次闭合仅做一次按键处理，则必须去抖动，去除抖动的方法有硬件消除抖动的方法和软件消除抖动的方法两种。

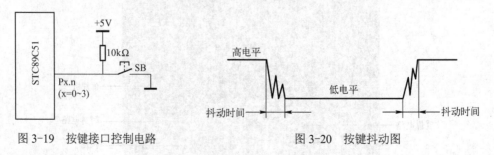

图 3-19　按键接口控制电路　　　　　　图 3-20　按键抖动图

1）硬件消除抖动。硬件消除抖动的原理图如图 3-21 所示，利用 RS 触发器集成电路来实现消除抖动的功能。当按键按下时，按键的 C 与 B 部分相通，此时 RS 触发器的 1 端为高电平，5 端为低电平，尽管按下的键会产生抖动，但是由于触发器的作用，在 3 端会产生一个稳定的低电平。在按键松开复位后，按键的 C 与 A 部分相通，此时 1 端变为低电平，5 端变为高电平，同样由于触发器的作用，在 3 端会产生一个稳定的高电平。

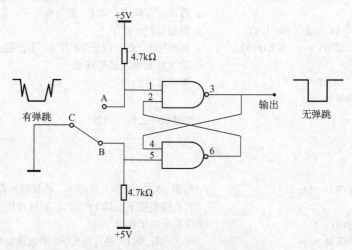

图 3-21   硬件去除按键抖动原理图

由于硬件消除抖动的方法需要增加电子元器件，电路复杂，特别是按键比较多的时候，实现比较复杂，所以单片机应用系统中一般不采用硬件消除的方法。

2）软件消除抖动。采用软件消除抖动，不需要增加电子元器件，只需编写一段延时的程序，就可达到消除抖动的作用。在用软件消除抖动的方法中，需要考虑按键的按下与释放两个环节的抖动存在。若 CPU 检测到有按键按下时，先进行延时处理，延时时间为 10～20ms，接着再检测此按键信号，若仍然是按下状态，CPU 则确认该按键按下，否则，说明此时信号仍在抖动，必须继续进行软件去抖处理。同理，在检测释放环节处理上，其软件去抖方法类似。图 3-22 所示为按键软件去抖子程序控制流程。

3）按键去抖子程序。假如某个单片机系统中，P3 口其中一个引脚连接有图 3-18 所示的一个按键 K1，当主程序中有检测到其按下的信息后，可调用相应的去抖子程序，实现软件消抖作用。以下程序为按照图 3-22 所示的按键去抖流程思路编写的参考子程序。

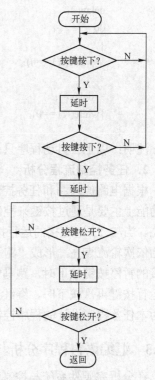

图 3-22   按键去抖流程

◆ 汇编语言程序

```
QUDOU:  MOV    P3,#0FFH      ;给 P3 口重新赋值 0FFH，为输入作准备
JPDQ1:  JB     K1,JPDQ1      ;判断〈K1〉键是否被按下，若按键没有按下，继续判断
                            ;若按键有按下，K1 为低电平，则继续往下执行
        LCALL  DELAY         ;调用延时子程序
```

```
          JB      K1,JPDQ1     ;再次判断〈K1〉键是否被按下
                               ;若按键没有按下，K1 为高电平，则跳转至 JPDQ1 处执行
JPDQ2:    LCALL   DELAY        ;若按键有按下，则继续延时等待释放处理
          JNB     K1,JPDQ2     ;判断 K1 是否被释放，若按键没有释放，继续判断
                               ;若按键有释放，〈K1〉键为高电平，则继续往下执行
          LCALL   DELAY        ;调用延时子程序
          JNB     K1,JPDQ2     ;再次判断〈K1〉键是否被释放；若按键没有释放，则跳转至
                               ;JPDQ2 处继续延时判断
          RET                  ;有释放返回
```

◆ C 语言程序

```
void qudou( )                  //按键软件去抖子函数
{
  do
  {
    while(K1==1);              //判断〈K1〉键是否被按下，若按键没有按下，继续判断
                               //若按键有按下，〈K1〉为 0，则继续往下执行
    delay( );                  //调用延时子程序
  }while(K1==1);               //再次判断〈K1〉是否被按下，若按键没有按下，〈K1〉为 1
                               //则继续循环判断
  delay( );                    //确认已有按键按下，调用延时子程序
  do
  {
    while(K1==0);              //判断〈K1〉是否被释放，若按键没有释放，继续判断
                               //若按键有释放，〈K1〉为 1，则继续往下执行
    delay( );                  //调用延时子程序
  }while(K1==0);               //再次判断〈K1〉是否被释放，若按键没有释放，继续判断
}                              //若按键有释放，〈K1〉为 1，则程序返回
```

注明：以上去抖动程序只是其中一种，在实际中可根据实际需要灵活改变。

2．任务控制流程分析

根据电路原理图和任务控制功能要求可知，本任务功能上主要是通过按键来控制 8 个 LED 依次轮流点亮。当与 P3.0 连接的运行按键按下时，8 个 LED 开始依次轮流点亮，形成"跑马灯"效果；当与 P3.3 连接的暂停按键按下时，跑马灯停止在当前状态，直到运行按键再次按下时，继续启动运行。图 3-23 所示为本任务程序设计的程序控制流程图。

3.2.3 汇编语言程序分析与设计

在分析完硬件系统与控制流程之后，通过之前所学到的汇编知识，来完成本任务汇编控制程序的编写。根据图 3-23 所示的控制流程分析图，结合汇编语言指令编写出汇编语言控制程序如下：

汇编语言程序代码：

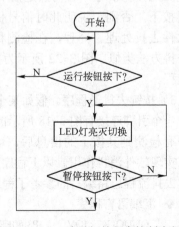

图 3-23 LED 跑马灯的程序控制流程图

1.		K1	EQU P3.0	; 用运行按键 K1 代替 P3.0 口
2.		K2	EQU P3.3	; 用暂停按键 K2 代替 P3.3 口
3.		ORG	0000H	; 程序复位入口地址
4.		LJMP	MAIN	; 程序跳到地址标号为 MAIN 处执行
5.		ORG	0030H	; 主程序入口地址
6.	MAIN:	MOV	A,#0FEH	; 把立即数#0FEH 送入累加器 A
7.	START:	MOV	P3,#0FH	; 对 P3 口赋值 0FH，读引脚前先写入 1
8.		JB	K1,$	; 判断运行按键 K1 是否按下
9.				; 即 0 为按下，往下执行；1 为没按下，则等待
10.		LCALL	QUDOU	; 若 K1 为零，则调用去抖子程序 QUDOU
11.	X1:	MOV	P0,A	; 让 A 中的值给 P0 口，使 P0 口所接的对应灯亮
12.		LCALL	DELAY_500	; 延时 500ms
13.		RL	A	; 将 A 中的内容左移一位
14.		JB	K2,X1	; 判断暂停 K2 按键是否按下。即 0 为按下
15.				; 往下执行；1 为没按下，则跳转至 X1 执行
16.		LCALL	QUDOU	; 若 K2 按键被按下，则调用去抖处理子程序
17.		LJMP	START	; 程序跳转至 START 处执行
18.	; ===========500ms 延时子程序=============			
19.	DELAY_500:	MOV	R7,#4	; 给寄存器 R7 中赋值 4
20.	D1:	MOV	R6,#100	; 给寄存器 R6 中赋值 100
21.	D2:	MOV	R5,#250	; 给寄存器 R5 中赋值 250
22.		DJNZ	R5,$	; 判断 R5 中的内容减 1 是否为 0
23.				; 否，等待，是，则执行下一条指令
24.		DJNZ	R6,D2	; 判断 R6 中的内容减 1 是否为 0，否，跳至 D2
25.		DJNZ	R7,D1	; 判断 R7 中的内容减 1 是否为 0，否，跳至 D1
26.		RET		; 延时子程序结束返回
27.	; ===========按键去抖动子程序=============			
28.	QUDOU:	MOV	P3,#0FH	; 给 P3 口赋值，读引脚前先写入 1
29.		JNB	K1,AJ1	; 判断 K1 是否被按下，是，则跳到 AJ1 处执行
30.		JNB	K2,AJ2	; 判断 K2 是否被按下，是，则跳到 AJ2 处执行
31.		LJMP	QUDOU	; 若两个按键都没有按下，则跳转至 QUDOU
32.	AJ1:	LCALL	DELAY	; 调用延时子程序
33.		JB	K1, QUDOU	; 再次判断 K1 是否被按下，若按键没有按下
34.				; K1 为高电平，则跳转至 QUDOU 处执行
35.	JPDQ1:	LCALL	DELAY	; 若按键有按下，则继续延时等待释放处理
36.		JNB	K1,JPDQ1	; 判断 K1 是否被释放，若按键没释放，继续判断
37.				; 若按键有释放，K1 为高电平，则继续往下执行
38.		LCALL	DELAY	; 调用延时子程序
39.		JNB	K1,JPDQ1	; 再次判断 K1 是否被释放，若按键没有释放
40.				; 则跳转至 JPDQ1 处继续延时判断
41.		LJMP	FH	; 释放，则跳转至 FH 出执行
42.	AJ2:	LCALL	DELAY	; 调用延时子程序
43.		JB	K2, QUDOU	; 再次判断 K2 是否被按下，若按键没有按下
44.				; K2 为高电平，则跳转至 QUDOU 处执行
45.	JPDQ2:	LCALL	DELAY	; 若按键有按下，则继续延时等待释放处理
46.		JNB	K2,JPDQ2	; 判断 K2 是否被释放，若按键没释放，继续判断

47.			；若按键有释放，K2 为高电平，则继续往下执行
48.		LCALL DELAY	；调用延时子程序
49.		JNB K2,JPDQ2	；再次判断 K2 是否被释放，若按键没有释放
50.			；则跳转至 JPDQ2 处继续延时判断
51.	FH:	RET	；程序返回，去抖子程序结束
52.	；======按键去抖延时子程序，延时时间约为 15ms=========		
53.	DELAY:	MOV R4,#30	；将#30 值赋给 R4
54.	D3:	MOV R3,#248	；将#248 值赋给 R3
55.		DJNZ R3,$	；将 R3 值减 1 判断，直到为 0
56.		DJNZ R4,D3	；将 R4 中的值减 1 判断是否为 0
57.			；若不是，则跳转至 D3 处执行
58.		RET	；子程序返回
59.		END	；程序结束

汇编语言程序说明：

1）序号 1～2：用 EQU 伪指令将 P3.0 和 P3.3 用 K1、K2 来代替，而后在主程序里只需判断 K1、K2 的状态即可。

2）序号 3～5：跳过中断入口，将程序保存在 0030H 以后的地址单元中。

3）序号 6：将立即数送入累加器 A，用于点亮 LED 发光管。

4）序号 7：由于 P3 口的低 4 位作为通用的 I/O 输入口使用，所以要读其引脚时，必须先写入 "1"，以便后续再读入数据作准备。

5）序号 8：判断 K1 是否有按下，若有按下，K1 值为 0，则程序向下执行；若没有按下，K1 值为 1，则程序继续执行判断直到按键按下。

6）序号 13：将 A 中的内容，从低位向高位循环移动一位。

7）序号 14：判断 K2 是否按下，若有按下 K2 值为 0，则程序向下执行调用按键去抖子程序；若没有按下 K2 值为 1，则程序跳转到 X1 处执行，继续 "跑马灯"。

8）序号 11～14：首先，P0 口输出 A 中的立即数 11111110B，点亮第一个 LED。然后循环左移 A 中的值，若 K2 没有按下，则再次从 P0 口输出 A 的值，形成跑马灯。

9）序号 18～25：DELAY_500 为延时 500ms 的延时子程序。

10）序号 28～52：QUDOU 为按键去抖动子程序，功能为当有按键按下时，延时到按键松开后才退出子程序。

11）序号 54～59：DELAY 为按键去抖延时子程序，延时时间约为 15ms。

当然，以上汇编语言源程序编写与设计过程中，实际上需要借助 Keil 软件对其进行不断的调试与修改，直到调试无误后，才能将程序进行编译生成单片机可执行的二进制机器码文件。程序的 Keil 调试过程与编译等具体情况可以参考前面任务 2.1 中内容所述，在此不再讲解。

3.2.4　C 语言程序分析与设计

在完成以上任务的汇编语言程序设计之后，接下来继续学习 C 语言相关知识，完成本任务的 C 控制程序设计。

1．C 语言的函数

在 C 语言程序中，子程序的作用是由函数来实现的，函数是 C 语言的基本组成模块，一个 C 语言程序就是由若干个模块化的函数组成的。

C 语言都是由一个主函数 main( )和若干个子程序函数构成的，有且只有一个主函数，程序由主函数开始执行，主函数根据需要来调用其他函数，其他函数可以有多个。

函数分类和定义

从用户使用角度来看，函数有两种类型：标准函数和用户定义函数。

◆ 标准函数

标准函数也称为标准库函数，是由 C51 的编译器提供的，用户不必定义这些函数。可以直接调用。Keil C51 编译提供了 100 多个标准库函数供我们使用，常用的 C51 标准库函数包括一般 I/O 端口函数、访问 SFR 地址函数等，在 C51 编译环境中，以头文件的形式给出。常数的 C51 标准库请参考附录。

例如，当程序需要几微秒的延时时间时，我们可以调用内部函数库的常用函数"_nop_"。_nop_( )是延时 1 个机器周期的库函数。

◆ 用户自定义函数

用户自定义是用户根据需要自行编写的函数，他必须先定义之后才能被调用。函数定义的一般形式如下：

　　　　函数类型　函数名（形式参数表）；
　　形式参数说明；

　　　　{
　　局部变量定义；
　　函数体语句；
　　　　}

其中："函数类型"说明了自定义函数返回值的类型。

"函数名"是自定义函数的名字。

"形式参数表"给出函数被调用时传递数据的形式参数，形式参数的类型必须加以说明。ANSI C 标准允许在形式参数表中对形式参数的类型进行说明。如果定义的是无参函数，可以没有形式参数表，但是圆括号不能省略。

"局部变量定义"是对在函数内部使用的局部变量进行定义。

"函数体语句"是为完成函数的特定功能而设置的语句。

因此，一个函数由下面两部分组成：

函数定义，即函数的第一行，包括函数名、函数类型、函数参数（形式参数）名和参数类型等。

函数体，即大括号"{}"内的部分。函数体由定义数据类型的说明部分和实现函数功能的执行部分组成。

我们以前面经常用到的延时函数 delay( )为例，来具体说明：

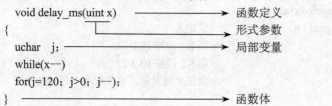

```
void delay_ms(uint x)                    函数定义
{                                        形式参数
uchar  j;                                局部变量
while(x--)
for(j=120；j>0；j--)；
}                                        函数体
```

2．函数调用

函数调用就是一个函数体引用另一个已定义的函数，前者称为主调用函数，后者称为被调用函数。函数调用的一般格式为：

    函数名（实际参数列表）；

对于有参函数类型的函数，若实际参数表中有多个实参，则各实参数之间用逗号隔开。实参与形参顺序对应，个数应相等，类型应一致。

按照函数调用在主调用函数中出现的位置，函数可以有以下 3 种调用方式。

1）函数语句。把被调用函数作为主调用函数的一个语句。例如，延时函数调用：

    delay( )；

在此被调用函数中不要求返回值，只要求函数完成一定的操作，实现特定的功能。

2）函数表达式。被调用函数以一个运算对象的形式出现在一个表达式中。这种表达式称为函数表达式。这时要求被调用函数返回一定的数值，并以该数值参加表达式的运算。例如：

    C=2*max(a,b)；

函数 max(a,b)会返回一个数值，该值乘以 2，乘积赋值给变量 C。

3）函数参数。被调用函数作为另一个函数的实参或者本函数的实参，例如：

    m=max(a，max(a，b))；

> **知识链接：在一个函数中调用另一个函数需要具备如下条件**
>
>   1）被调用函数必须是已存在的函数（标准函数或者用户自己已经定义的函数），例如上个项目中，先定义延时函数 delay( )，再在主函数中调用。如果函数定义在调用之后，那么必须在调用之前（一般在程序头部）对函数进行声明，例如在项目 2 中对 delay( )函数进行了声明，然后在主函数调用该函数，最后再定义该函数。
>
>   2）如果在程序中使用到标准库函数，则须要在程序的开头中用#include 预处理命令将要用到的函数所信息包含在该文件中，如果不是在该文件中定义的函数，那么在程序开始要用 extern 修饰符进行函数原型说明。

3．C 语言程序设计

由于电路硬件和控制任务要求都是一样，所以 C 语言和汇编语言分析与设计本任务的控制流程都是一样的。根据图 3-22 所示的控制流程分析图，结合 C 语言的基本知识，我们来分析设计本任务的 C 语言控制程序。

C 语言程序代码：

```
1.   #include<regx51.h>
2.   #include<intrins.h>              //定义包含头文件
3.   #define uchar unsigned char
4.   #define uint unsigned int        //宏定义
5.   sbit   K1=P3^0;                  //用 K1 代替 P3.0 口
6.   sbit   K2=P3^3;                  //用 K2 代替 P3.3 口
7.   uchar j=0xfe;                    //定义全局变量，可在程序中任何处使用
8.   bit    flag=0;
9.   void doudong_ys( );              //按键去抖动延时子程序
```

```
10.    void qu_doudong( );                        //按键去抖动子程序
11.    //=====================================================/
12.    //函数名：delay_500ms( )
13.    //功能：利用 for 循环执行空操作来达到延时
14.    //调用函数：无
15.    //输入参数：无
16.    //输出参数：无
17.    //说明：延时的时间为 500ms 的子程序
18.    //=====================================================/
19.    void delay_500ms( )
20.    {
21.        uchar i,j,a;                          //定义局部变量，只限于对应子程序中使用
22.        for(i=0; i<4; i++)
23.        for(j=0; j<100; j++)
24.        for(a=0; a<250; a++);
25.    }
26.    //==========主函数=====================================
27.    void main( )
28.    {
29.      while(1)                                //无限循环扫描
30.      {
31.        P3=0X0F;                              //给 P3 口赋值，读引脚前写入 1
32.        if(K1==0)
33.        { qu_doudong( );   flag=1; }          //如果 K1 有按下，运行标志 flag 置 1
34.        while (flag ==1)                      //运行状态，执行跑马灯处理
35.        {
36.            P0=j;                             //将变量 j 送给 P0 输出控制 LED
37.            delay_500ms( );                   //调用延时
38.            j=_crol_(j,1);                    //将变量 j 循环左移 1 位
39.            P3=0X0F;                          //给 P3 口赋值，读引脚前写入 1
40.            if(K2==0)
41.            {  qu_doudong( );                 //去抖动处理
42.                flag =0;                      //如果暂停 K2 被按下，则运行标志 flag 置 0
43.            }
44.        }
45.      }
46.    }
47.    //=====================================================/
48.    //函数名：qu_doudong( )
49.    //功能：确认按键按下，防止因按键抖动造成错误判断
50.    //调用函数：doudong_ys( )
51.    //输入参数：无
52.    //输出参数：无
53.    //说明：防止 K1、K2 按键抖动的子程序
54.    //=====================================================/
```

```
55.    void qu_doudong( )
56.    {
57.        if(K1==0)
58.        {
59.            do
60.            {
61.                while(K1==1);              //判断 K1 是否被按下，若按键没有按下，继续判断
62.                                           //若按键有按下，K1 为 0，则继续往下执行
63.                doudong_ys( );             //调用延时子程序
64.            }while(K1==1);                 //再次判断 K1 是否被按下，若按键没有按下，K1 为 1
65.                                           //则继续循环判断。
66.            doudong_ys( );                 //确认已有按键按下，调用延时子程序
67.            do
68.            {
69.                while(K1==0);              //判断 K1 是否被释放，若按键没有释放，继续判断
70.                                           //若按键有释放，K1 为 1，则继续往下执行
71.                doudong_ys( );             //调用延时子程序
72.            }while(K1==0);                 //再次判断 K1 是否被释放，若按键没有释放，继续判断
73.        }                                  //运行按键 K1 处理结束
74.        if(K2==0)                          //如果 K2 按键被按下，则进行抖动延时处理
75.        {
76.            do
77.            {
78.                while(K2==1);              //判断 K2 是否被按下，若按键没有按下，继续判断
79.                                           //若按键有按下，K2 为 0，则继续往下执行
80.                doudong_ys( );             //调用延时子程序
81.            }while(K2==1);                 //再次判断 K2 是否被按下，若按键没有按下，K2 为 1,
82.                                           //则继续循环判断。
83.            doudong_ys( );                 //确认已有按键按下，调用延时子程序
84.            do
85.            {
86.                while(K2==0);              //判断 K2 是否被释放，若按键没有释放，继续判断
87.                                           //若按键有释放，K2 为 1，则继续往下执行
88.                doudong_ys( );             //调用延时子程序
89.            }while(K2==0);                 //再次判断 K2 是否被释放，若按键没有释放，继续判断
90.        }                                  //暂停按键 K2 处理结束
91.    }
92.    //===============================================/
93.    //函数名：doudong_ys( )
94.    //功能：当程序进行防抖动时调用的延时程序
95.    //调用函数：无
96.    //输入参数：无
97.    //输出参数：无
98.    //说明：延时一段时间
99.    //===============================================/
```

```
100.  void doudong_ys( )
101.  {
102.      uchar i,j;                        //定义局部变量，只限于对应子程序中使用
103.      for(i=0；i<30；i++)
104.      for(j=0；j<248；j++);
105.  }
```

C 语言程序说明：

1）序号 1~2：在程序开头加入头文件 "regx51.h"、"intrins.h"。

2）序号 3~4：define 宏定义处理，用 uchar 和 uint 代替 unsigned char 和 unsigned int，便于后续程序书写方便简洁。

3）序号 5~6：使用 K1、K2 来代替 P3.0 与 P3.3 便于后续程序书写方便简洁。

4）序号 7~8：定义全局变量 j=0xfe、flag=0。

5）序号 9~10：用于声明延时子程序，以便于后面主程序调用。

6）序号 18~25：delay_500ms 为延时 500ms 的延时子程序。

7）序号 31：读其引脚时，必须先写入 "1"，以便后续再读入数据作准备。

8）序号 32~33：if 语句判断 K1 是否按下，如果 K1 有按下，运行标志 flag 置 1，若没有按下则继续执行判断。

9）序号 34：按键 K1 被确认按下，循环执行跑马灯，直到 K2 被确认按下 flag 置 0。

10）序号 38：调用循环左移库函数_crol_( )实现循环左移，其中 j 是被移量，1 是移动距离。

11）序号 40~43：if 语句判断暂停 K2 是否按下，若有按下则调用去抖子程序，改变运行标志 flag=0，若没有按下则继续执行跑马灯程序。

12）序号 55~91：qu_doudong( )为防止 K1、K2 按键抖动的子程序，确认按键按下，防止因按键抖动造成错误判断。

13）序号 100~105：doudong_ys 为去抖动的延时子程序。

当然，以上 C 语言源程序编写与设计过程中，实际上需要借助 Keil 软件对其进行不断的调试与修改，直到调试无误后，才能将程序进行编译生成单片机可执行的二进制机器码文件。程序的 Keil 调试过程与编译等具体情况可以参考前面任务 2.1 中内容所述，在此不再讲解。

课堂反思：分析本任务的汇编语言与 C 语言程序，试问在进行程序编写时是汇编语言还是 C 语言更加灵活处理？为什么？

3.2.5 基于 Proteus 的调试与仿真

当完成了硬件系统的分析以及控制程序的设计与编写之后，就可以进行控制程序的 Proteus 调试与仿真了。下面进行本任务中单片机应用系统汇编语言程序的 Proteus 调试与仿真，本任务的仿真系统构建过程与仿真运行等详细情况见本书附带光盘中的视频文件。

1. 创建 Proteus 仿真电路图

1）列出元器件表。根据单片机应用电路原理图 3-17 所示，列出 Proteus 中实现该系统所需的元器件配置情况，如表 3-13 所示。

表 3-13　元器件配置表

名称	型号	数量	备注（Protues 中元器件名称）
单片机	AT89C51	1	AT89C51
陶瓷电容	30pF	2	CAP
电解电容	22μF	1	CAP-ELEC
晶振	12MHz	1	CRYSTAL
发光二极管	黄色	8	LED-YELLOW
按钮		1	BUTTON
电阻	10kΩ	2	RES
电阻	1kΩ	1	RES
电阻	300Ω	8	RES
电阻	200Ω	1	RES

2）绘制仿真电路图。用鼠标双击桌面上的图标 ISIS 进入 Proteus ISIS 编辑窗口，单击菜单命令 "File" → "New Design"，新建一个 DEFAULT 模板，并保存为 "LED 跑马灯控制.DSN"。在元器件选择按钮 P L DEVICES 单击 "P" 按钮，将表 3-13 中的元器件添加至对象选择器窗口中。然后将各个元器件摆放好，最后依照图 3-18 所示的原理图将各个元器件连接起来，如图 3-24 所示。

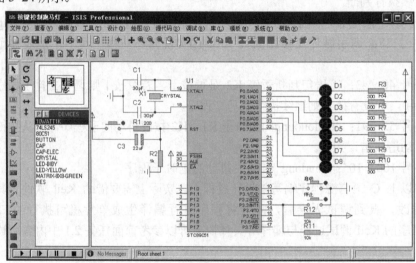

图 3-24　LED 跑马灯控制仿真图

2. Proteus 与 Keil 联调

1）按照前面任务 2.1 中 Proteus 与 Keil 联调的步骤完成基本的软件设置。如果前面已经设置过一次，在此可以跳过忽略。

2）用 Proteus 打开已绘制好的 "LED 跑马灯控制.DSN" 文件，在 Proteus 的 "Debug" 菜单中选中 "Use Remote Debug Monitor（远程监控）"。同时，右键选中 STC89C51 单片机，在弹出对话框 "Program File" 项中，导入在 Keil 中生成的十六进制 HEX 文件 "LED 跑马灯控制.HEX"。

3）用 Keil 打开刚才创建好的 "LED 跑马灯控制.UV2" 文件，打开窗口 "Option for Target '工程名'"。在 Debug 选项中右栏上部的下拉菜单选中 Proteus VSM Simulator。接着再单击进入 Settings 窗口，设置 IP 为 127.0.0.1，端口号为 8000。

4）在 Keil 中单击⬦，使用单步执行来调试程序，同时在 Proteus 中查看直观的仿真结果。这样就可以像使用仿真器一样调试程序了，如图 3-25 所示。

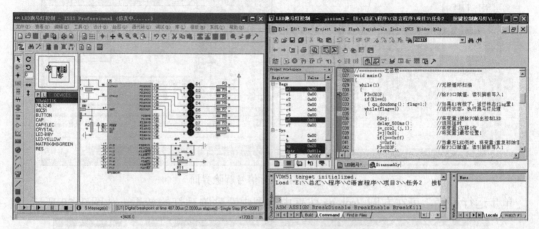

图 3-25　Proteus 与 Keil 联调界面

在联调时若需要按键输入信号，可以单击按键旁的双向箭头，当按钮断开时单击此箭头按钮变成常闭导通状态；再次单击箭头或单击按钮，则按钮恢复原状，图 3-26 所示为按钮图标。

图 3-26　按钮图标

可将运行按键用上述所述的方法设置常闭状态，再使用单步执行程序。模拟运行按钮有信号输入的情况，此时由于运行按钮闭合，P3.0 输入低电平。程序 "if(K1==0)" if 里表达式结果为真，可以执行括号里的程序，再经防抖动子程序，由于本任务去抖子程序编写时，将按键的释放也编写去抖所以在去抖子程序中，还要将模拟的按键信号去除，flag 赋值为 1，执行 while 语句内部跑马灯的程序段，如图 3-27 和图 3-28 所示。

模拟运行信号　　　　　　　　　　　　　　　P3.0输入低电平

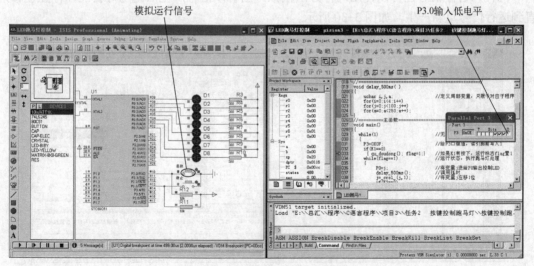

图 3-27　模拟运行信号调试界面

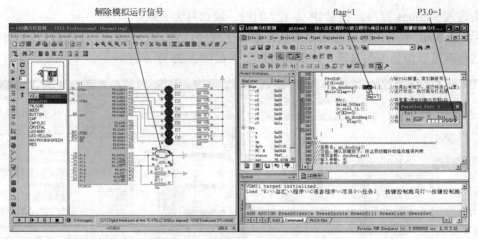

图 3-28　模拟运行信号解除界面

单步运行程序，可在右侧 Proteus 仿真电路图中看到跑马灯的效果，如图 3-29 所示。

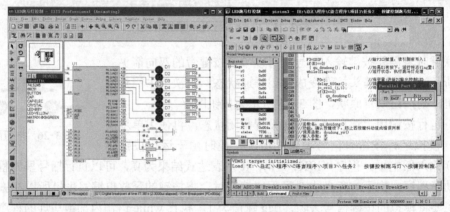

图 3-29　跑马灯运行状态调试界面

同样，暂停信号也可以使用这样方法模拟，当暂停信号产生后跑马灯会立即停止左移，直到运行信号重新产生，如图 3-30 所示。

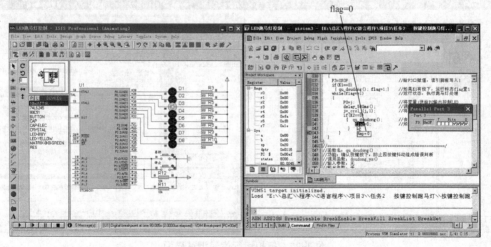

图 3-30　跑马灯暂停状态调试界面

3．Proteus 仿真运行

用 Proteus 打开已绘制好的"LED 跑马灯控制.DSN"，并将最后调试完成的程序重新编译生成新".HEX"文件导入 Proteus 中。

在 Proteus ISIS 编辑窗口中单击 [▶] 或在"Debug"菜单中选择" Execute "，运行时，当 P3.0 按钮按下时，8 个 LED 依次左移点亮，如图 3-29 所示。当 P3.3 按钮按下时，8 个 LED 停止左移保持在当前状态，直到 P3.0 再次按下，8 个 LED 从停止状态再次开始左移点亮，如图 3-31 所示。

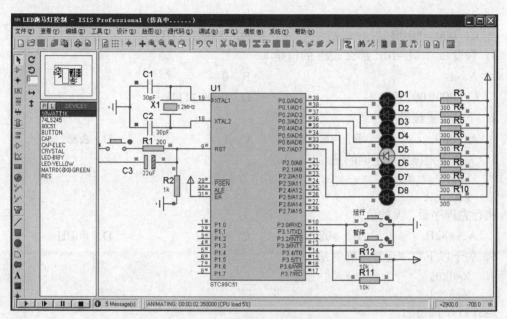

图 3-31 仿真运行结果界面

随堂一练

一、填空题

1．若在 C 程序开头的声明区或者是没有大括号限制的声明区所声明的变量称为_____；若在大括号内的声明区所声明的变量，称为_____。

2．在 C 程序设计中变量的存储方式可分为_____和_____两大类。

3．在 C51 数据类型中，指针型本身是一个_____，这个_____中存放的内容是指向另一个数据的_____。

4．数据类型为 char 的名称是_____，它的数据范围为_____。

5．在 C 语言程序设计中函数有两种类型：_____和_____。

6．在 C 语言中，数据类型可分为：_____、_____、_____、_____4 大类。

7．假设 X=4、Y=7。则 X^Y 的结果是_____。

8．设 X=5AH，Y=36H，则 X 与 Y "或"运算为_____，X 与 Y 的"异或"运算为

_____。

9. 设 a=3、b=-4、c=5，则表达式++a-c+(++b)的值为_____。

10. 若要将 P1 口的高 4 位置 1，低 4 位不变则 P1 要与_____进行或运算。

二、选择题

1. int 类型所占字节数是（   ）。

    A. 1   B. 2   C. 3   D. 4

2. 假设 a=7，b=10，那么 a&&b 的值是（   ）。

    A. 1   B. 0

    C. 0000 0010B   D. 0000 1111B

3. 假设 a=7，b=10，那么 a&b 的值是（   ）。

    A. 1   B. 0

    C. 0000 0010B   D. 0000 1111B

4. 下列优先级最高的是（   ）。

    A. %   B. ==   C. !   D. &&

5. 关于下列程序，正确的是（   ）。

```
MOV    A,#05H
RR     A
```

执行完程序后，A 的值为

    A. #82H   B. #02H   C. #0AH   D. #0BH

6. 关于以下布尔运算正确的是（   ）。

```
X=0X05
Y=X>>1
```

运算后 Y 的值为

    A. 0X82   B. 0X02   C. 0X0A   D. 0X0B

7. 采用软件进行按键消抖时，一般消抖延时时间为（   ）。

    A. 5ms 内   B. 5～10μs

    C. 10～20ms   D. 1s 以上

8. 不是 C 语言提供的合法数据类型是（   ）。

    A. bit   B. int   C. rrc   D. char

三、思考题

1. 在 C 语言中数据类型被分为多类，请问分类的作用是什么？它对于使用过程起到什么作用？

2. C51 的数据类型中 bit 与 sbit 之间的区别是什么？

3. 既然全局变量在哪里都能使用，那么为什么还要使用局部变量定义呢？

4. 在应用按键时没有消除抖动，对程序的运行会有什么影响？

5. 简要说明软件去抖动与硬件去抖动的区别与优缺点。

6. 在使用标准函数与用户自定义函数时它们所体现的地方有什么不同，分别说明。

7. 按照函数调用在主调用函数中出现的位置，函数可以有哪几种调用方式？分别说明是哪几种调用方式？

技能训练 1：双边拉幕灯控制

一、训练目的

1. 进一步掌握单片机 I/O 端口的知识；
2. 掌握开关与 LED 接口电路分析与设计；
3. 学会较复杂的单片机 I/O 口应用程序分析与编写；
4. 进一步掌握单片机软件延时程序的分析与编写；
5. 进一步学会程序的调试过程与仿真方法。

二、训练任务

图 3-32 所示电路为一个 89C51 单片机控制 8 个 LED 发光管进行"双边拉幕灯控制"运行的电路原理图，LED1 至 LED4 为模拟的左边幕，LED5 至 LED8 为模拟的右边幕。该单片机应用系统的具体功能为：当系统上电运行工作时，模拟左右两边幕的 LED 灯同步由两边向中间逐一点亮，当全部亮后，再同步由中间向两边逐一熄灭。以此往复循环运行，形成"双边拉幕灯"效果。开关 S2 用于系统的运行和停止控制，当其闭合时，系统工作；当其断开时，系统暂停处于当前状态；其具体的工作运行情况见本书附带光盘中的仿真运行视频文件。

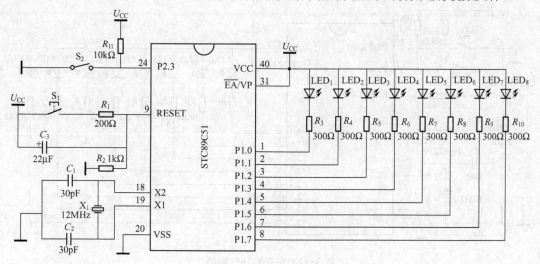

图 3-32   双边拉幕灯控制

三、训练要求

训练任务要求如下：

1. 进行单片机应用电路分析，并完成 Proteus 仿真电路图的绘制。
2. 根据任务要求进行单片机控制程序流程和程序设计思路分析，画出程序流程图。
3. 依据程序流程图在 Keil 中进行源程序的编写与编译工作。
4. 在 Proteus 中进行程序的调试与仿真工作，最终完成实现任务要求的程序。
5. 完成单片机应用系统实物装置的焊接制作，并下载程序实现正常运行。

技能训练 2：双向跑马灯控制

一、训练目的

1. 进一步掌握单片机 I/O 端口的知识；
2. 掌握简单按键接口电路分析与设计；
3. 学会较复杂的单片机 I/O 口应用程序分析与编写；
4. 学习掌握单片机按键消除抖动的程序设计与编写；
5. 进一步学会程序的调试过程与仿真方法。

二、训练任务

图 3-33 所示电路为一个 89C51 单片机控制 8 个 LED 发光管进行"双向跑马灯控制"运行的电路原理图。该单片机应用系统的具体功能为：当系统上电运行工作时，当有启动按钮按下后，8 个 LED 从 LED1 开始轮流右移点亮，当右移到 LED8 点亮时；再返向左移轮流点亮，一直到 LED1 点亮为止，以此往复循环运行，形成一个亮点来回跑动的"双向跑马灯"效果。当停止按钮按下时，系统暂停处于当前状态，但是启动按钮按下时又会继续运行；其具体的工作运行情况见本书附带光盘中的仿真运行视频文件。

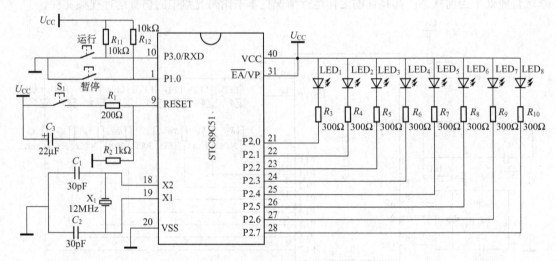

图 3-33　双向跑马灯控制

三、训练要求

训练任务要求如下：

1. 进行单片机应用电路分析，并完成 Proteus 仿真电路图的绘制。
2. 根据任务要求进行单片机控制程序流程和程序设计思路分析，画出程序流程图。
3. 依据程序流程图在 Keil 中进行源程序的编写与编译工作。
4. 在 Proteus 中进行程序的调试与仿真工作，最终完成实现任务要求的程序。
5. 完成单片机应用系统实物装置的焊接制作，并下载程序实现正常运行。

项目 4   LED 点阵显示控制

知识与能力目标

1）理解并掌握矩阵键盘接口电路及软件处理方法。

2）理解并掌握 LED 点阵显示屏接口电路及软件处理方法。

3）学会使用汇编语言进行复杂 I/O 口控制程序的分析与设计。

4）学会使用 C 语言进行复杂 I/O 口控制程序的分析与设计。

5）熟练使用 Keil μVision3 与 Proteus 软件。

任务 4.1 LED 按键指示灯控制

4.1.1 控制要求与功能展示

图 4-1 所示为单片机控制 LED 按键指示灯亮灭的实物装置，其电路原理图如图 4-2 所示。该装置在单片机的控制作用下，通过单片机 P1 口的低 4 位外接一个 2*2 的矩阵键盘，并通过 4 个 LED 指示灯来显示按键按下。

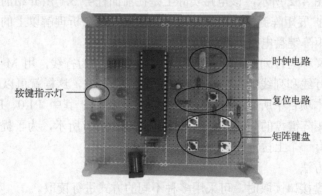

图 4-1 LED 按键指示灯控制实物装置

1）初始状态时，没有按键按下，4 个 LED 全部处于熄灭状态。

2）当按键 1 按下后，P2.0 口所接的 LED 点亮，其余 LED 熄灭。

3）当按键 2 按下后，P2.1 口所接的 LED 点亮，其余 LED 熄灭。

4）当按键 3 按下后，P2.2 口所接的 LED 点亮，其余 LED 熄灭。

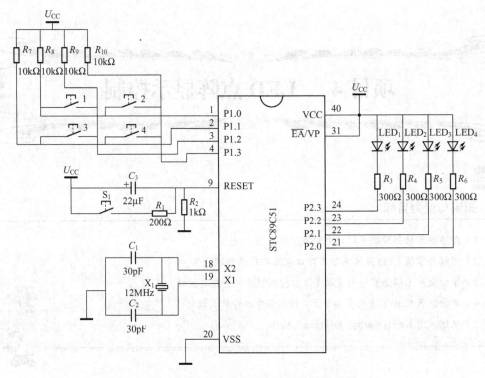

图 4-2　LED 按键指示灯控制电路原理图

5）当按键 4 按下后，P2.3 口所接的 LED 点亮，其余 LED 熄灭。

其具体的工作运行情况见本书附带光盘中的视频文件。

4.1.2　硬件系统与控制流程分析

1. 任务硬件系统分析

电路原理图如图 4-2 所示，该电路实际上是在前面任务 3.1 所介绍的电路基础之上，通过单片机 I/O 接口扩展矩阵键盘电路设计而成。因此，要分析理解以上的电路设计，必须先学习掌握单片机的矩阵键盘电路的部分知识。

矩阵键盘电路又称为行列键盘，它是用 N 条 I/O 线作为行线，用 M 条 I/O 线作为列线所组成的键盘，在行线和列线的每个交叉点上设置一个按键，这样就可以构成一个 N*M 个按键的键盘。而在本项目中所采用的是一个 2*2 式的键盘，其中 P1.0、P1.1 接矩阵键盘的行，P1.2、P1.3 接矩阵键盘的列，其外围接口电路如图 4-3 所示，为了提高电路的可靠性，图中行列线上均接有一个上拉电阻。

（1）键盘扫描方法

在单片机对键盘接口读取时，可采用多种不同的方式进行读取。

方法一　采用逐行扫描的方式（适合于行列数比较少的情况）

下面以本任务的 2*2 矩阵键盘为例，讲解采用逐行扫描的方式进行对键盘接口的读取。其步骤如下所示：

1）对 P1 口赋值 0xFE，将第一行的接口设为低电平，其余各接口设为高电平，如图 4-4 所示。

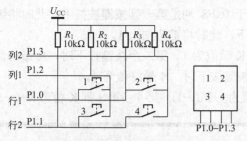

图 4-3　2*2 矩阵键盘电路

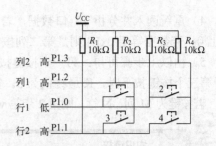

图 4-4　逐行扫描法键盘各端口状态（一）

2）读入 P1 口数据，与 0xFE 进行比较是否相等，若相等则第一行中无按键按下；若不相等则第一行中有按键按下。当判断有按键按下后，再次分析读入的数据，若数据等于 0xFA 则是第一行第一列按键被按下，如图 4-5 所示。若数据等于 0xF6 则是第一行第二列按键被按下，如图 4-6 所示。

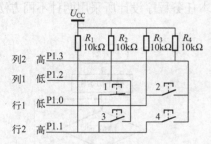

图 4-5　逐行扫描法键盘各端口状态（二）

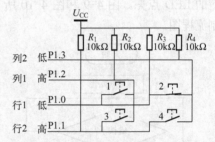

图 4-6　逐行扫描法键盘各端口状态（三）

3）若第一行扫描完毕，对 P1 口重新赋值 0xFD，将第二行的接口设为低电平，其余各接口设为高电平，与第 1 行扫描的处理方法类似在此不详细说明。

方法二　采用行列组合的方式（适合用行列数比较多的情况）

下面以本任务的 2*2 矩阵键盘为例，讲解采用行列组合的方式进行对键盘接口的读取。其步骤如下所示：

1）对 P1 口赋值 0xF3，将各按键行接口置高电平，各列接口置低电平，如图 4-7 所示。

2）读入 P1 口数据，与 0xF3 进行比较是否相等，若相等则此时无按键按下继续读值判断；若不相等则此时有按键按下。当判断有按键按下后，再次分析读入的数据，若数据等于 0xF2 则是第一行按键被按下，此时赋键值为 1；若数据等于 0xF1 则是第二行按键被按下，此时赋键值为 3。

3）当确认按键的行数后，紧接着重新赋值 P1 口为 0xFC，将按键行接口置低电平，列接口置高电平，如图 4-8 所示。

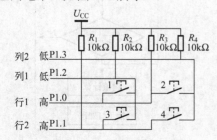

图 4-7　行列组合法键盘各端口状态（一）

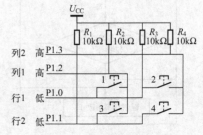

图 4-8　行列组合法键盘各端口状态（二）

4）重新读入并分析 P1 口数据，若数据等于 0xF8 则是第一列按键被按下，此时将键值加上 0；若数据等于 0xF4 则是第二列按键被按下，此时将键值加上 1。

5）由以上步骤可得：第一个按键按下时，K 赋值为 1。第二个按键按下时，K 最终值为 2。第三个按键按下时，K 最终值为 3。第四个按键按下时，K 最终值为 4。

若按键为 M 列、N 行。则第 2 步第 y 行 K 值为 1+M(y-1)，第 4 步第 x 列 K 值为 K+(x-1)。

知识链接

在单片机对其按键键值进行计算之前，必须对其进行去抖动处理，以防止单片机对其按键的状态读取出错。去抖动一般采用软件延时再读取的方法。详情可见上个项目中讲解。

2．任务控制流程分析

根据电路原理图和任务控制功能要求可知，本任务功能上主要是通过一个矩阵键盘来控制对应的 LED 点亮。图 4-9 和图 4-10 所示分别为本任务程序设计所采用两种不同方法的程序控制流程图。

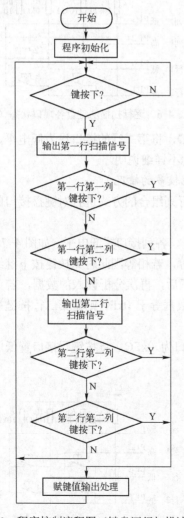

图 4-9　程序控制流程图（键盘逐行扫描法）

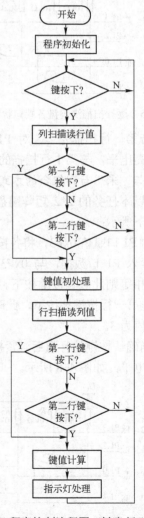

图 4-10　程序控制流程图（键盘行列组合法）

114

4.1.3　汇编语言程序分析与设计

在分析完硬件系统与控制流程之后进一步进行单片机汇编语言相关知识的学习，来完成本任务汇编控制程序的编写。

1. 任务中相关的汇编指令

为了完成本任务控制程序的编写，需要先进一步学习掌握一些常用的汇编指令，主要有：CJNE、ADD、ADDC、SUBB、MUL、DIV、JZ、JNZ。

（1）比较不等跳转指令：CJNE

使用格式：CJNE　<目的操作数>，<源操作数>，<地址或地址标号>

使用说明：判断目的操作数与源操作数是否相等，不等则跳转至地址操作数中执行，否则顺序执行（即从下一条指令开始执行）；同时当源操作数小于或等于目的操作数时，Cy 为 0，而当源操作数大于目的操作数时，Cy 为 1。执行完一条 CJNE 指令所需两个机器周期时间。

使用示例：CJNE　A，#10H，D1　　 ；判断 A 中的内容是否和立即数 10H 相等，

　　………　　　　　　　　　　　　；不等则转至地址为 D1 处执行，否则不跳，

　　………　　　　　　　　　　　　；同时按顺序往下执行

　　D1: ………

（2）不带进位加法指令：ADD

使用格式：ADD　A，<源操作数>

使用说明：该指令是完成两个 8 位二进制数的相加运算，结果存放在累加器 A 中。

使用示例：

```
ADD     A,Rn            ；（A）+（Rn）→A
ADD     A,direct        ；（A）+（direct）→A
ADD     A,@Ri           ；（A）+（(Ri)）→A
ADD     A,#data         ；（A）+ data→A
```

（3）带进位加法指令：ADDC

使用格式：ADDC　A，<源操作数>

使用说明：该指令除了完成两个 8 位二进制数的相加运算，还要与进位标志位 Cy 的值相加，结果存放在累加器 A 中。若 Cy=0，则这组指令同 ADD 指令。带进位加法指令主要用在多字节加法运算中。

使用示例：

```
ADDC    A,Rn            ；（A）+（Rn）+（CY）→A
ADDC    A,direct        ；（A）+（direct）+（CY）→A
ADDC    A,@Ri           ；（A）+（(Ri)）+（CY）→A
ADDC    A,#data         ；（A）+ data +（CY）→A
```

（4）带借位减法指令：SUBB

使用格式：SUBB　A，<源操作数>

使用说明：该指令的操作功能是将累加器 A 中的内容减去源操作数中的值或常数并减去进位标志 Cy 的值，运算结果存入累加器 A 中。

使用示例：

```
SUBB    A,Rn            ；（A）−（Rn）−（CY）→A
SUBB    A,direct        ；（A）−（direct）−（CY）→A
```

| | SUBB | A,@Ri | ；（A）-（（Ri））-（CY）→A |
| | SUBB | A,#data | ；（A）-data-（CY）→A |

（5）乘法指令：MUL

使用格式：MUL AB

使用说明：该乘法指令的功能是将累加器 A 和寄存器 B 中的两个 8 位无符号整数相乘，16 位乘积的低 8 位存入累加器 A，高 8 位存入寄存器 B。当 B 的值不等于 0 时，OV=1，否则 OV=0。

使用示例：假如，设（A）=4EH，（B）=5DH，执行指令：

　　MUL AB

结果：（B）=1CH，（A）=56H，即积（BA）为 1C56H。

（6）除法指令：DIV

使用格式：DIV AB

使用说明：该除法指令的功能是将累加器 A 和寄存器 B 中的两个 8 位无符号整数相除，得到的 8 位商（整数）存入累加器，8 位余数存入寄存器 B。当 B 的值不等于 0 时，OV=0，否则 OV=1。

使用示例：假如，设（A）=0BFH，（B）=32H，执行指令：

　　DIV AB

结果：（A）=03H，（B）=29H，OV=0。

（7）累加器判零条件转移指令：JZ 、JNZ

使用格式：JZ rel 或 JNZ rel

使用说明：这类指令以累加器 A 的内容是否为 0 作为指令转移的条件，累加器 A 的值由以前指令执行结果确定，指令转移范围在-128～+127。其中 JZ 指令的执行过程是该指令执行前累加器 A 的值为 0，程序转移，否则程序顺序执行下一条指令。而 JNZ 指令的执行过程是该指令执行前累加器 A 的值不为 0，程序转移，否则程序顺序执行下一条指令。

使用示例：

	JZ	LOOP	；若 A=0，则程序跳转至 LOOP 处执行，否则，
			；程序顺序执行
	JNZ	LOOP1	；若 A≠0，则程序跳转至 LOOP1 处执行，否则，
			；程序顺序执行

2．汇编程序设计

学习完以上任务所需的汇编知识之后，即可开始进行本任务的汇编程序的分析与设计工作。本汇编程序采用逐行扫描的方法对其进行控制实现。根据图 4-9 所示的控制流程分析图，结合汇编语言指令编写出汇编语言控制程序如下：

汇编语言程序代码：

1.		ORG	0000H	；程序初始化入口
2.		LJMP	MAIN	；程序跳转到 MAIN 处执行
3.		ORG	0030H	；主程序存放地址
4.	MAIN:	MOV	R4,#00H	；清零按键值 R4
5.	LOOP:	LCALL	CE_AJ	；快速检测是否有按键按下
6.		JZ	C5	；有无按键按下，若无 A 为 0，则跳转至 C5
7.				；若有 A 不为 0，则顺序执行程序

8.		LCALL	CE_JZ	；当有按键按下，计算出按键值，存放于 R4
9.		CJNE	R4,#01H,C2	；按键值是否为 1，若为 1，则顺序执行程序
10.				；若不为 1，则跳转到 C2
11.		MOV	P2,#0FEH	；P2 赋值为 0FEH，点亮 P2.0LED
12.		SJMP	LOOP	；返回 LOOP 处执行
13.	C2:	CJNE	R4,#02H,C3	；按键值是否为 2，若为 2，则顺序执行程序
14.				；若不为 2，则跳转到 C3
15.		MOV	P2,#0FDH	；P2 赋值为 0FDH，点亮 P2.1LED
16.		SJMP	LOOP	；返回 LOOP 处执行
17.	C3:	CJNE	R4,#03H,C4	；按键值是否为 3，若为 3，则顺序执行程序
18.				；若不为 3，则跳转到 C4
19.		MOV	P2,#0FBH	；P2 赋值为 0FBH，点亮 P2.2LED
20.		SJMP	LOOP	；返回 LOOP 处执行
21.	C4:	CJNE	R4,#04H,C5	；按键值是否为 4，若为 4，则顺序执行程序
22.				；若不为 4，则跳转到 C5
23.		MOV	P2,#0F7H	；P2 赋值为 0F7H，点亮 P2.3LED
24.	C5:	SJMP	LOOP	；返回 LOOP 处执行
25.	；===========测按键是否按下子程序===========			
26.	；———返回主程序参数 A，用于程序判断按键是否按下===========			
27.	CE_AJ:	MOV	P1,#0F3H	；将行接口拉高，列接口置低，判断是否有键按下
28.		MOV	R5,P1	；读入 P1 口数据，存在 R5 中
29.		CJNE	R5,#0F3H,A1	；是否有按键按下？若没有则 R5 与 0F3H 相等
30.				；若有则 R5 与 0F3H 不相等，跳转至 A1
31.		CLR	A	；清零返回值 A
32.		SJMP	A2	；程序跳转至 A2 运行
33.	A1:	SETB	ACC.0	；置位返回值 ACC.0，使之不为 0
34.	A2:	RET		；子程序返回
35.	；===========测按键值子程序===========			
36.	；========返回主程序参数 R4，提供主程序键值内容===========			
37.	CE_JZ:	LCALL	CE_AJ	；检测按键是否按下
38.		JNZ	B1	；有键按下，跳转至 B1；没有键按下，顺序执行
39.		SJMP	CE_JZ	；当按键没有按下，处于抖动状态，返回再检测
40.	B1:	LCALL	DELAY	；调用延时
41.		LCALL	CE_AJ	；再次检测按键还是否按下
42.		JNZ	B2	；有键按下，跳转至 B2；没有键按下，顺序执行
43.		SJMP	CE_JZ	；当按键没有按下，处于抖动状态，返回再检测
44.	B2:	MOV	R1,#0FEH	；给行扫描数据 R1 赋值 0FEH
45.		MOV	R2,#02H	；给循环行扫描次数控制 R2 赋值 02H
46.	B3:	MOV	R0,#02H	；给循环列扫描次数控制 R0 赋值 02H
47.		MOV	P1,R1	；输出行扫描信号
48.		MOV	A,P1	；读入 P1 口的数据，存在 A 中
49.		RRC	A	
50.		RRC	A	
51.	B5:	RRC	A	；带进位右移 A 中的值，即将列数据移动到 Cy 中
52.		JNC	B4	；Cy 列信号为 0，有键按下；为 1，没键按下
53.		DJNZ	R0,B5	；若第一列没键按下，则循环判断第二列
54.		MOV	A,R1	；将行扫描数据 R1 中的值传给 A

55.		SETB	C	；置 Cy 位为 1
56.		RLC	A	；带进位左移 A 中的值，即扫描第 2 行
57.		MOV	R1,A	；将移位后的值重新赋给 R1
58.		DJNZ	R2,B3	；若第一行没键按下，则循环判断第二行
59.		SJMP	B6	；程序跳转至 B6 执行
60.	B4:	MOV	A,#03H	；按键值计算程序段，键值=(2-R2)*2+(3-R0)
61.		SUBB	A,R0	；进行（3-R0）计算
62.		MOV	R0,A	；将计算结果存放于 R0 中
63.		MOV	A,#02H	；给 A 赋值 02H
64.		SUBB	A,R2	；进行（2-R2）计算
65.		MOV	B,#02H	；给 B 赋值 02H
66.		MUL	AB	；进行（2-R0）*2
67.		ADD	A,R0	；进行(2-R2)*2+(3-R0)
68.		MOV	R4,A	；将计算出的键值赋值给 R4
69.	B6:	LCALL	DELAY	；调用延时
70.	B7:	LCALL	CE_AJ	；检测按键是否松开
71.		JNZ	B7	；有键按下，跳转至 B7 重新检测；没有键按下，顺序执行
72.	B8:	LCALL	DELAY	；调用延时
73.		LCALL	CE_AJ	；再次检测按键是否松开
74.		JNZ	B8	；有键按下，跳转至 B8 重新检测；没有键按下，顺序执行
75.		RET		；子程序返回
76.	；=========按键去抖延时子程序，延时时间约为 15ms=========			
77.	DELAY: MOV		R5,#30	
78.	D3:	MOV	R6,#248	
79.		DJNZ	R6,$	
80.		DJNZ	R5,D3	
81.		RET		
82.		END		；程序结束

汇编语言程序说明：

1）序号 1~3：跳过中断入口，将程序保存在 0030H 以后的地址单元中。

2）序号 4：主程序寄存器初始化程序段，将按键值存储器 R4 的值清零。

3）序号 5~7：调用测按键是否按下子程序，并把按键是否按下信息传送到累加器 A。同时，用 JZ 指令判断累加器 A 是否为 0，即 A 为 0 无按，A 不为 0 有按键按下。

4）序号 8：若判断出有按键按下，则调用测按键值子程序计算出按键值并存放于 R4 中。

5）序号 9~24：依据检测出的键值，赋值 P2 点亮对应的 LED。

6）序号 27：赋值 P1 口 0F3H，将行接口拉高，列接口置低，当有按键按下时，P1 口引脚连接行的电平变低，使 P1 口值不等于 0F3H。

7）序号 28~34：重新读入 P1 口的值，与 0F3H 进行比较，若相等，则表明无按键按下，返回值 A 为 0；若不相等，则表明有按键按下，返回值 A 为 1。

8）序号 37~43：为防止按键按下时按键去抖动程序段，具体情况可参考任务 3.2 中所述。

9）序号 44~46：行扫描初始值以及行、列扫描循环次数变量赋值。

10）序号 47：使 P1 口输出 R1 中所存储的行扫描信号。

11）序号 48：重新读入 P1 口，存放于 A 中进行判断。

12）序号 49~52：将列数据移动至 CY 位中，并判断其是否为 0，若某列为 0，则表明该列有按键按下；若不为 0，则表明该列没有按键按下。

13）序号 53：循环判断，若第一列无按键按下，则循环判断第二列是否有按键按下。

14）序号 54～57：循环移位行扫描信号，用于修改扫描第二行按键的信号值。

15）序号 58：循环判断，若第一行无按键按下，则循环判断第二行是否有按键按下。

16）序号 60～68：为按键值计算程序段，在本程序中按键值的计算公式为：键值=(2-R2)*2+（3-R0）。

17）序号 69～75：为防止按键放开时按键去抖动程序段，具体情况可参考任务 3.2 中所述。

18）序号 78～82：按键去抖延时子程序，延时时间约为 15ms。

当然，以上汇编语言源程序编写与设计过程中，实际上需要借助 Keil 软件对其进行不断的调试与修改，直到调试无误后，才能将程序进行编译生成单片机可执行的二进制机器码文件。程序的 Keil 调试过程与编译等具体情况可以参考前面任务 2.1 中内容所述，在此不再讲解。

4.1.4　C 语言程序分析与设计

在完成以上任务的汇编语言程序设计之后，接下来继续学习 C 语言相关知识，完成本任务的 C 控制程序设计。

1．函数表达式的使用

从任务 3.2 中我们了解到用户自定义的函数从参数形式上可分为无参函数和有参函数，有参函数就是在调用时，调用函数用实际参数代替形式参数，调用完后将结果返回给调用函数。函数的一般形式如下：

```
返回值类型　函数名　（类型说明　形参表列）
{
    局部变量声明；
    执行语句；
    return（返回形参名）；
}
```

其中，形参表列的各项要用“，”隔开。函数的返回值通过 return 语句返回给调用函数，若函数没有返回值，则可以将返回值类型设为 void 或默认不写。

当被调用的函数有返回值时，可以将被调用函数以一个运算对象的形式出现在一个表达式中，这种表达式称为函数表达式。有时在选择语句或循环语句中将函数表达式作为选择或循环的条件，将会使程序更加精简。

例如：

```
bit　jisuan　（　）
{
    bit shu；
    执行语句；
    return（shu）；
}
void main　（　）
{
```

```
        if（jisuan（）==1）  //调用函数 jisuan，若返回值 shu 为 1 则执行某操作
        {
            ……;
            ……;
        }
    }
```

2．C 语言程序设计

由于电路硬件和控制任务要求都是一样，所以 C 语言和汇编语言分析与设计本任务的控制流程都是一样的。本项目采用逐行扫描的方式对其进行控制实现。根据图 4-9 所示的控制流程分析图，结合 C 语言的知识，我们来分析设计本任务的 C 语言控制程序。

C 语言程序代码：

```
1.    // LED 按键指示灯控制
2.    //==============================================================
3.    #include<regx51.h>                      //加入头文件
4.    #define uchar unsigned char             //宏定义
5.    #define uint   unsigned int
6.    uchar y;                                //定义全局变量用于存储键值
7.    //==============================================================
8.    //函数名：ce_anjian（）
9.    //功能：检测是否有按键按下，并返回是否有按键按下
10.   //调用函数：无
11.   //输入参数：无
12.   //输出参数：key
13.   //说明：有按键按下，key=1；无键按下，key=0；
14.   //==============================================================
15.   bit ce_anjian（）
16.   {
17.       bit key=0;                          //定义局部变量
18.       P1=0xf3;                            //输出扫描信号，将行置高电平，将列置低电平
19.       if(P1!=0xf3)                        //读入 P1 口数据，与扫描信号比较判断是否有键按下
20.           key=1;                          //如果有键按下，key 赋值为 1
21.       else
22.           key=0;                          //如果没有键按下，key 赋值为 0
23.       return(key);                        //返回 key 值
24.   }
25.   //==============================================================
26.   //函数名：doudong_ys（）
27.   //说明：延时的时间约为 15ms 的子程序
28.   //==============================================================
29.   void doudong_ys（）
30.   {
31.       uchar i,j;                          //定义局部变量，只限于对应子程序中使用
32.       for(i=0；i<30；i++)                  //for 循环执行空操作来达到延时
33.           for(j=0；j<248；j++);
34.   }
35.   //==============================================================
36.   //函数名：ce_jianzhi（）
```

```
37.   //功能：测按键值并去除按键按下和按键松开时的抖动
38.   //调用函数：doudong_ys( )；ce_anjian( )；
39.   //输入参数：无
40.   //输出参数：无
41.   //说明：键值 y=i*2+j+1；
42.   //================================================
43.   void ce_jianzhi ( )
44.   {
45.       uchar i,j,p;                    //定义局部变量
46.       do
47.       {
48.           while(ce_anjian( )==0);          //是否有按键按下？若按键没有按下，原地等待
49.                                            //若按键按下，则返回值为1，则继续往下执行
50.           doudong_ys( );                   //调用去抖延时子程序
51.       }while(ce_anjian( )==0);      //再次判断是否有键按下？若没有按下，返回0
52.       for(i=0；i<2；i++)
53.       {
54.           P1=(0xfe<<i)|i;              //循环扫描输出行扫描信号
55.           for(j=0；j<2；j++)
56.           {
57.               p=P1&0x0c;              //读取并保留键盘的列数据，其余清0
58.               if(p==0x08>>j)          //是否有1或2列按键按下
59.               {
60.                   y=i*2+j+1；            //计算键值
61.                   goto D1；              //跳出循环，使程序跳转至D1
62.               }
63.           }
64.       }
65.   D1:  doudong_ys( );            //调用去抖延时子程序
66.       do
67.       {
68.           while(ce_anjian( )==1);    //判断按键是否释放，若按键没有释放，继续判断
69.                                      //若按键有释放，返回值为0，则继续往下执行
70.           doudong_ys( );             //调用去抖延时子程序
71.       }while(ce_anjian( )==1);    //再次判断是否释放，若按键没有释放，继续判断
72.   }
73.   //=============主函数=============================
74.   void main ( )
75.   {
76.       while(1)                      //主程序无限循环执行
77.       {
78.           if(ce_anjian( )==1)      //快速判断是否有按键按下
79.           {
80.               ce_jianzhi( );         //若有按键按下，则测键值
81.               switch(y)
82.               {
83.                   case 1: P2=0xfe；break；//键值为1，则P2口赋值0xfe，点亮P2.0LED
84.                   case 2:P2=0xfd；break；//键值为2，则P2口赋值0xfd，点亮P2.1LED
```

85.　　　　 case 3:P2=0xfb; break; //键值为 3，则 P2 口赋值 0xfb，点亮 P2.2LED

86.　　　　 case 4:P2=0xf7; break; //键值为 4，则 P2 口赋值 0xf7，点亮 P2.3LED

87.　　　 default: break;

88.　　　 }

89.　　 }

90.　 }

91. }

C 语言程序说明：

1）序号 3：在程序开头加入头文件 "regx51.h"。

2）序号 4~5：define 宏定义处理，用 uchar 和 uint 代替 unsigned char 和 unsigned int，便于后续程序书写方便简洁。

3）序号 6：定义全局变量 y，用做存储各程序间共用变量按键值。

4）序号 15：定义函数 ce_anjian ( )，用做快速检测是否有按键按下。每调用一次函数都会返回一个位变量 key，有键按下 key=1；无键按下 key=0。

5）序号 18~19：先输出扫描信号，将行置高电平，将列置低电平。再读入 P1 口数据，与 0xf3 比较是否相等，若相等则无按键按下，若不相等则有按键按下。

6）序号 23：将 key 变量的值返回，便于后续程序判断执行。

7）序号 15~24：快速检测是否有键按下的子函数，并返回是否有按键按下信息，有键按下 key=1；无键按下 key=0。

8）序号 29~34：去抖延时函数，延时的时间约为 15ms 的函数。

9）序号 46~51：为消除按键按下时按键抖动的影响，具体情况查看任务 3.2 所述。

10）序号 52：用于循环控制输出每行的扫描信号，进行行扫描。

11）序号 54：当 i=0 时，P1 口输出 0xfe 扫描第一行，当 i=1 时，P1 口输出 0xfd 扫描第二行。如果键盘有三行以上时，本条语句无法实现循环输出行扫描信号，需在 for 循环之上增加一个中间变量 x=0xfe；并将本语句换成 if(i!=0) x=x<<1|0x01；P1=x。

12）序号 57：将 P1 口的列数据保留，其余位清零。

13）序号 58：循环判断是哪一列有按键按下，当 j=0 时，判断是否第一列有键按下，当 j=1 时判断是否第二列有键按下。

14）序号 60：若判断出有按键按下，则计算按键值。

15）序号 61：当判断出哪行哪列有按键按下并计算出按键值后，退出循环，跳转至 D1 处运行程序。

16）序号 65~71：为消除按键释放时按键抖动的影响，具体情况查看任务 3.2 所述。

17）序号 78：调用检测是否有键按下函数，并判断其返回值是否等于 1。若值等于 1，则调用测按键值函数将按键值计算出来。

18）序号 81~88：根据计算出的键值，赋值 P2 点亮对应的 LED。

当然，以上 C 语言源程序编写与设计过程中，实际上需要借助 Keil 软件对其进行不断的调试与修改，直到调试无误后，才能将程序进行编译生成单片机可执行的二进制机器码文件。程序的 Keil 调试过程与编译等具体情况可以参考前面任务 2.1 中内容所述，在此不再讲解。

课堂反思：若采用键盘扫描的第 2 种方法需要在上述汇编语言与 C 语言程序中做怎样的修改？

4.1.5 基于 Proteus 的调试与仿真

当完成了硬件系统的分析以及控制程序的设计与编写之后，就可以进行控制程序的 Proteus 调试与仿真了。下面进行本任务中单片机应用系统汇编语言程序的 Proteus 调试与仿真，本任务的仿真系统构建过程与仿真运行等详细情况见教材附带光盘中的视频文件。

1. 创建本任务 Proteus 仿真图

1）列出元器件表。根据单片机应用电路原理图 4-2 所示，列出 Proteus 中实现该系统所需的元器件配置情况，如表 4-1 所示。

表 4-1 元器件配置表

名　　称	型　　号	数　　量	备注（Proteus 中元器件名称）
单片机	AT89C51	1	AT89C51
陶瓷电容	30pF	2	CAP
电解电容	22μF	1	CAP-ELEC
晶振	12MHz	1	CRYSTAL
按钮		5	BUTTON
电阻	1kΩ	1	RES
电阻	200Ω	1	RES
发光二极管	黄色	4	LED_YELLOW
电阻	300Ω	4	RES

2）绘制仿真电路图。用鼠标双击桌面上的图标 🖳 进入 Proteus ISIS 编辑窗口，单击菜单命令"File"→"New Design"，新建一个 DEFAULT 模板，并保存为"LED 按键指示灯控制.DSN"。在元器件选择按钮 🄿🄻 DEVICES 单击"P"按钮，将表 4-1 中的元器件添加至对象选择器窗口中。然后将各个元器件摆放好，最后依照图 4-2 所示的原理图将各个元器件连接起来，如图 4-11 所示。

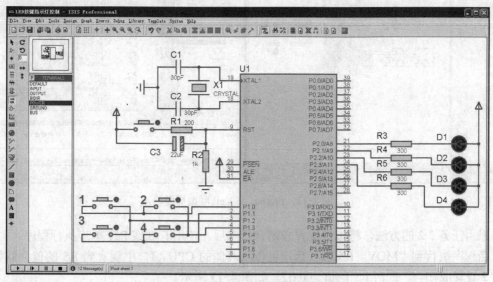

图 4-11 LED 按键指示灯控制仿真图

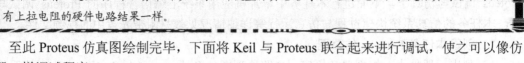

经验之谈

由于进行 proteus 仿真运行时，矩阵键盘上增加上拉电阻有时会影响引脚电平的变化，与实际硬件电路有一定区别。本任务中所涉及的矩阵键盘仿真电路均不加上拉电阻，但是仿真的结果与具有上拉电阻的硬件电路结果一样。

至此 Proteus 仿真图绘制完毕，下面将 Keil 与 Proteus 联合起来进行调试，使之可以像仿真器一样调试程序。

2. Proteus 与 Keil 联调

1）按照前面任务 2.1 中 Proteus 与 Keil 联调的步骤完成基本的软件设置。如果前面已经设置过一次，在此可以跳过忽略。

2）用 Proteus 打开已绘制好的"LED 按键指示灯控制.DSN"文件，在 Proteus 的"Debug"菜单中选中"Use Remote Debug Monitor（远程监控）"。同时，右键选中 STC89C51 单片机，在弹出对话框"Program File"项中，导入在 Keil 中生成的十六进制 HEX 文件"LED 按键指示灯控制.HEX"。

3）用 Keil 打开刚才创建好的"LED 按键指示灯控制.UV2"文件，打开窗口"Option for Target '工程名'"。在 Debug 选项中右栏上部的下拉菜单选中 Proteus VSM Simulator。接着再单击进入 Settings 窗口，设置 IP 为 127.0.0.1，端口号为 8000。

4）在 Keil 中单击 按钮，使用单步执行来调试程序，同时在 Proteus 中查看直观的仿真结果。这样就可以像使用仿真器一样调试程序了，如图 4-12 所示。

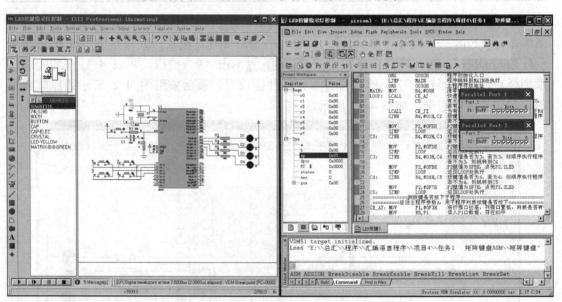

图 4-12　Proteus 与 Keil 联调界面

采用任务 3.2 的方法，将按键设置成闭合状态后，使用 F10 或 F11 单步执行程序。

当程序执行到"MOV　R5,P1"后，可以从右侧的 CPU 窗口中观看到 R5 的值。假如将按键 2 设置成闭合，此时 R5 的值为 0xf2，如图 4-13 所示。

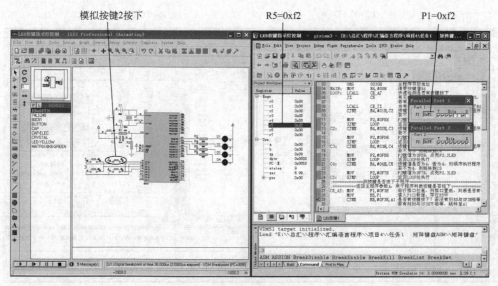

图 4-13　程序调试运行状态（一）

当程序执行到 "JZ　C5" 后，也可以从 CPU 窗口中观看到返回值 A 中的值为 0x01。

当程序在执行测按键值子程序的程序段时，由于判断条件存放在 Cy 位中。此时将鼠标放置在程序语句中的 C 上即可查看 Cy 位的状态，当 Cy 位为 0 表明该列有按键按下，当 Cy 位为 1 表明该列无按键按下，如图 4-14 所示。

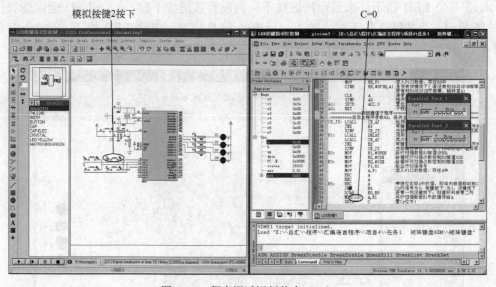

图 4-14　程序调试运行状态（二）

当程序执行到 "B6: LCALL DELAY" 时，要将按键释放，否则程序会一直在此处进行释放防抖。

当执行完测按键值子程序后，返回主程序根据按键值点亮 LED 灯。例如：按下按键〈1〉后，返回键值 R4 是 0x02，点亮 P2.1 口所接的 LED 灯，如图 4-15 所示。

P2=0XFD   R4=0X02

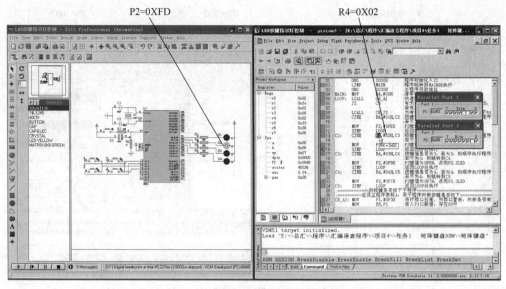

图 4-15　程序调试运行状态（三）

3．Proteus 仿真运行

用 Proteus 打开已绘制好的"LED 按键指示灯控制.DSN"，并将最后调试完成的程序重新编译生成新".HEX"文件导入 Proteus 中。

在 Proteus ISIS 编辑窗口中单击 ▶ 或在"Debug"菜单中选择"✦ Execute"，运行时，通过 4 个 LED 指示灯来显示按键按下：当没有按键按下时，4 个 LED 全部熄灭，如图 4-16 所示。当按键 2 按下时，P2.1 口所接的 LED 点亮，其余 LED 熄灭，仿真运行结果如图 4-17 所示。

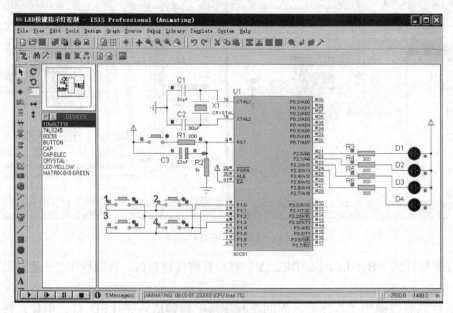

图 4-16　仿真运行结果（一）

126

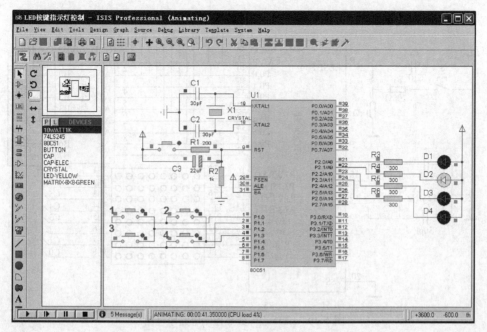

图 4-17　仿真运行结果（二）

任务 4.2　LED 点阵数显控制

4.2.1　控制要求与功能展示

图 4-18 所示为单片机控制 8X8 的 LED 点阵屏显示数字实物装置，其电路原理图如图 4-19 所示。该装置在单片机的控制作用下，通过单片机的 P0 和 P3 连接一个 8×8 点阵屏，实现在 8×8 点阵屏上循环显示数字 1～4。当单片机上电开始运行时，LED 点阵屏显示数字"1"，在每经过一段时间后，依次轮流显示 2、3、4、1、2……，一直循环显示运行。其具体的工作运行情况见本书附带光盘中的运行视频文件。

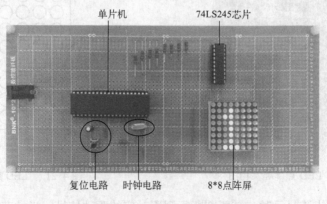

单片机　　　　74LS245芯片

复位电路　时钟电路　　8*8点阵屏

图 4-18　LED 点阵数显控制实物装置

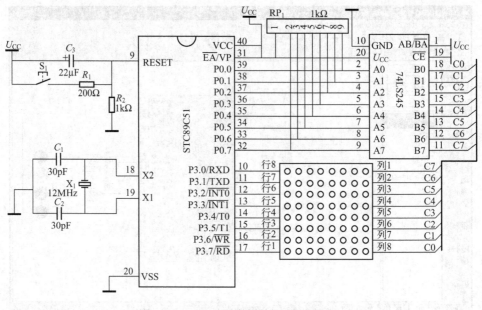

图 4-19　LED 点阵数显控制电路原理图

4.2.2　硬件系统与控制流程分析

1．任务硬件系统分析

LED 点阵屏是一种能显示字符、图形和文字等功能的显示器件。一般都由 M×N 个 LED 发光二极管组成。在本项目中所使用 8×8 的 LED 点阵屏就是有个 64 只 LED 发光二极管按照一定的规律排布安装成方阵，将其内部各二极管引脚按一定的规律连接成 8 根行线和 8 根列线，作为 8×8 的 LED 点阵屏的 16 根引脚，图 4-20 为 8×8 的 LED 点阵屏的实物图，其外形引脚如图 4-21 所示。

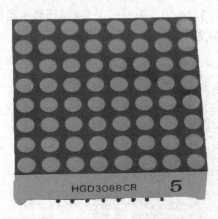

图 4-20　LED 点阵屏实物图

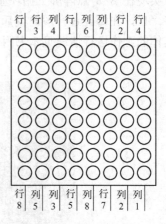

图 4-21　LED 点阵屏外形引脚图

在驱动 LED 点阵显示时，需要判断行列所对应的驱动信号，当站在列的角度上来看，点阵屏显示器的电路连接图可分为共阴极和共阳极两种，如图 4-22 所示。在本任务的图 4-19 中，电路连接上采用的列共阳（即行共阴）的显示接法。

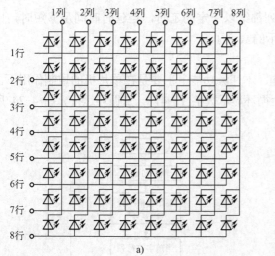

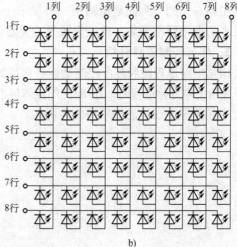

a)

b)

图 4-22 LED 点阵的连接方式

a) 列共阴极 b) 列共阳极

经验之谈

如果没有点阵屏引脚分布图时，我们也可以采用以下方法进行测试：

1）将机械指针式万用表挡选择为欧姆挡。

2）将两表笔分别放置在两引脚间测试，先检测出某一个 LED 亮；再先将红表笔放置不动，移动黑表笔，若此时点阵屏某行或列都会亮，则红表笔所接引脚为共阴端，黑表笔所接引脚均为共阳端。

3）依次找出所有共阴端和共阳端所控制的具体行或列。

当单片机对 8×8 的 LED 点阵屏控制时，可能有时候需要同时驱动 8 个 LED 发光管发光，但 51 单片机的 I/O 驱动能力有限，特别是高电平电流输出能力有限，而为了提高单片机的带负载能力和保证 LED 的亮度，所以驱动能力不够时，应该加上驱动芯片，增强 I/O 口驱动能力和保护单片机端口引脚。因为本任务电路中 LED 点阵采用的是列共阳（即行共阴）的显示接法，由于单片机的 P3 口低电平电流灌入能力足以满足需要，而 P0 口的高电平输出电流不够，所以 P0 口通过驱动芯片 74LS245 驱动 LED 点阵屏共阳的列端。

本任务中采用列共阳和行共阴的 8×8 的 LED 点阵屏驱动连接，当单片机工作运行时，P3 端口提供低电平有效的行选通信号，P0 端口提供高电平有效的列选通信号，P0 和 P3 两端口同步动态扫描不断刷新数据，即可显示出所需字符。例如，当 8×8 LED 点阵屏需要显示字符"1"时，先要建立一个 8×8 的方格表，在方格表中按照显示要求填好相应的标记（标记位处表示该处 LED 会点亮）形成显示效果数据表，如图 4-23 所示。以列扫描的方式从左到右运行时，根据该数据表提取出显示信息的 8 组行（P3）与列（P0）数据对，分别为 0FFH 和 80H，0FFH 和 40H，0DEH 和 20H，80H 和 10H，0FEH 和 08H，0FFH 和 04H，0FFH 和 02H，0FFH 和 01H。

点阵的显示方式采用动态扫描的方式进行显示，P3 和 P0 口同步轮流输出以上数据对，即从左到右一列一列的显示输出。每显示一列都给以一定的延时，当延时时间足够短时，由于眼睛的视觉暂留现象，就能完整地看见显示的数字了。

2. 任务控制流程分析

根据电路原理图和任务控制功能要求可知，本任务功能上主要是在单片机的控制作用下，当单片机上电开始运行时，在 8×8 的点阵屏上循环显示数字 1～4，一直循环运行。图 4-24 所示为本任务程序设计的程序控制流程图。

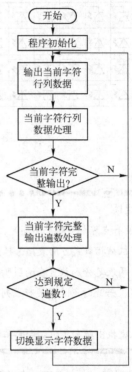

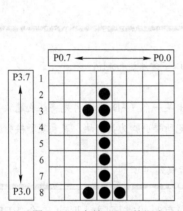

图 4-23　字符"1"数据表　　　　图 4-24　LED 点阵数显的程序控制流程图

4.2.3　汇编语言程序分析与设计

在分析完硬件系统与控制流程之后进一步进行单片机汇编语言相关知识的学习，来完成本任务汇编控制程序的编写。

1. 任务中相关的汇编指令

为了完成本任务控制程序的编写，我们再进一步学习掌握一些常用的汇编指令，主要有：MOVC、DB、INC、DEC。

（1）程序存储器传送指令：MOVC

使用格式：MOVC　　A，@A+DPTR

　　　　　　MOVC　　A，@A+PC

使用说明：

① 程序传送指令 MOVC 必须与累加器 ACC 结合使用。并且寄存器 DPTR 的值、DPTR 与累加器 A 之和的值及 PC 与累加器 A 之和的值都为程序内存单元 16 位地址。

② 指令的结果是将程序存储器中该地址的操作数取出送入累加器 A 中。

③ 该指令又称为查表指令，所谓的查表是指在程序内存空间中有一个常数表，在查表前将表头地址送入 DPTR 寄存器，而累加器 A 中则是存放操作数地址到表头地址的偏移量。例如：假设从 1000H 单元开始有个常数表，累加器 A 中的内容为 30H，DPTR 的内容为 1000H，而程序内存单元 1030H 单元中的内容为 0FH。则在执行指令 MOVC　A，@A+DPTR 后累加器 A 中的内容就变成了 0FH。

④ 在单片机 CPU 读取 MOVC　A，@A+PC 后，程序计数器 PC 会先执行完加 1 操作，然后指向下一条指令的第一个字节，所以作基址寄存器时值已经是原 PC 加 1。例如：假设 A=30H，程序内存空间 1030H 和 1031H 中的值分别为 05H 和 06H，则在读取完指令：1000H: MOVC　A，@A+PC 后，累加器 A 中的值为 06H。

（2）字节存储伪指令：DB

使用格式：[标号：]　DB　字节数据表

使用说明：定义字节数据伪指令常用来定义字节数据表格，其作用是将 8 位的二进制数分别存入从标号开始的连续的内存单元中。

例如：　TAB:　DB　0FFH，011B，′A′，12

通常也将定义字节数据伪指令与程序传送指令 MOVC 结合使用，定义时将字节数据表的标号地址送入 DPTR 寄存器中。

如下示例所示：

MOV	DPTR,#TAB	；将表的首地址送入 DPTR 中
MOV	A,#00H	；将表中要查找的数据号码送入 A 中
MOVC	A,@A+DPTR	；把表中的第 0 个数据 0FFH 送入 A 中

......

TAB:　DB　0FFH，011B，′A′，12

（3）加 1、减 1 指令：INC、DEC

使用格式：INC 或 DEC <对象操作数>

使用说明：加 1 指令的功能是把操作数指定单元的内容加 1，减 1 指令的功能是把操作数指定单元的内容减 1。

使用示例：	INC	A	；将累加器 A 中的内容加 1
	DEC	A	；将累加器 A 中的内容减 1
	INC	R3	；将寄存器 R3 中的内容加 1
	DEC	@R1	；以累加器 R1 的内容为地址的单元的内容减 1
	INC	DPTR	；将寄存器 DPTR 中的内容加 1
	DEC	R3	；将寄存器 R3 中的内容减 1
	INC	@R1	；以累加器 R1 的内容为地址的单元的内容加 1
	DEC	20H	；将 20H 地址单元中的内容减 1

经验之谈

加 1 和减 1 指令用于修改输出口时，原来端口数据的值将从输出口锁存器读入，而不是从引脚读入。例如：DEC　P1（P1 为锁存器中的数据）。

2. 汇编程序设计

学习完以上任务所需的汇编知识之后，即可开始进行本任务的汇编程序的分析与设计工作。根据图 4-24 所示的控制流程分析图，结合汇编语言指令编写出汇编语言控制程序如下：

汇编语言程序代码：

1.		ORG	0000H	; 程序复位入口地址
2.		LJMP	MAIN	; 程序跳到 MAIN 处执行
3.		ORG	0030H	; 程序的开始地址
4.	MAIN:	MOV	20H,#00H	; 清零地址偏移量存储地址 20H
5.		MOV	R0,#00H	; 清零切换字符变量 R0
6.		MOV	R7,#00H	; 清零字符完整扫描遍数 R7
7.		MOV	DPTR,#TAB0	; 将字符表 TAB0 表头地址给 DPTR
8.	LOOP:	MOV	R4,#80H	; 给列扫描数据 R4 赋值 80H
9.		MOV	R3,#08H	; 给循环计数控制 R3 送数 08H
10.		MOV	R2,20H	; 将 20H 中的值给 R2 作为查表偏移量
11.	HE:	MOV	P0,R4	; 输出列数据信号
12.		MOV	A,R2	; 将 R2 中的地址偏移数据给 A
13.		MOVC	A,@A+DPTR	; 查表得到的数据值送 A 中
14.		MOV	P3,A	; 输出行数据信号
15.		LCALL	DELAY	; 调用延时
16.		MOV	A,R4	; 将 R4 中的内容给 A，即列的状态值送 A
17.		RR	A	; 将 A 中的值右移一位，即列选通移一位
18.		MOV	R4,A	; 将 A 中的值放入 R4 中
19.		INC	R2	; 将 R2 中内容加 1
20.		DJNZ	R3,HE	; R3 减 1 不为 0，则完整字符还未输出完成
21.		INC	R7	; 将输出遍数 R7 加 1
22.		CJNE	R7,#50,LOOP	; 是否完整输出 50 次，否跳到 LOOP
23.		MOV	R7,#00H	; 清零字符完整扫描遍数 R7
24.		INC	R0	; 将切换字符变量加 1
25.		CJNE	R0,#4,A1	; 当切换字符变量超出变量，重新清零
26.		MOV	R0,#00H	; 清零切换字符变量 R0
27.	A1:	MOV	A,R0	; 将 R0 的内容传入 A 中，进行*8 处理
28.		MOV	B,#08H	; 赋值 B 为 08H
29.		MUL	AB	; A*B 运算
30.		MOV	20H,A	; 更新 20H 中的地址偏移量
31.		LJMP	LOOP	; 程序跳转至标号为 LOOP 处执行
32.	; =======扫描列之间的间隔延时子程序========
33.	DELAY:	MOV	R5,#5	
34.	D1:	MOV	R6,#255	
35.	D2:	DJNZ	R6,D2	
36.		DJNZ	R5,D1	
37.		RET		
38.	; ======各显示字符的行段码值================
39.	TAB0:	DB	0FFH,0FFH,0DEH,80H,0FEH,0FFH,0FFH,0FFH	; 字符 1
40.		DB	0FFH,0DEH,0BCH,0BAH,0B6H,0CEH,0FFH,0FFH	; 字符 2
41.		DB	0FFH,0BDH,0BEH,0AEH,96H,0B9H,0FFH,0FFH	; 字符 3
42.		DB	0FFH,0F3H,0EBH,0DBH,80H,0FBH,0FFH,0FFH	; 字符 4
43.		END		; 程序结束

汇编语言程序说明：

1）序号 1～3：跳过中断入口，将程序保存在 0030H 以后的地址单元中。

2）序号 4～7：程序初始化，进行程序各个寄存器清零与初值设置。

3）序号 8～10：赋值变量 R4、R2、R3，用于点阵屏列扫描显示控制。

4）序号 11～14：输出当前字符的行和列。

5）序号 16～18：右移列数据，为下一列扫描数据输出做准备。

6）序号 19：查表偏移量加 1，为下次扫描行数据输出做准备。

7）序号 20：若整屏 8 列完整字符数据没有发送完成，则循环继续发送。

8）序号 21～22：完整字符扫描遍数计数，当遍数达到 50 次后，进行切换显示字符处理。

9）序号 23～31：切换显示字符处理，当遍数达到 50 次后切换显示字符，R0 加 1，并乘以 8，将查表数据跳到下一个字符数据处。

10）序号 33～37：扫描列之间的间隔延时子程序

11）序号 39～42：数字 1～4 行输出数据段码值。

当然，以上汇编语言源程序编写与设计过程中，实际上需要借助 Keil 软件对其进行不断的调试与修改，直到调试无误后，才能将程序进行编译生成单片机可执行的二进制机器码文件。程序的 Keil 调试过程与编译等具体情况可以参考前面任务 2.1 中内容所述，在此不再讲解。

4.2.4　C 语言程序分析与设计

在完成以上任务的汇编语言程序设计之后，接下来继续学习 C 语言相关知识，完成本任务的 C 控制程序设计。

1. 数组

（1）数组的概念

数组是一种将同类型数据集合管理的数据结构。

在 C 语言程序中，为了方便处理，就把具有相同类型的若干数据项按有序的形式组织起来。这些按序排列的同类数据元素的集合称为数组。组成数组的各个数据分项称为数组元素。

数组属于常用的数据类型，数组中的元素有固定数目和相同类型。数组元素的数据类型就是该数组的基本类型。比如：整型数据的有序集合称为整型数组，字符型数据的有序集合称为字符型数组。

数组可分为一维、二维、三维和多维数组等，常用的数组是一维、二维和字符数组。

（2）一维数组

在 C 语言中，数据必须先定义后使用。一维数组的格式如下：

类型说明符　数组名[常量表达式];

类型说明符是指数组中的各个数组元素的数据类型。

数组名是用户定义的数组标示符；方括号中的常量表达式表示数组元素的个数，也称为数组的长度。

常量表达式是数组内元素的数目可写可不写。

例如：

uchar num[8]={0xff,0xff,0xde,0x80,0xfe,0xff,0xff,0xff};

以上就是一维数组的实例，uchar 将这个数组里面数据的类型都定义成无符号字符型变量。数组称为 num，程序里可以用 num[0] ,num[n]表示数组里的第 1、n 个数。

数组元素是一种变量，其标志方法为数组名后跟一个下标。下标表示该数组元素在数组中的顺序号，只能为整型变量或整型表达式。如果为小数，C 编译器会自动取整。定义数组元素的一般形式：

数组名[下标]

例如：num[i+j]、tab[5]、a[i++]都是合法的数组元素。下标是指数组中的第几个数据。

给数组赋值的方法有赋值语句和初始化赋值两种。

在程序运行过程中，可以用赋值语句读数组元素逐个赋值，比如：

for(i=0；i<10；i++)

num[i]=i；

数组初始化赋值是指在数组定义时给数组元素赋予初值。比如：

uchar num[10]={0,1,2,3,4,5,6,7,8,9}；

知识链接

常量表达式和下标变量在形式上有些相似，但两者具有完全不同的含义。常量表达式是数组内数据的长度，而数组元素中的下标是该元素在数组的位置表示。常量表达式只能是常量，而下标可以是常量、变量或表达式。

（3）二维数组

定义二维数组的一般形式是：

类型说明符 数组名[常量表达式 1][常量表达式 2]；

其中常量表达式 1 表示第一维下标的长度，常量表达式 2 表示第二维下标的长度，比如：

uint num[3][4]；

说明了一个 3 行 4 列的数组，数组名为 num 该数组共包含 3*4 个数组元素，即：

num[0][0], num[0][1], num[0][2], num[0][3],

num[1][0], num[1][1], num[1][2], num[1][3],

num[2][0], num[2][1], num[2][2], num[2][3],

二维数组的存放方式是按行排列，放完一行后顺次放入第二行。对于上面定义的二维数组，先存放 num[0]行，再存放 num[1]行，最后存放 num[2]行；每行中的 4 个元素也是依次存放的。由于数组 num 说明为 uint 类型，该类型数据占 2 字节的内存空间，所以每个元素均占有 2 字节。

二维数组的初始化赋值可按行分段赋值，也可按行连续赋值。

按行分段赋值可写为：

int a[3][4]={{10,11,12,13},{14,15,16,17},{18,19,20,21}}；

按行连续赋值可写为：

int a[3][4]={10,11,12,13,14,15,16,17,18,19,20,21}；

以上两种赋值初值的结果是完全相同的。

经验之谈

注意：定义二维数组时行的数值可以为空，但列的数值不能为空，否则编译时会出错。列如：int a[][1]; 是正确的定义，int[1][]; 是错误的定义。

（4）字符数组

用来存放字符量的数组称为字符数组，每一个数组元素就是一个字符。

字符数组的使用说明与整型数组相同，例如"char ch[10];"语句，说明 ch 为字符数组，包含 10 个字符元素。

字符数组的初始化赋值是直接将各字符赋给数组中的各个元素。例如：

    char ch[10]={'c', 'h','I','n','e','s','e','\0'};

以上定义说明了一个包含 10 个数组元素的字符数组 ch，并且将 8 个字符分别赋值到 ch[0]～ch[7]，而 ch[8]和 ch[9]系统将自动赋予空格字符。当对全体数组元素赋初值时也可以省去长度说明，例如：

    char ch[ ] = {'c', 'h','I','n','e','s','e','\0'};

这时 ch 数组的长度自动定义为 8。

通常用字符数组来存放一个字符串。字符串总是以"\0"作为串的结束符。因此，当把一个字符串存入一个数组时，也要把结束符"\0"存入数组，并以此作为字符串的结束标志。

C 语言允许用字符串的方式对数组做初始化赋值，例如：

    char ch[ ] = {'c', 'h','I','n','e','s','e','\0'};

可以写为：

    char ch[ ]= { "chinese"};

或去掉{ }，写为：

    char ch[ ]= "chinese";

一个字符串可以用一维数组来装入，但数组的元素数目一定要比字符多一个，即字符串结束符"\0"，由 C 编译器自动加上。

2．C 语言程序设计

由于电路硬件和控制任务要求都是一样的，所以 C 语言和汇编语言分析与设计本任务的控制流程都是一样的。根据图 4-24 所示的控制流程要求，结合 C 语言的相关知识，我们来设计本任务的 C 语言控制程序设计思路与实现方法。

C 语言程序源代码：

```
1.   #include<regx51.h>                        //加入头文件
2.   #define uchar unsigned char              //宏定义
3.   #define uint   unsigned int              //宏定义
4.   uchar code unm[4][8]={{0xFF,0XFF,0xDE,0x80,0xFE,0xFF,0xFF,0xFF},    //1
5.                        {0xFF,0xDE,0xBC,0xBA,0xB6,0xCE,0xFF,0xFF},    //2
6.                        {0xFF,0xBD,0xBE,0xAE,0x96,0xB9,0xFF,0xFF},    //3
7.                        {0xFF,0xF3,0xEB,0xDB,0x80,0xFB,0xFF,0xFF}};   //4
8.   //=======================================================/
9.   //函数名：delay()
10.  //说明：实现短暂的延时
11.  //=======================================================/
12.  void delay()
13.  {
14.    uchar i,j;                             //定义局部变量，只能在对应的子程序中用
15.    for(i=0; i<7; i++)
16.    for(j=0; j<255; j++);
17.  }
```

```
18.  //=========主程序===============
19.  void main ()
20.  {
21.    uchar sm=0x80,lie=0,hang=0;
22.    uint   count=0;                //用于单个字符整屏扫描输出次数统计
23.    while(1)                       //无限循环
24.    {
25.      P0=sm;                       //P0 口输出列数据
26.      P3=unm[hang][lie];           //P3 口输出行数据
27.      delay();                     //延时
28.      sm=sm>>1;                    //列数据处理，为下次列数据输出做准备
29.      if(sm==0)   sm=0x80;         //列数据是否超出范围，若超出，则重新赋值
30.      lie++;                       //行数据处理，为下次行数据输出做准备
31.      if(lie==8)
32.        { lie=0;                   //行数据是否超出范围，若超出，则重新赋值
33.          count++; }              //整屏完整字符输出遍数加 1
34.      if(count==50)               //判断是否完整输出完 50 遍
35.      {
36.          count=0;                //完整输出遍数重新计数
37.          hang++;                 //切换显示字符
38.        if(hang==4)              //显示数据是否超出范围，若超出，则重新赋值
39.          hang=0;
40.      }
41.    }
42.  }
```

C 语言程序说明：

1）序号 1：在程序开头加入头文件"regx51.h"。

2）序号 2~3：define 宏定义处理，用 uchar 和 uint 代替 unsigned char 和 unsigned int，便于后续程序书写方便简洁。

3）序号 4~7：定义一个二维数组，将数字 1~4 的行段码分别存在一个 4 行 8 列的数组内，以便调用，code 表明该数组存放于程序存储器中，程序中无法修改。

4）序号 12~17：延时函数。

5）序号 21~22：定义局部变量，其中 sm 用于存放列数据、lie 用于行数据处理、hang 用于切换字符显示数据、count 用于完整字符输出遍数计数。

6）序号 25~26：输出当前字符行列数据。

7）序号 28~32：行列数据处理，为下一次行列数据输出做准备。

8）序号 33：每当整屏扫描完后，计数变量 count 加 1。

9）序号 34：每当字符整屏完整输出完 50 遍后，进行切换显示字符处理。

10）序号 36~39：切换显示字符处理，通过改变数组的行，来切换显示字符。

当然，以上 C 语言源程序编写与设计过程中，实际上需要借助 Keil 软件对其进行不断的调试与修改，直到调试无误后，才能将程序进行编译生成单片机可执行的二进制机器码文件。程序的 Keil 调试过程与编译等具体情况可以参考前面任务 2.1 中内容所述，在此不再讲解。

课堂反思：在本任务中 C 语言程序与汇编语言程序在显示数据的存储方式上有何区别？

4.2.5 基于 Proteus 的调试与仿真

当完成了硬件系统的分析以及控制程序的设计与编写之后，就可以进行控制程序的 Proteus 调试与仿真了。下面进行本任务中单片机应用系统 C 语言程序的 Proteus 调试与仿真，本任务的仿真系统构建过程与仿真运行等详细情况见本书附带光盘中的视频文件。

1．创建 Proteus 仿真电路图

（1）列出元器件表

根据单片机应用电路原理图 4-19 所示，列出 Proteus 中实现该系统所需的元器件配置情况，如表 4-2 所示。

表 4-2　元器件配置表

名　　称	型　　号	数　量	备注（Proteus 中元器件名称）
单片机	AT89C51	1	AT89C51
陶瓷电容	30pF	2	CAP
电解电容	22μF	1	CAP-ELEC
晶振	12MHz	1	CRYSTAL
按钮		1	BUTTON
电阻	1kΩ	1	RES
电阻	200Ω	1	RES
总线收发器	74LS245	1	74LS245
8*8 点阵屏		1	MATRIX-8X8-GREEN
排阻	1kΩ	1	RESPACK8

（2）绘制仿真电路图

用鼠标双击桌面上的图标 ISIS 进入 Proteus ISIS 编辑窗口，单击菜单命令 "File" → "New Design"，新建一个 DEFAULT 模板，并保存为 "LED 点阵数显控制.DSN"。在元器件选择按钮 P L DEVICES 单击 "P" 按钮，将表 4-2 中的元器件添加至对象选择器窗口中。然后将各个元器件摆放好，最后依照图 4-19 所示的原理图将各个元器件连接起来，如图 4-25 所示。

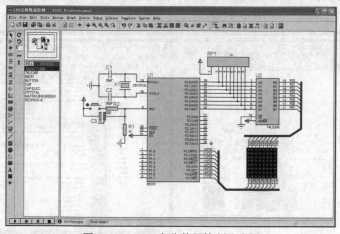

图 4-25　LED 点阵数显控制仿真图

至此 Proteus 仿真图绘制完毕，下面将 Keil 与 Proteus 联合起来进行调试，使之可以像仿真器一样调试程序。

2．Proteus 与 Keil 联调

1）按照前面任务 2.1 中 Proteus 与 Keil 联调的步骤完成基本的软件设置。如果前面已经

设置过一次，在此可以跳过忽略。

2）用 Proteus 打开已绘制好的"LED 点阵数显控制.DSN"文件，在 Proteus 的"Debug"菜单中选中"Use Remote Debug Monitor（远程监控）"。同时，右键选中 STC89C51 单片机，在弹出对话框"Program File"项中，导入在 Keil 中生成的十六进制 HEX 文件"LED 点阵数显控制.HEX"。

3）用 Keil 打开刚才创建好的"LED 点阵数显控制.UV2"文件，打开窗口"Option for Target'工程名'"。在 Debug 选项中右栏上部的下拉菜单选中 Proteus VSM Simulator。接着再单击进入 Settings 窗口，设置 IP 为 127.0.0.1，端口号为 8000。

4）在 Keil 中单击 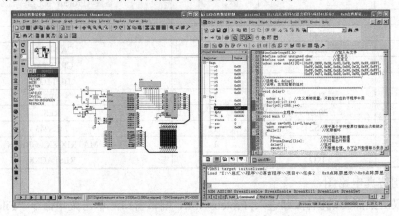，使用单步执行来调试程序，同时在 Proteus 中查看直观的仿真结果。这样就可以像使用仿真器一样调试程序了，如图 4-26 所示。

图 4-26　Proteus 与 Keil 联调界面

当程序执行完"uchar sm=0x80,lie=0, hang=0；uint count=0；"这条语句后，可以在 Keil 中单击 打开 Watches 窗口，同时在右下角 Watches 窗口中实时看到变量 sm，lie，count，hang 等局部变量值的变化，如图 4-27 所示。

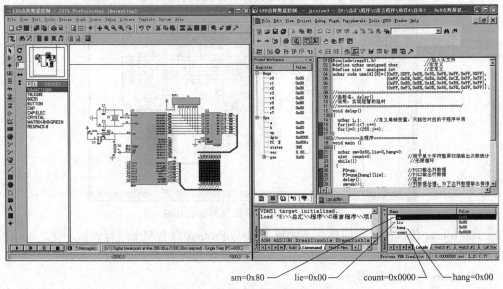

sm=0x80 ——— lie=0x00　　　　　　count=0x0000 ——— hang=0x00

图 4-27　程序调试运行状态（一）

当 count 自加 1 加到 50 后，变量 hang 也加 1，此时调用二维数组中第二行的数据，显示数据二，由于从显示数字 1 到数字 2，所需运行的语句过多，此时可以在"hang++；"语句处设置一个断点，直接全速运行至此处查看结果，如图 4-28 所示。

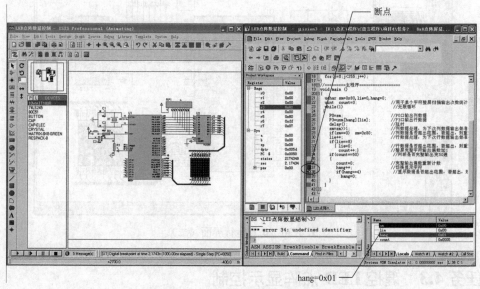

图 4-28　程序调试运行状态（二）

继续执行程序观看变量数据，发现当 hang 变量改变时所显示的数字也跟着改变。当 hang=0 时显示数字 1，当 hang=1 时显示数字 2，当 hang=2 时显示数字 3，当 hang=3 时显示数字 4。

3．Proteus 仿真运行

用 Proteus 打开已绘制好的"LED 点阵数显控制.DSN"，并将最后调试完成的程序重新编译生成新".HEX"文件导入 Proteus 中。

在 Proteus ISIS 编辑窗口中单击 ▶ 或在"Debug"菜单中选择" Execute "，运行时，点阵屏显示的数据由 1～4 变换，如图 4-29、图 4-30 所示。

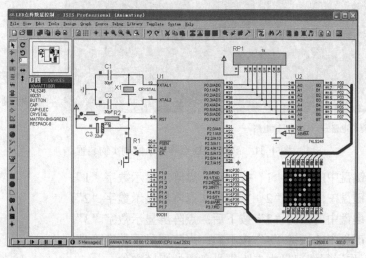

图 4-29　仿真运行界面（一）

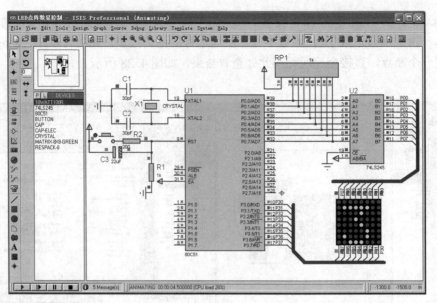

图 4-30　仿真运行界面（二）

任务 **4.3**　键控 **LED** 点阵显示控制

4.3.1　控制要求与功能展示

图 4-31 所示为矩阵键盘控制点阵屏显示按键码的实物装置，其电路原理图如图 4-32 所示。该装置在单片机的控制作用下，通过单片机的 P1 口连接 1 个矩阵键盘，通过键盘来控制点阵屏显示数字。

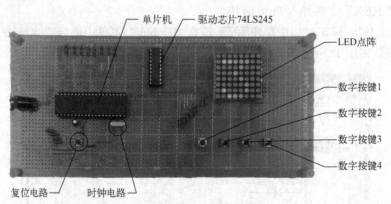

图 4-31　键控 LED 点阵显示控制实物装置

1）当矩阵键盘中的按键"1"按下后：点阵屏显示数字"1"。

2）当矩阵键盘中的按键"2"按下后：点阵屏显示数字"2"。

3）当矩阵键盘中的按键"3"按下后：点阵屏显示数字"3"。

4）当矩阵键盘中的按键"4"按下后：点阵屏显示数字"4"。

其具体的工作运行情况见本书附带光盘中的视频文件。

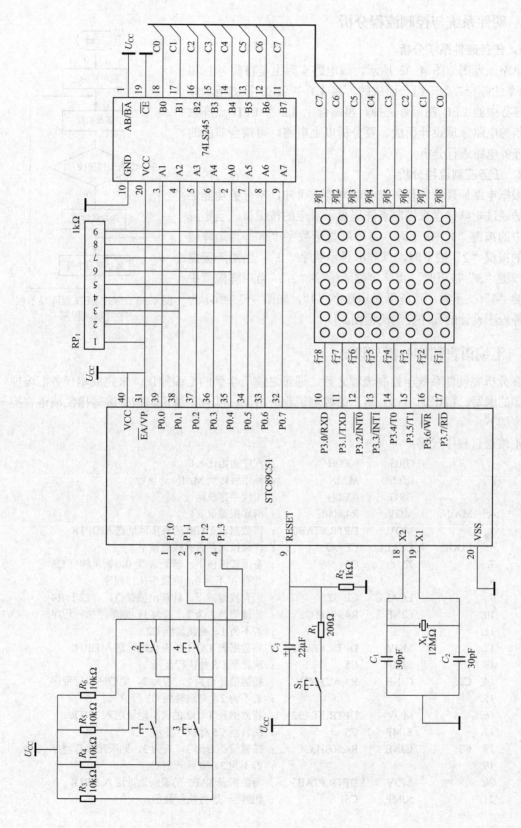

图 4-32 键控LED点阵显示控制电路原理图

4.3.2 硬件系统与控制流程分析

1. 任务硬件系统分析

电路原理图如图 4-32 所示，该电路实际上是将前 4.1 和 4.2 两个任务合二为一组合而成的。将 4.1 中 LED 按键指示灯控制任务中的 LED 指示灯去掉，再结合上 4.2 中 LED 点阵数显控制的电路原理设计而成。要分析以上电路，可结合前面的两个任务电路进行分析。

2. 任务控制流程分析

根据电路原理图和任务控制功能要求可知，本任务功能上主要是通过矩阵键盘来控制点阵屏显示对应的按键值。当矩阵键盘中的按键"1"按下时，点阵屏显示数字"1"；当矩阵键盘中的按键"2"按下时，点阵屏显示数字"2"；当矩阵键盘中的按键"3"按下时，点阵屏显示数字"3"；当矩阵键盘中的按键"4"按下时；点阵屏显示数字"4"。如图 4-33 所示为本任务程序设计的程序控制流程图。

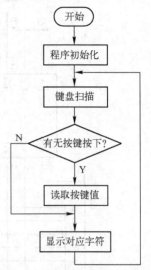

图 4-33 键控 LED 点阵显示程序控制流程图

4.3.3 汇编语言程序分析与设计

在分析完硬件系统与控制流程之后，通过之前所学到的汇编知识，来完成本任务汇编控制程序的编写。根据图 4-33 所示的控制流程分析图，结合汇编语言指令编写出汇编语言控制程序如下：

汇编语言程序代码：

```
1.          ORG     0000H       ; 程序初始化入口
2.          LJMP    MAIN        ; 程序跳转到 MAIN 处执行
3.          ORG     0030H       ; 主程序存放地址
4.   MAIN:  MOV     R4,#00H     ; 清零按键值 R4
5.          MOV     DPTR,#TAB0  ; 将数据表 TAB0 的表头地址送入 DPTR
6.   LOOP:  LCALL   CE_AJ       ; 快速检测是否有按键按下
7.          JZ      C5          ; 有无按键按下，若无 A 为 0，则跳转至 C5
8.                              ; 若有 A 不为 0，则顺序执行程序
9.          LCALL   CE_JZ       ; 当有按键按下，计算出按键值，存放于 R4
10.         CJNE    R4,#01H,C2  ; 按键值是否为 1，若为 1，则顺序执行程序
11.                             ; 若不为 1，则跳转到 C2
12.         MOV     DPTR,#TAB1  ; 将数据表 TAB1 的表头地址送入 DPTR
13.         SJMP    C5          ; 跳转至 C5 处执行显示
14.  C2:    CJNE    R4,#02H,C3  ; 按键值是否为 2，若为 2，则顺序执行程序
15.                             ; 若不为 2，则跳转到 C3
16.         MOV     DPTR,#TAB2  ; 将数据表 TAB2 的表头地址送入 DPTR
17.         SJMP    C5          ; 跳转至 C5 处执行显示
18.  C3:    CJNE    R4,#03H,C4  ; 按键值是否为 3，若为 3，则顺序执行程序
19.                             ; 若不为 3，则跳转到 C4
20.         MOV     DPTR,#TAB3  ; 将数据表 TAB3 的表头地址送入 DPTR
21.         SJMP    C5          ; 跳转至 C5 处执行显示
```

22.	C4:	CJNE	R4,#04H,C5	；按键值是否为 4，若为 4，则顺序执行程序
23.				；若不为 4，则跳转到 C5
24.		MOV	DPTR,#TAB4	；将数据表 TAB4 的表头地址送入 DPTR
25.	C5:	LCALL	DIS	；调用显示子程序
26.		SJMP	LOOP	；返回 LOOP 处执行
27.	；====================显示子程序=================			
28.	DIS:	MOV	R5,#80H	；给列扫描数据 R5 赋值 80H
29.		MOV	R3,#08H	；给循环计数控制 R3 送数 08
30.		MOV	R6,#00H	；字符表的偏移地址赋初值
31.	HE:	MOV	P0,R5	；输出列数据信号
32.		MOV	A,R6	；将 R6 中的地址偏移数据给 A
33.		MOVC	A,@A+DPTR	；查表得到的数据值送 A 中
34.		MOV	P3,A	；输出行数据信号
35.		LCALL	DELAY1	；调用延时子程序
36.		MOV	A,R5	；将 R5 中的内容给 A，即列的状态值送 A
37.		RR	A	；将 A 中的值右移一位，即列选通右移 1 位
38.		MOV	R5, A	；将累加器 A 中的值放入 R5 中
39.		INC	R6	；将地址偏移量加 1
40.		DJNZ	R3,HE	；是否 8 列整屏完整字符输出
41.		RET		
42.	；=================测按键是否按下子程序=================			
43.	；========返回主程序参数 A，有 A 为 1，无 A 为 0 =========			
44.	CE_AJ:	MOV	P1,#0F3H	；将行接口拉高，列接口置低，判断是否有键按下
45.		MOV	R5,P1	；读入 P1 口数据，存在 R5 中
46.		CJNE	R5,#0F3H,A1	；是否有按键按下，若没有则 R5 与 0F3H 相等
47.				；若有则 R5 与 0F3H 不相等，跳转至 A1
48.		CLR	A	；清零返回值 A
49.		SJMP	A2	；程序跳转至 A2 运行
50.	A1:	SETB	ACC.0	；置位返回值 ACC.0，使之不为 0
51.	A2:	RET		；子程序返回
52.	；==============测按键值子程序=================			
53.	；=====返回主程序参数 R4，提供主程序键值内容=================			
54.	CE_JZ:	LCALL	CE_AJ	；检测按键是否按下
55.		JNZ	B1	；有键按下，跳转至 B1；没有键按下，顺序执行
56.		SJMP	CE_JZ	；当按键没有按下，处于抖动状态，返回再检测
57.	B1:	LCALL	DELAY	；调用延时
58.		LCALL	CE_AJ	；再次检测按键是否按下
59.		JNZ	B2	；有键按下，跳转至 B2；没有键按下，顺序执行
60.		SJMP	CE_JZ	；当按键没有按下，处于抖动状态，返回再检测
61.	B2:	MOV	R1,#0FEH	；给行扫描数据 R1 赋值 0FEH
62.		MOV	R2,#02H	；给循环行扫描次数控制 R2 赋值 02H
63.	B3:	MOV	R0,#02H	；给循环列扫描次数控制 R0 赋值 02H
64.		MOV	P1,R1	；输出行扫描信号
65.		MOV	A,P1	；读入 P1 口的数据，存在 A 中
66.		RRC	A	
67.		RRC	A	
68.	B5:	RRC	A	；带进位右移 A 中的值，即将列数据移动到 Cy 中
69.		JNC	B4	；Cy 列信号为 0，有键按下；为 1，没键按下

70.		DJNZ	R0,B5	；若第 1 列没键按下，则循环判断第 2 列
71.		MOV	A,R1	；将行扫描数据 R1 中的值传给 A
72.		SETB	C	；置 Cy 位为 1
73.		RLC	A	；带进位左移 A 中的值，即扫描第 2 行
74.		MOV	R1,A	；将移位后的值重新赋给 R1
75.		DJNZ	R2,B3	；若第一行没键按下，则循环判断第二行
76.		SJMP	B6	；程序跳转至 B6 执行
77.	B4:	MOV	A,#03H	；按键值计算程序段，键值=(2-R2)*2+(3-R0)
78.		SUBB	A,R0	；进行（3-R0）计算
79.		MOV	R0,A	；将计算结果存放于 R0 中
80.		MOV	A,#02H	；给 A 赋值 02H
81.		SUBB	A,R2	；进行（2-R2）计算
82.		MOV	B,#02H	；给 B 赋值 02H
83.		MUL	AB	；进行（2-R0）*2
84.		ADD	A,R0	；进行(2-R2)*2+(3-R0)
85.		MOV	R4,A	；将计算出的键值赋值给 R4
86.	B6:	LCALL	DELAY	；调用延时
87.	B7:	LCALL	CE_AJ	；检测按键是否松开
88.		JNZ	B7	；有键按下，跳转至 B7 重新检测；没有键按下，顺序执行
89.	B8:	LCALL	DELAY	；调用延时
90.		LCALL	CE_AJ	；再次检测按键是否松开
91.		JNZ	B8	；有键按下，跳转至 B8 重新检测；没有键按下，顺序执行
92.		RET		；子程序返回
93.	；=========按键去抖延时子程序，延时时间约为 15ms===========
94.	DELAY:	MOV	20H,#30	
95.	D3:	MOV	30H,#248	
96.		DJNZ	30H,$	
97.		DJNZ	20H,D3	
98.		RET		
99.	；======扫描列之间的间隔延时子程序===========
100.	DELAY1:	MOV	20H,#5	
101.	D1:	MOV	30H,#255	
102.	D2:	DJNZ	30H,D2	
103.		DJNZ	20H,D1	
104.		RET		
105.	TAB0:	DB	0FFH,0FFH,0FFH,0FFH,0FFH,0FFH,0FFH,0FFH	；清屏
106.	TAB1:	DB	0FFH,0FFH,0DEH,80H,0FEH,0FFH,0FFH,0FFH	；字符 1
107.	TAB2:	DB	0FFH,0DEH,0BCH,0BAH,0B6H,0CEH,0FFH,0FFH	；字符 2
108.	TAB3:	DB	0FFH,0BDH,0BEH,0AEH,96H,0B9H,0FFH,0FFH	；字符 3
109.	TAB4:	DB	0FFH,0F3H,0EBH,0DBH,80H,0FBH,0FFH,0FFH	；字符 4
110.		END		；程序结束

汇编语言程序说明：

1）序号 1～3：跳过中断入口，将程序保存在 0030H 以后的地址单元中。

2）序号 4～5：程序初始化，进行程序各个寄存器清零与初值设置。

3）序号 6～8：调用测按键是否按下子程序，并把按键是否按下信息传送到累加器 A。同时，用 JZ 指令判断累加器 A 是否为 0，当 A 为 1 时有按键按下，当 A 为 0 时无按键按下。

4）序号 9：若判断出有按键按下，则调用测按键值子程序计算出按键值并存放于 R4 中。

5）序号10～26：依据检测出的键值，切换显示字符数据。

6）序号28～30：进行点阵屏扫描显示各个寄存器初始化。

7）序号31～34：输出当前字符行列数据。

8）序号36～38：右移列数据，为下1列扫描列数据输出做准备。

9）序号39：查表偏移量加1，为下次行数据输出做准备。

10）序号44：赋值P1口0F3H，将行接口拉高，列接口置低。当有按键按下时，P1口引脚电平高低会发生改变，使P1口的值不等于0F3H。

11）序号45～51：重新读入P1口的值，与0F3H进行比较。若相等则表明无按键按下，返回值A为0；若不相等则表明有按键按下，返回值A不为0。

12）序号54～60：为防止按键按下时按键去抖动程序段，具体情况可参考任务3.2中所述。

13）序号61～63：测键值子程序各个寄存器初始化。

14）序号64：使P1口输出R1中所存储的行扫描信号。

15）序号65～69：将列数据移动至CY位中，并判断其是否为0。若为0，则表明该列有按键按下；若不为0，则表明该列没有按键按下。

16）序号70：循环判断，若第一列无按键按下，则循环判断第二列是否有按键按下。

17）序号71～74：将行扫描信号输入A中，带进位左移行扫描信号，用于扫描第二行按键。

18）序号77～85：为按键值计算程序段，在本程序中按键值的计算公式为：键值=(2-R2)*2+(3-R0)。

19）序号86～91：为防止按键放开时按键去抖动程序段，具体情况可参考任务3.2中所述。

20）序号94～98：按键去抖延时子程序，延时时间约为15ms。

21）序号100～104：扫描列之间的间隔延时子程序。

22）序号105～109：清屏与数字1～4相应行输出段码值。

当然，以上汇编语言源程序编写与设计过程中，实际上需要借助Keil软件对其进行不断的调试与修改，直到调试无误后，才能将程序进行编译生成单片机可执行的二进制机器码文件。程序的Keil调试过程与编译等具体情况可以参考前面任务2.1中内容所述，在此不再讲解。

4.3.4　C语言程序分析与设计

在完成以上任务的汇编语言程序设计之后，接下来运用所学习的C语言相关知识，完成本任务的C控制程序设计。

1. C语言程序设计

由于电路硬件和控制任务要求都是一样，所以C语言和汇编语言分析与设计本任务的控制流程都是一样的。根据图4-33所示的控制流程分析图，结合C语言的基本知识，我们来分析设计本任务的C语言控制程序。

C语言程序代码：

```
1.  #include<regx51.h>              //加入头文件
2.  #define uchar unsigned char     //宏定义
3.  #define uint unsigned int
4.  uchar y;                        //定义全局变量用于存储键值
```

```
5.    uchar code unm[5][8]={{0xFF,0XFF,0xFF,0xFF,0xFF,0xFF,0xFF,0XFF},      //清屏
6.                          {0xFF,0XFF,0xDE,0x80,0xFE,0xFF,0xFF,0XFF},      //1
7.                          {0xFF,0xDE,0xBC,0xBA,0xB6,0xCE,0xFF,0xFF},      //2
8.                          {0xFF,0xBD,0xBE,0xAE,0x96,0xB9,0xFF,0xFF},      //3
9.                          {0xFF,0xF3,0xEB,0xDB,0x80,0xFB,0xFF,0xFF}};     //4
10.   //=======================================================/
11.   //函数名：delay(uint i)
12.   //功能：利用 for 循环执行空操作
13.   //输入参数：i
14.   //说明：延时 ims 子程序
15.   //=======================================================/
16.   void delay(uint i)
17.   {
18.       uint j;                        //定义局部变量，只能在对应的子程序中使用
19.       while(i--)
20.           for(j=0；j<120；j++);
21.   }
22.   //=======================================================
23.   //函数名：ce_anjian ( )
24.   //功能：检测是否有按键按下，并返回是否有按键按下
25.   //输出参数：key
26.   //说明：有键按下，key=1；无键按下，key=0；
27.   //=======================================================
28.   bit ce_anjian ( )
29.   {
30.       bit  key=0;                    //定义局部变量
31.       P1=0xf3;                       //输出扫描信号，将行置高电平，将列置低电平
32.       if(P1!=0xf3)                   //读入 P1 口数据，与扫描信号比较
33.           key=1;                     //如果有键按下，key 赋值为 1
34.       else
35.           key=0;                     //如果没有键按下，key 赋值为 0
36.       return(key);                   //返回 key 值
37.   }
38.   //=======================================================
39.   //函数名：ce_jianzhi ( )
40.   //功能：测按键值并去除按键按下和按键松开时的抖动
41.   //调用函数：delay(); ce_anjian();
42.   //说明：键值存于全局变量 y=i*2+j+1；
43.   //=======================================================
44.   void ce_jianzhi ( )
45.   {
46.       uchar i,j,p;                   //定义局部变量
47.       do
48.       {
49.           while(ce_anjian()==0);     //是否有按键按下？若没有按下，判断等待
50.           delay(15);                 //调用去抖延时子程序
```

```
51.      }while(ce_anjian()==0);                    //是否有按键按下？若没有按下，返回值为 0
52.      for(i=0；i<2；i++)
53.      {
54.          P1=(0xfe<<i)|i;                         //循环扫描输出行扫描信号
55.        for(j=0；j<2；j++)
56.        {
57.          p=P1&0x0c;                              //输入保留键盘的列数据，其余清 0
58.          if(p==0x08>>j)                          //判断具体哪列按键按下
59.          {
60.              y=i*2+j+1;                          //计算键值并存于全局变量 y 中
61.              goto D1;                            //找到按键值，终端扫描查找
62.          }
63.        }
64.      }
65.  D1:delay(15);                                   //调用去抖延时子程序
66.      do
67.      {
68.          while(ce_anjian()==1);                  //按键是否释放？若没有释放，继续判断
69.                                                  //若有释放，返回值为 0，则继续往下执行
70.          delay(15);                              //调用去抖延时子程序
71.      }while(ce_anjian()==1);                     //按键是否释放？若没有释放，继续判断
72.  }
73.  //============主函数============================
74.  void main ( )
75.  {
76.      uchar sm=0x80,lie=0,hang=0;                 //定义局部变量
77.      while(1)                                    //主程序无限循环执行
78.      {
79.      if(ce_anjian()==1)                          //快速判断是否有按键按下
80.      {
81.        ce_jianzhi();                             //若有按键按下，则测键值
82.        switch(y)
83.        {
84.          case 1: hang=1；break;                  //如果测出按键值为 1，则赋值 hang 值为 1
85.          case 2: hang=2；break;                  //如果测出按键值为 2，则赋值 hang 值为 2
86.          case 3: hang=3；break;                  //如果测出按键值为 3，则赋值 hang 值为 3
87.          case 4: hang=4；break;                  //如果测出按键值为 4，则赋值 hang 值为 4
88.          default: break;
89.        }
90.      }
91.      for(lie=0；lie<8；lie++)
92.      {
93.        P0=sm;                                    //对 P0 口进行赋值，P0 口用于列选通
94.        P3=unm[hang][lie];                        //将数组 num[][]赋值给 P3 口，用数据传送
95.        sm=sm>>1;                                 //选通列右移位
96.        if(sm==0x00)  sm=0x80;                    //移完 8 次后有返回初始列
```

```
97.          delay(3);                              //延时
98.      }
99.   }
100. }
```

C 语言程序说明：

1）序号 1：在程序开头加入头文件"regx51.h"。

2）序号 2～3：define 宏定义处理，用 uchar 和 uint 代替 unsigned char 和 unsigned int，便于后续程序书写方便简洁。

3）序号 4：将 y 定义成字符型全局变量，用于后面程序间存放计算的按键值。

4）序号 5～9：定义一个 5 行 8 列的二维数组，其中第一行存放点阵屏空白显示的数据，另外 4 行分别存放数字 1～4 的段码，以便后续程序调用，code 表明该数组存放于程序存储器中，程序中无法修改。

5）序号 16～21：单参数的延时函数 delay( )，具体延时时间由参数决定。

6）序号 28：定义函数 ce_anjian( )，用做于快速检测是否有按键按下。每调用一次函数都会返回一个位变量 key，key=1 为有键按下；key=0 为无键按下。

7）序号 31～35：先输出扫描信号，将行置高电平，将列置低电平。再读入 P1 口数据，与 0xf3 比较是否相等，若相等则无按键按下，若不相等则有按键按下。

8）序号 36：将 key 变量的值返回，便于后续程序判断执行。

9）序号 28～36：快速检测是否有键按下的子函数，并返回是否有按键按下信息，有键按下 key=1；无键按下 key=0。

10）序号 47～51：为消除按键按下时按键抖动的影响，具体情况查看任务 3.2 所述。

11）序号 52：用于循环控制输出每行的扫描信号，进行行扫描。

12）序号 54：当 i=0 时，P1 口输出 0xfe 扫描第一行，当 i=1 时，P1 口输出 0xfd 扫描第二行。如果键盘有三行以上时，本条语句无法实现循环输出行扫描信号，需在 for 循环之上增加一个中间变量 x=0xfe；并将本语句换成 if(i!=0) x=x<<1|0x01；P1=x；。

13）序号 57：将 P1 口的列数据保留，其余位清零。

14）序号 58：循环判断是哪一列有按键按下，当 j=0 时，判断是否第一列有键按下，当 j=1 时判断是否第二列有键按下。

15）序号 60：若判断出有按键按下，则计算按键值。

16）序号 61：当判断出哪行哪列有按键按下并计算出按键值后，退出循环，跳转至 D1 处运行程序。

17）序号 65～71：为消除按键释放时按键抖动的影响，具体情况查看任务 3.2 所述。

18）序号 79～81：调用检测是否有键按下函数，并判断其返回值是否等于 1。若值等于 1，则调用测按键值函数将按键值计算出来存于 y。

19）序号 82～89：依据按键值 y，选择显示字符数据，即数组的行

20）序号 91～98：扫描输出整屏字符 8 组行列数据。

21）序号 95～96：进行行列数据处理，为下一次行列数据输出做准备。

当然，以上 C 语言源程序编写与设计过程中，实际上需要借助 Keil 软件对其进行不断的调试与修改，直到调试无误后，才能将程序进行编译生成单片机可执行的二进制机器码文件。

程序的 Keil 调试过程与编译等具体情况可以参考前面任务 2.1 中内容所述，在此不再讲解。

课堂反思：从本任务的 C 语言与汇编语言程序中即可看出 C 语言相对汇编语言在程序开发上的优点，请问这些优点主要体现在哪些方面？

4.3.5 基于 Proteus 的调试与仿真

当完成了硬件系统的分析以及控制程序的设计与编写之后，就可以进行控制程序的 Proteus 调试与仿真了。下面进行本任务中单片机应用系统 C 语言程序的 Proteus 调试与仿真，本任务的仿真系统构建过程与仿真运行等详细情况见本书附带光盘中的视频文件。

1. 创建 Proteus 仿真电路图

（1）列出元器件表

根据单片机应用电路原理图 4-32 所示，列出 Proteus 中实现该系统所需的元器件配置情况，如表 4-3 所示。

表 4-3 元器件配置表

名　称	型　号	数　量	备注（Proteus 中元器件名称）
单片机	AT89C51	1	AT89C51
陶瓷电容	30pF	2	CAP
电解电容	22μF	1	CAP-ELEC
晶振	12MHz	1	CRYSTAL
按钮		5	BUTTON
电阻	1kΩ	1	RES
电阻	200Ω	1	RES
总线收发器	74LS245	1	74LS245
8*8 点阵屏		1	MATRIX-8X8-GREEN

（2）绘制仿真电路图

用鼠标双击桌面上的图标 进入 Proteus ISIS 编辑窗口，单击菜单命令"File"→"New Design"，新建一个 DEFAULT 模板，并保存为"键控 LED 点阵显示控制.DSN"。在元器件选择按钮 单击"P"按钮，将表 4-3 中的元器件添加至对象选择器窗口中。然后将各个元器件摆放好，最后依照图 4-32 所示的原理图将各个元器件连接起来，如图 4-34 所示。

至此 Proteus 仿真图绘制完毕，下面将 Keil 与 Proteus 联合起来进行调试，使之可以像仿真器一样调试程序。

2. Proteus 与 Keil 联调

1）按照前面任务 2.1 中 Proteus 与 Keil 联调的步骤完成基本的软件设置。如果前面已经设置过一次，在此可以跳过忽略。

2）用 Proteus 打开已绘制好的"键控 LED 点阵显示控制.DSN"文件，在 Proteus 的"Debug"菜单中选中"Use Remote Debug Monitor（远程监控）"。同时，右键选中 STC89C51 单片机，在弹出对话框"Program File"项中，导入在 Keil 中生成的十六进制 HEX 文件"键控 LED 点阵显示控制.HEX"。

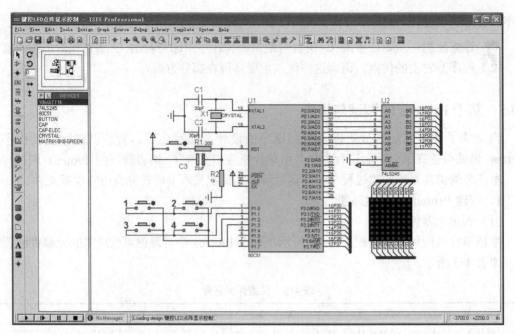

图 4-34 键控 LED 点阵显示控制仿真图

3）用 Keil 打开刚才创建好的"键控 LED 点阵显示控制.UV2"文件，打开窗口"Option for Target'工程名'"。在 Debug 选项中右栏上部的下拉菜单选中 Proteus VSM Simulator。接着再单击进入 Settings 窗口，设置 IP 为 127.0.0.1，端口号为 8000。

4）在 Keil 中单击 ，使用单步执行来调试程序，同时在 Proteus 中查看直观的仿真结果。这样就可以像使用仿真器一样调试程序了，如图 4-35 所示。

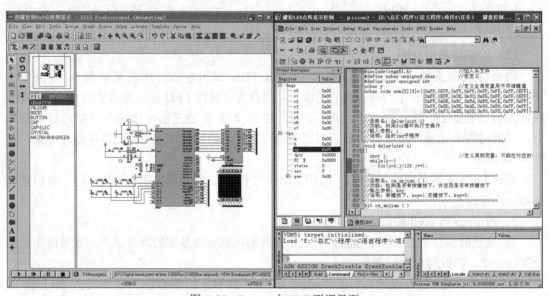

图 4-35 Proteus 与 Keil 联调界面

在没有按键按下时，检测按键是否有按下函数的返回值为 0，则不调用检测按键值函数，此时变量 hang 为初始值 0，点阵屏显示空白，如图 4-36 所示。

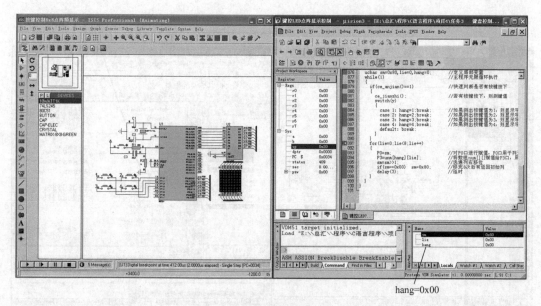

hang=0x00

图 4-36   程序调试运行状态（一）

当使用任务 3.2 所述的方法，将按钮设置成按下状态，模拟按键 1 按下的情况。

当按键 1 按下后，程序每运行到"if(ce_anjian()==1)"后返回值为 1，调用测按键值函数，由于此函数与 4.1 所编写的一样，此处使用 F10 不进入子程序，但由于此函数含有按键释放防抖程序，在此要将按键断开，否则程序一直会在该函数中循环，如图 4-37 所示。

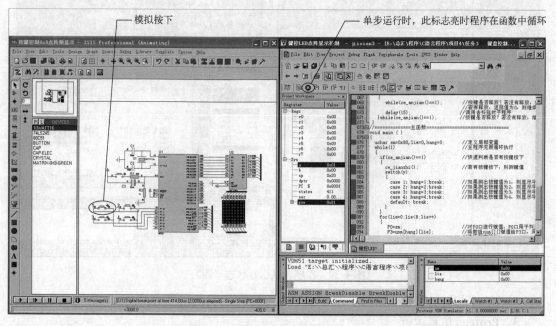

图 4-37   程序调试运行状态（二）

当按键模拟按键释放后，程序立即从函数中跳出，执行下一条指令。将鼠标移动到变量 y 上，可发现变量 y 的值为 0x01，即按键值为 0x01，如图 4-38 所示。

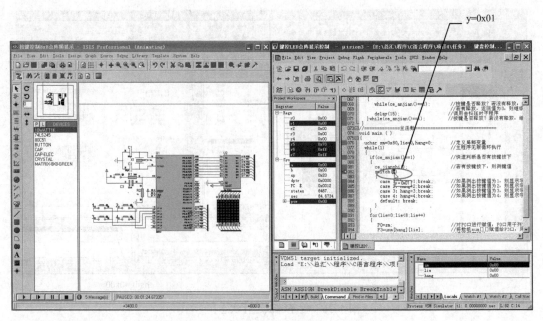

图 4-38　程序调试运行状态（三）

由于 y=0x01，当执行完程序"if(y==1)　hang=1；"后，可以观察到 Keil 右下角窗口中 hang 的值变为 0x01，此时切换到全速运行程序，可看到点阵屏显示数字"1"，如图 4-39 所示。

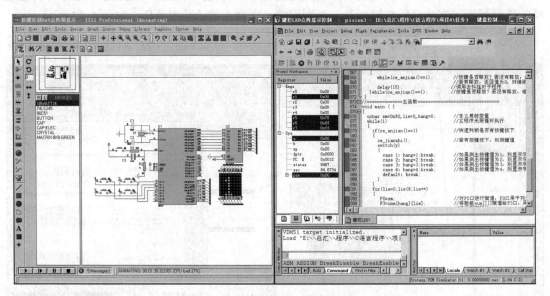

图 4-39　程序调试运行状态（四）

另外 3 个按键的调试方法与上述方法类似，在此不再详述。

3. Proteus 仿真运行

用 Proteus 打开已画好的"键控 LED 点阵显示控制.DSN"，并将最后调试完成的程序重新编译生成新".HEX"文件导入 Proteus 中。

在 Proteus ISIS 编辑窗口中单击 ▶ 或在"Debug"菜单中选择" Execute"，运行

时，当矩阵键盘中的按键〈1〉按下时：点阵屏显示数字"1"。当矩阵键盘中的按键〈2〉按下时：点阵屏显示数字〈2〉。当矩阵键盘中的按键〈3〉按下时：点阵屏显示数字〈3〉。当矩阵键盘中的按键〈4〉按下时：点阵屏显示数字〈4〉，如图 4-40 和图 4-41 所示。

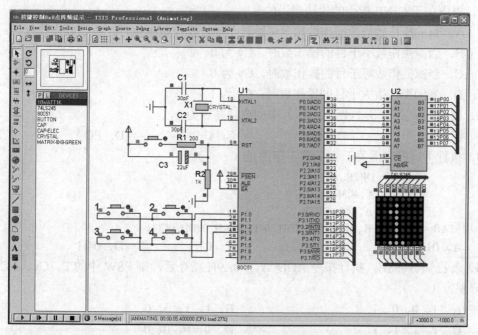

图 4-40　仿真运行结果（一）界面

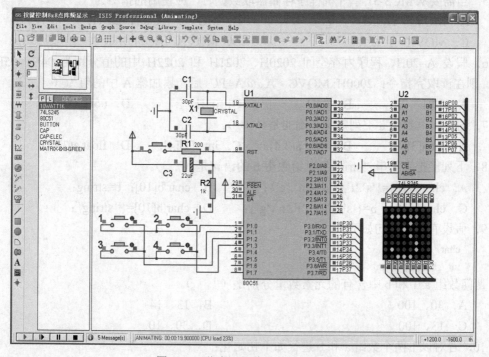

图 4-41　仿真运行结果（二）界面

随堂一练

一、选择题

1. 以下关于 CJNE 指令的说法错误的是（   ）。

    A. 目的操作数与源操作数相等则跳转至地址操作数中执行，否则顺序执行

    B. 当源操作数小于目的操作数时，Cy 为 0

    C. 当源操作数等于目的操作数时，Cy 为 0

    D. 当源操作数大于目的操作数时，Cy 为 1

2. Jz rel 指令中，是判断（   ）中的内容是否为 0。

    A. A   B. B   C. C   D. PC

3. 执行下列程序后关于 A 的值正确的是（   ）。

```
        MOV    DPTR,#TAB
        MOV    A,#03H
        MOVC   A,@A+DPTR
   TAB: DB   0FEH,01H,02H,03H,04H,0BAH,09DH,0C0H
```

    A. 01H   B. 02H   C. 03H   D. 04H

4. 若已知 A=88H，执行指令 ADD A，#0A9H 指令后，则 PSW 中的 P、Cy、AC、OV 的值分别为（   ）。

    A. 1、0、0、1   B. 1、1、0、0

    C. 1、1、1、1   D. 0、0、0、0

5. 当需要从 MCS-51 单片机程序存储器取数据时，应使用的指令为（   ）。

    A. MOV A,@R1   B. MOVC A,@A+DPTR

    C. MOVX A,@R0   D. MOVX A,@DPTR

6. 假设 A=20H，程序内存空间 2020H、2021H 和 2022H 中的值分别为 04H、05H 和 06H，则在读取完指令：2000H: MOVC A,@A+PC 后，累加器 A 中的值为（   ）。

    A. 00H   B. 04H   C. 05H   D. 06H

7. 对于二维数组 a 下列定义正确的是（   ）。

    A. int a[3][ ];   B. float a(3,4);   C. int a[1][4];   D. float a(3)(4);

8. 下列能把字符串"string"赋给数组 b 的语句是（   ）。

    A. char b[10]={'s'.'t'.'r'.'i'.'n'.'g'};   B. char b[10]; b=string;

    C. char b[10]; b={'s','t','r','i','n','g'};   D. char b[10]="string";

9. 假设有说明语句如下：

```
  char  a[3][10];
  int   b[2][5][10];
```

请问数组 a 中和 b 中含有的元素数量分别是（   ）。

    A. 30、100   B. 13、14

    C. 13、100   D. 30、10

10. 若对以下两个数组 a 和 b 进行如下初始化：

```
  char  a[ ]="zhongguo";
  char  b[ ]={'z','h','o','n','g','g','u','o'};
```

判断以下说法正确的是（　　　　）。

  A．a 与 b 数组完全相同   B．a 与 b 长度相同

  C．a 和 b 中都存放字符串   D．a 数组比 b 数组长度长

二、思考题

1．数组是一种数据结构，那么对数据的类型有什么要求？数组可以分为几类？

2．简述 CJNE 指令如何判断源操作数与目的操作的大小。

3．试着说明在矩阵键盘按键的识别中，如何快速判别有无按键按下。

4．为什么在读取程序内存常数表内数据时，要使用 MOVC 指令？

5．键盘扫描是常用的单片机编码输入的方法，请编写出 4*4 键盘扫描的程序。

6．当你拿到一个不知是共阳还是共阴的点阵显示器时，你应该如何判断它是共阳还是共阴？请说明共阳与共阴显示器的区别。

7．请说明数组在编程中可以起到什么作用？并说明如何定义数组？查找资料简述定义数组时应该注意那几点？

技能训练 1：3*3 按键指示灯控制

一、训练目的

1．学会矩阵按键接口电路的分析与设计；

2．学习掌握矩阵按键键值的各种识别处理方法；

3．学会进行矩阵键盘程序的设计与编写；

4．掌握单片机复杂 I/O 口控制程序的分析与设计；

5．进一步学会程序的调试过程与仿真方法。

二、训练任务

图 4-42 所示电路为一个 89C51 单片机控制 LED 按键指示灯亮灭的电路原理图，该单片机应用系统的具体功能为：当系统上电运行工作时，初始状态所接的 9 个 LED 发光管全部熄灭；当键盘中的某一个按键被按下后，点亮对应的 LED 灯，实现按键指示灯的功能；其具体的工作运行情况见本书附带光盘中的仿真运行视频文件。

三、训练要求

训练任务要求如下：

1．进行单片机应用电路分析，并完成 Proteus 仿真电路图的绘制。

2．根据任务要求进行单片机控制程序流程和程序设计思路分析，画出程序流程图。

3．依据程序流程图在 Keil 中进行源程序的编写与编译工作。

4．在 Proteus 中进行程序的调试与仿真工作，最终完成实现任务要求的程序。

5．完成单片机应用系统实物装置的焊接制作，并下载程序实现正常运行。

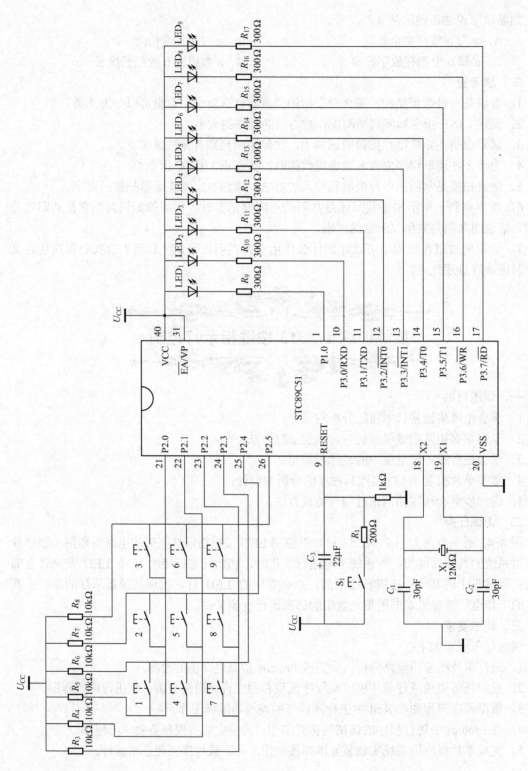

图4-42　3*3按键指示灯控制电路原理图

技能训练 2：LED 点阵屏显示字符控制

一、训练目的

1. 学会 LED 点阵屏显示接口电路的分析与设计；
2. 理解 LED 点阵屏动态显示的工作原理；
3. 学会进行 LED 点阵屏显示程序的设计与编写；
4. 掌握单片机复杂 I/O 口控制程序的分析与设计；
5. 进一步学会程序的调试过程与仿真方法。

二、训练任务

图 4-43 所示电路为一个 89C51 单片机控制 8×8LED 点阵屏显示字符的电路原理图。该单片机应用系统的具体功能为：当系统上电运行工作时，点阵屏开始循环显示 A、B、C、D、E、F、G、H 和 I 共计 9 个字符；其具体的工作运行情况见本书附带光盘中的仿真运行视频文件。

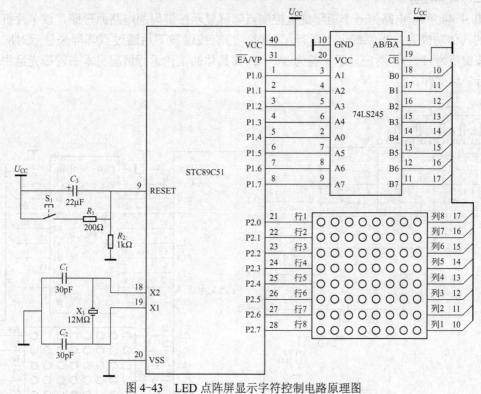

图 4-43　LED 点阵屏显示字符控制电路原理图

三、训练要求

训练任务要求如下：

1. 进行单片机应用电路分析，并完成 Proteus 仿真电路图的绘制。
2. 根据任务要求进行单片机控制程序流程和程序设计思路分析，画出程序流程图。
3. 依据程序流程图在 Keil 中进行源程序的编写与编译工作。

4．在 Proteus 中进行程序的调试与仿真工作，最终完成实现任务要求的程序。

5．完成单片机应用系统实物装置的焊接制作，并下载程序实现正常运行。

思考：如何让这些字符流动显示起来呢？

技能训练 3：按键值显示控制

一、训练目的

1．学会矩阵按键接口电路的分析与设计；

2．学会 LED 点阵屏显示接口电路的分析与设计；

3．学会进行矩阵键盘及 LED 点阵屏显示程序的设计与编写；

4．掌握单片机复杂 I/O 口控制程序的分析与设计；

5．进一步学会程序的调试过程与仿真方法。

二、训练任务

图 4-44 所示电路为一个矩阵键盘控制点阵屏显示按键码的电路原理图。该单片机应用系统的具体功能为：当系统上电运行工作时，当有按键按下后通过点阵屏来显示对应的字符，按键值为 1～9，对应显示字符为 A～I；其具体的工作运行情况见本书附带光盘中的仿真运行视频文件。

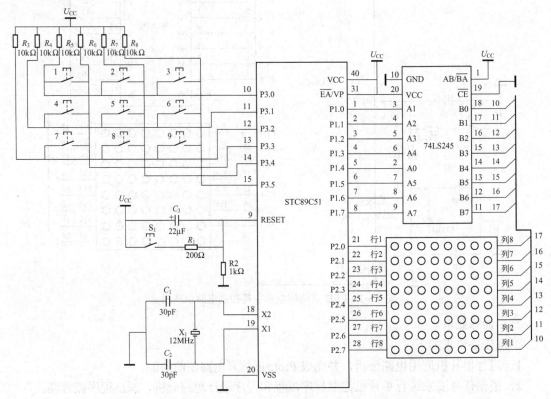

图 4-44　一个矩阵键盘控制点阵屏显示按键码的电路原理图

三、训练要求

训练任务要求如下：

1. 进行单片机应用电路分析，并完成 Proteus 仿真电路图的绘制。
2. 根据任务要求进行单片机控制程序流程和程序设计思路分析，画出程序流程图。
3. 依据程序流程图在 Keil 中进行源程序的编写与编译工作。
4. 在 Proteus 中进行程序的调试与仿真工作，最终完成实现任务要求的程序。
5. 完成单片机应用系统实物装置的焊接制作，并下载程序实现正常运行。

项目 5　中断系统控制及应用

知识与能力目标

1）熟悉单片机中断系统的结构与功能。
2）掌握中断系统的编程与控制方法。
3）理解并掌握数码管显示接口电路及其程序实现方法。
4）初步学会中断控制应用程序的分析与设计。
5）理解中断嵌套的工作过程，初步学会中断嵌套的控制应用。
6）熟练使用 Keil μVision3 与 Proteus 软件。

任务 5.1　中断系统分析与控制

5.1.1　中断系统结构与功能分析

1．中断系统的概念

在单片机中，当 CPU 在执行程序时，由单片机内部或外部的原因引起的随机事件要求 CPU 暂时停止正在执行的程序，而转向执行一个用于处理该随机事件的程序，处理完后又返回被中止的程序断点处继续执行，这一过程就称为中断，其运行过程如图 5-1 所示。

在我们的生活中也常常会有中断的现象，如：当你看书的过程中，突然电话来了，这时，你先暂停看书，转而去接电话，接完电话回来继续看书，而这一过程就是生活中的中断。

2．中断系统的内部结构组成

51 单片机的中断系统的内部结构图如图 5-2 所示，中断系统有 5 个中断请求源和 4 个用于中断控制的寄存器。定时控制寄存器（TCON）、串行控制寄存器（SCON）、中断控制寄存器（IE）和中断优先级控制寄存器（IP）来控制中断的类型、中断的开关和各种中断源的优先级。

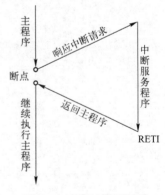

图 5-1　中断过程示意图

（1）5 个中断源

◆ 两个外部中断请求源

外部中断 INT0 和 INT1，经由单片机上的两个引脚 P3.2 和 P3.3 引入。

◆ 两个定时/计数器中断请求源

在 51 单片机内部有两个 16 位的定时/计数器，分别是 T0、T1。当计数器计满溢出时就会向 CPU 发出中断请求。

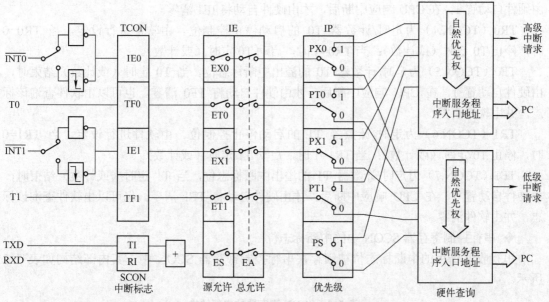

图 5-2　51 单片机的中断系统的内部结构图

◆　1 个串行口中断源

在 51 单片机内部有一个全双工的串行接口，可以和外部设备进行串行通信。当接收完或发送完一帧数据就会向 CPU 发出中断请求信号。

（2）中断标志

51 单片机为每个中断源都设置了中断标志位。检测到中断请求信号后，先将相应的中断标志位置位，以便在后续的机器周期里进行下一步的控制和处理。这些中断源的中断标志位集中锁存在专用的寄存器 TCON 和 SCON 中。

◆　定时控制寄存器 TCON 中的中断标志位

TCON 寄存器是一个用于存放 INT0、INT1、T0 和 T1 中断源的中断请求标志的寄存器，也是定时/计数器 0 和 1 的控制寄存器，TCON 寄存器的结构功能如表 5-1 所示。

表 5-1　TCON 寄存器的结构功能

TCON(88H)	D7	D6	D5	D4	D3	D2	D1	D0
位名称	TF1	TR1	TF0	TR0	IE1	IT1	IE0	IT0
位含义	T1 的溢出中断标志位	T1 的启动停止控制位	T0 的溢出中断标志位	T0 的启动停止控制位	INT1 中断请求标志位	INT1 触发方式控制位	INT0 中断请求标志位	INT0 触发方式控制位
位地址	8FH	8EH	8DH	8CH	8BH	8AH	89H	88H

IT0（TCON.0）为外部中断 INT0 触发方式控制位。由软件进行置位和复位，当 IT0=0 时，INT0 为低电平触发方式；当 IT0=1 时，INT0 为负跳变触发方式。

IE0（TCON.1）为外部中断 INT0 中断请求标志位。当 INT0 有请求信号时，该位就会由硬件自动置 1，在 CPU 响应中断后，才由硬件自动将 IE0 清零。

IT1（TCON.2）为外部中断 INT1 触发方式控制位。由软件进行置位和复位，当 IT1=0 时，INT1 低电平触发方式；当 IT1=1 时，INT1 为负跳变触发方式。

IE1（TCON.3）为外部中断 INT1 中断请求标志位。当 INT1 有请求信号时，该位就会由硬件自动置 1，在 CPU 响应中断后，才由硬件自动将 IE1 清零。

TR0（TCON.4）为定时/计数器 T0 的启动停止控制位。由软件进行设定，当 TR0=0 时，停止 T0 定时（或计数）；当 TR0=1 时，启动 T0 定时（或计数）。

TF0（TCON.5）为定时/计数器 T0 的溢出中断标志位。当 T0 定时（或计数）结束时，由硬件自动置 1，在 CPU 响应中断后，才由硬件自动将 TF0 清零。也可以由软件查询该标志，并由软件清零。

TR1（TCON.6）为定时/计数器 T1 的启动停止控制位。由软件进行设定，当 TR1=0 时，停止 T0 定时（或计数）；当 TR1=1 时，启动 T1 定时（或计数）。

TF1（TCON.7）为定时/计数器 T1 的溢出中断标志位，当 T1 定时（或计数）结束时，由硬件自动置 1，在 CPU 响应中断后，才由硬件自动将 TF1 清零。也可以由软件查询该标志，并由软件清零。

◆ 串行控制寄存器 SCON 中的中断标志位

串行收发结束的中断标志位被锁存在串行控制寄存器 SCON 中，其内部结构如表 5-2 所示。

表 5-2　SCON 寄存器的内部结构

SCON(98H)	D7	D6	S5	D4	D3	D2	D1	D0
位名称	SM0	SM1	SM2	REN	TB8	RB8	TI	RI
位含义	关于串口 项目 7 中讲解						串行发送结束 中断标志位	串行接收结束 中断标志位
位地址							99H	98H

在这里，我们只介绍 SCON 中与串行中断控制有关的低两位（TI 和 RI），其余的各位会在后续的相关项目中详细介绍。

RI（SCON.0）为串行接收结束中断标志位。当串行口结束一次数据接收后，由硬件自动置位，但标志必须由软件进行清零。

TI（SCON.1）为串行发送结束中断标志位。当串行口结束一次数据发送后，由硬件自动置位，但标志必须由软件进行清零。

（3）中断控制

MCS-51 系列单片机中断系统通过中断允许控制寄存器 IE 实现开中断和关中断的功能。

IE 寄存器由一个中断允许总控制位和各中断源的中断允许控制位组成，从而进行两级中断允许控制，IE 寄存器内部结构如表 5-3 所示。

表 5-3　IE 寄存器的内部结构

IE(0A8)	D7	D6	D5	D4	D3	D2	D1	D0
位名称	EA	—	—	ES	ET1	EX1	ET0	EX0
位含义	中断总允许控制位			串行口中断允许位	T1 中断允许位	INT1 中断允许位	T0 中断允许位	INT0 中断允许位
位地址	0AFH			0ACH	0ABH	0AAH	0A9H	0A8H

EA（IE.7）为所有中断总允许控制位。EA=0，中断总禁止，即关中断；EA=1，中断总允许，即开中断，此时由各中断源的中断允许控制位决定各中断源的中断允许和禁止。

ES（IE.4）为串行口中断允许位。ES=1，允许串行口中断；ES=0，禁止串行口中断。

ET1（IE.3）为定时/计数器 T1 中断允许位。ET1=1，允许定时/计数器 T1 中断；ET1=0，禁止定时/计数器 T1 中断。

EX1（IE.2）为外部中断 INT1 中断允许位。EX1=1，允许外部中断 INT1 中断；EX1=0，禁止外部中断 INT1 中断。

ET0（IE.1）为定时/计数器 T0 中断允许位。ET0=1，允许定时/计数器 T0 中断；ET0=0，禁止定时/计数器 T0 中断。

EX0（IE.0）为外部中断 INT0 中断允许位。EX0=1，允许外部中断 INT0 中断；EX0=0，禁止外部中断 INT0 中断。

IE 寄存器在单片机复位后，各位均被清零，在 IE 寄存器应用时，由软件对其进行设定，即可对其进行按位设置，也可对其进行按字节设置。例如：开启外部中断 0 中断和定时器 0 中断，可进行如下设置：

汇编语言：   C 语言：

按位设置：

```
SETB   EA              EA=1;
SETB   EX0             EX0=1;
SETB   ET0             ET0=1;
```

按字节设置：

```
MOV   IE, #10000011B    IE=0x83;
```

3. 中断响应处理过程

单片机在进行处理中断时，一般分为 4 个步骤：中断请求、中断响应、中断处理和中断返回，图 5-3 为中断处理过程流程图，图 5-3a 主程序中实现中断的初始化处理，图 5-3b 为硬件自动中断处理过程，图 5-3c 为中断响应后的具体处理程序过程。

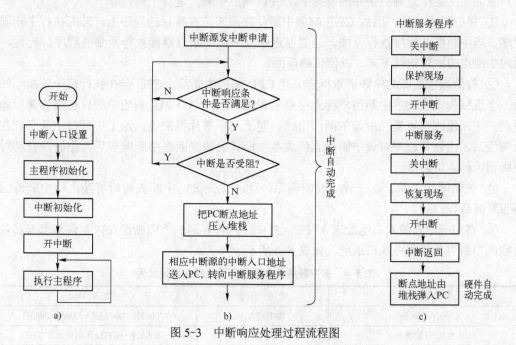

图 5-3 中断响应处理过程流程图

a) 主程序框图 b) 硬件自动完成框图 c) 中断服务程序框图

（1）中断请求

当中断源要求 CPU 为它服务时，必须发出一个中断请求信号。同时为保证该中断得以实现，中断请求标志应保持到 CPU 响应该中断后才能取消，CPU 也会不断的及时查询这些中断请求标志，一旦查询到该中断的中断请求标志为置位，就立即响应该中断。

（2）中断响应

◆ 中断响应的条件

CPU 响应中断的基本条件如下：

① 有中断源发出中断请求。

② 中断总允许位 EA 置位，即 CPU 允许所有中断源申请中断。

③ 申请中断的中断源的中断允许位为 1，即中断源可向 CPU 申请中断。

在满足以上条件的基础上，若有下列任何一种情况，中断响应都会受到阻断。

① CPU 正在执行一个同级或高优先级的中断服务程序。

② 正在执行的指令尚未完成。

③ 正在执行中断返回指令 RETI 或者对专用寄存器 IE、IP 进行读/写的指令。CPU 在执行完上述指令后，要再执行一条其他的指令，才能响应中断请求。

经验之谈

若存在任何一种阻断情况，中断查询结果即被取消，CPU 不响应中断请求而在下一机器周期继续查询；若不存在阻断情况，CPU 在下一机器周期响应中断。

◆ 中断响应操作

在满足上述中断响应条件的前提下，CPU 响应中断，进行下列操作。

① 保护断点地址。因为 CPU 响应中断是在原来正在执行的程序上，转而执行中断服务程序，当中断服务程序执行完成，还要在返回原来的中断点继续执行原来的程序，因此，必须对中断点的地址记录下来，以便正确返回。

② 撤除该中断源的中断请求标志。当 CPU 响应中断后，CPU 会在执行每一条指令的最后一个机械周期查询各中断请求标志位是否置位。所以当 CPU 响应中断后必须将其撤除，否则，中断返回将重复回应该中断而出错。对于 51 单片机来说，除了串行口中断必须在中断响应后，由软件程序对该中断标志位清零，而其余的中断在中断响应后，由硬件自动对该中断请求标志位清零。

③ 关闭同级中断。在一种中断响应后，同一优先级的中断被暂时屏蔽，待中断返回时再重新开启。

④ 将相应中断的入口地址送入 PC。51 单片机内部 5 个中断源在内存内部都有其各自对应的中断服务子程序入口地址，如表 5-4 所示。

表 5-4　各中断源及中断服务子程序入口地址表

中断源名称	对 应 引 脚	中断入口地址
外部中断 0	INT0(P3.2)	0003H～000AH(入口地址 0003H)
定时/计数器 0	T0(P3.4)	000BH～0012H(入口地址 000BH)
外部中断 1	INT1(P3.3)	0013H～001AH(入口地址 0013H)

中断源名称		对应引脚	中断入口地址
定时/计数器 1		T1(P3.5)	001BH～0022H(入口地址 001BH)
串行口中断	串行接收	RXD(P3.0)	0023H～002AH(入口地址 0023H)
	串行发送	TXD(P3.1)	

当中断响应后，单片机 CPU 能按中断种类，自动转到各中断的单元入口地址处去执行程序。但实际上这每个中断的 8 个单元难以存放一个完整的中断服务程序，因此用户在使用时，可在各中断单元地址存放一条无条件跳转指令(LJMP)，将实际的中断服务程序存放在其他单元空间处，这样在单片机中断响应后，跳转到实际的中断服务程序中执行。

（3）中断处理

中断服务一般包含以下几个部分：

① 保护现场。所谓保护现场，就是指在中断响应时，将断点处的有关寄存器的内容（如特殊功能寄存器 ACC、PSW、DPTR 等）压入堆栈中保护起来，以便中断返回时恢复。

② 执行中断服务程序，完成相应操作。中断服务程序中的操作和功能是中断源请求中断的目的，是 CPU 完成中断处理操作的核心和主体。

③ 恢复现场。与保护现场相对应，中断返回前，应将保护现场时所压入堆栈中的相关寄存器中的内容从堆栈中取出，返回原有的寄存器，以便中断返回时继续执行原来的程序。

（4）中断返回

在中断服务程序最后，必须加一条 RETI 中断返回指令，当 CPU 执行到 RETI 指令时，中断才能返回。

图 5-3c 所示为中断服务程序框图，在中断响应过程中，断点的保护与恢复是由硬件自动完成的。用户在编写中断服务程序时要考虑需要保护的现场，在恢复现场时，要注意压栈与出栈指令必须成对使用，先入栈的内容应该后弹出，同时还要及时撤除需用软件撤除的中断标志。

知识链接

中断服务子程序的调用过程类似于一般子程序调用，区别在于何时调用一般子程序在程序中是事先安排好的；而何时调用中断子程序事先却无法确定，因为中断的发生是由外部因素决定的，程序中无法事先安排调用语句。因此，调用中断子程序的过程是由硬件自动完成的。

4. 两个外部中断的使用

（1）外部中断的认识

外部中断，顾名思义就是从外部引入进来的中断。51 单片机上有两个从外部通过 P3.2 和 P3.3 两个引脚引入进来的外部中断（INT0 和 INT1）。用户必须先启动中断，外部中断才能接收中断信号，CPU 才能响应中断。

（2）外部中断的触发方式

外部中断请求有两种触发方式：电平触发方式和边沿脉冲触发方式。

◆ 电平触发方式

电平触发是低电平有效。只要单片机在中断请求输入端（INT0 和 INT1）上采样到有效的低电平时，就会启动外部中断。此时，中断标志位的状态随 CPU 在每个机器周期采样到的外部中断输入引脚的电平变化而变化。这样提高了 CPU 对外部中断请求的响应速度。但外部中断若有请求必须把有效的电平保持到请求获得响应为止，不然 CPU 就不能够响应中断；而在中断服务程序结束之前，中断源又必须撤除其有效的低电平信号，否则中断返回时，会再次产生中断。因此，电平触发方式适合于外部输入以低电平且中断服务程序能清除的外部中断请求的系统。

◆ 边沿脉冲触发方式

边沿脉冲触发是脉冲的下降沿有效。在该方式下，CPU 会在每个机器周期对引脚 INT0 和 INT1 输入电平进行采样。若 CPU 第一个机器周期采样到高电平，而下一个机器周期内采样到低电平，即在两次采样期间产生了先高后低的负跳变时，则认为中断请求有效。因此，在这种中断请求信号方式下，中断请求信号的高电平状态和低电平状态都应至少维持一个机器周期，以确保电平负跳变能被单片机采样到。所以边沿脉冲触发方式适合与以负脉冲形式输入的外部中断请求。

5.1.2 外部中断编程与控制

中断的应用就是用程序来实现对中断功能的控制。在编制应用程序时，应包括两大部分：一是中断初始化，二是中断服务程序。

1. 中断初始化

中断初始化应在产生中断请求前完成，一般放在主程序中，与主程序其他初始化内容一起完成设置，如图 5-4 所示。中断初始化一般包括以下几个步骤：

1）设置堆栈指针 SP。因为中断要进行保护断点的 PC 地址和保护现场数据，因此均要用堆栈实现保护。

2）定义中断优先级。根据中断源的轻重缓急，划分高优先级和低优先级。用 MOV IP，#XX 或 SETB XX 指令来实现。

3）定义外部中断触发方式。一般情况，采用边沿脉冲触发方式为宜。若外部中断信号无法适用边沿触发方式，必须采用电平触发方式时，应在硬件电路上和中断服务程序中采取撤除中断请求信号。

4）开放中断。开放中断时，必须同时开放两级控制，即同时置位 EA 和需要开放的中断的中断运行控制位。与中断优先级设置一样，同样可用 MOV IE，#XX 或 SETB EA 和 SETB XX 指令来实现。

设置堆栈指针SP

↓

定义中断优先级

↓

定义中断触发方式

↓

开放中断

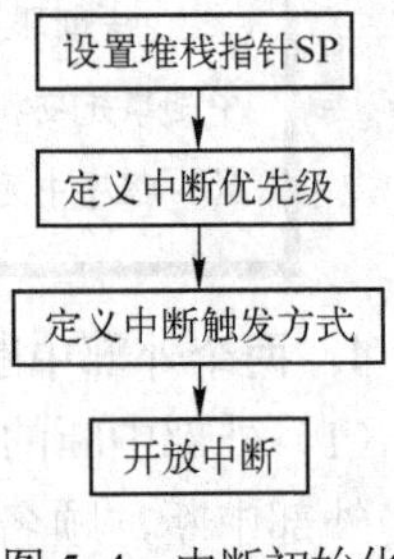

图 5-4 中断初始化

2. 中断服务程序

中断服务程序一般包括以下几个内容：

1）在中断服务入口地址设置一条跳转指令，转到中断服务程序的实际入口处。由于 51 单片机每个中断只提供 8 个存储单元，难以存放一个完整的中断服务程序，因此用户在使用时，一般在各中断单元地址存放一条无条件跳转指令（LJMP），将实际的中断服务程序存放在其他单元空间处，这样在单片机中断响应后，跳转到实际的中断服务程序中执行。

例如：外部中断 0 处理

```
        ORG    0003H          ；外部中断 0 入口地址
        LJMP   INT0           ；服务程序跳转到 INT0 处执行
```

2）根据需要保护现场。保护现场不是中断服务程序的必需部分，用户在编写中断服务程序时要考虑需要保护的现场，在恢复现场时，要注意压栈与出栈指令必须成对使用，先入栈的内容应该后弹出。通常是保护中断程序中常用到的 ACC、PSW 和 DPTR 等寄存器中的内容，以便中断结束后，进行中断返回，而继续执行原在执行的程序。

3）执行中断服务要求操作。

4）恢复现场。与保护现场相对应。

5）中断返回。

中断服务程序一般编写格式如下：

```
    汇编语言：ZHDUAN：   CLR   EA        ；关中断
                        PUSH  ACC       ；保护现场（根据需要由用户决定）
                        PUSH  PSW
                        SETB  EA        ；开中断（不希望高级中断进入，则不用开中断）
                        ……
                        ……
                        CLR   EA        ；关中断
                        POP   PSW       ；恢复现场
                        POP   ACC
                        SETB  EA
                        RETI            ；中断返回
    C 语言：    void  ZHDUAN()  interrupt  x    //其中 x 为中断号，不使用 using 时编译器将
                {                                //自动产生保护和恢复 R0～R7 现场
                    EA=0;
                    ……
                    ……
                    ……
                    EA=1;
                }
```

3. 外部中断编程与控制格式

两个外部中断编程的一般编写格式如下：

汇编语言：

```
            ORG    0000H                ；单片机程序入口地址
            LJMP   MAIN                 ；跳转到主程序入口地址
            ORG    0003H                ；外部中断 0 入口地址
            LJMP   INT_0                ；跳转至 INT_0 中断服务子程序
            ORG    0013H                ；外部中断 1 入口地址
            LJMP   INT_1                ；跳转至 INT_1 中断服务子程序
            ORG    0030H
    MAIN：  ……                        ；主程序
            ……
            MOV    TCON,#XXH            ；设置专用寄存器 TCON 的状态
            MOV    IE,#XXH              ；设置专用寄存器 IE 的状态
            MOV    IP,#XXH              ；设置专用寄存器 IP 的状态
```

```
              ……
              ……
INT_0:        ……                              ；外部中断 0 中断服务子程序
              ……
              RETI
INT_1:        ……                              ；外部中断 1 中断服务子程序
              ……
              RETI
```

C 语言程序：

```
#include<regx51.h>
    void main ( )
{
    ……
    ……
    TCON=0XXX;                    //设置专用寄存器 TCON 的状态
    IE=0XXX;                      //设置专用寄存器 IE 的状态
    IP=0XXX;                      //设置专用寄存器 IP 的状态
    ……
    ……
}
void int_0 ( ) interrupt 0       //外部中断 0 中断服务子程序
{
    ……
    ……
}
void int_1 ( ) interrupt 2       //外部中断 1 中断服务子程序
{
    ……
    ……
}
```

 ## 任务 5.2   简易水情报警器控制

5.2.1   控制要求与功能展示

图 5-5 所示为单片机控制数码管模拟水情报警的简易实物装置，其电路原理图如图 5-6 所示。该装置在单片机的控制作用下，通过 P3.2 和 P3.3 外接两个按键来模拟水位检测传感器输出信号，其中 P3.2 连接按键模拟水位上涨信号，P3.3 连接按键模拟水位下降信号。水位报警等级分为 4 级，分别由数码管显示 A~D 字符和蜂鸣器鸣叫频率快慢来表示，按键每按下一次水位报警等级会相应变化一次，其主要控制要求如下。

1）在单片机上电开始运行工作时，数码管显示 "-"，蜂鸣器不叫，表示水位没有危险。

2）当 S2 按键按下一次，以中断方式提供水位上涨信号一次，模拟报警等级升高一级，但最高级只能升高到 D 级。

3）当 S3 按键按下一次，以中断方式提供水位下降信号一次，模拟报警等级下降一级，最低状态为无危险状态。

　　具体的工作运行情况见本书附带光盘中的视频文件。

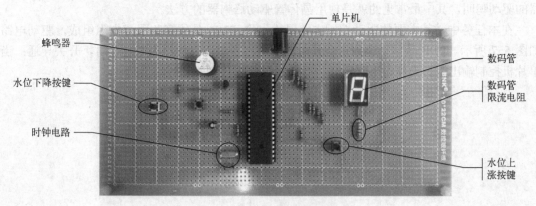

图 5-5　简易水情报警器装置

5.2.2　硬件系统与控制流程分析

1. 任务硬件系统分析

　　电路原理图如图 5-6 所示，该电路实际上是由 P0 口外接一个 1 位共阴极数码管和 P3.0 外接蜂鸣器电路，再加上 P3.2 与 P3.3 外接两个按键设计而成。因此，要分析理解以上的电路设计，必须先学习蜂鸣器和数码管显示电路的相关知识。

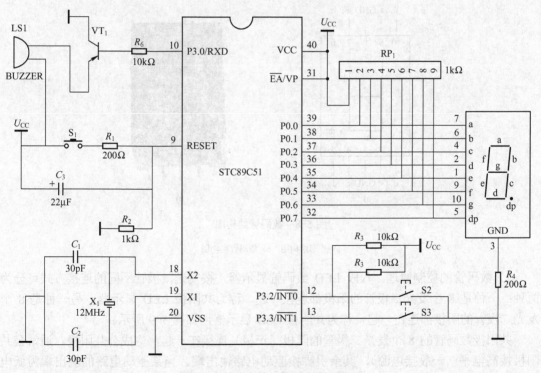

图 5-6　简易水情报警器电路原理图

（1）蜂鸣器驱动接口电路

蜂鸣器是一个发声组件。对于单片机控制蜂鸣器的鸣叫，可通过很多种方法实现对蜂鸣器的驱动鸣叫，其中最常见的就是使用晶体管驱动蜂鸣器的方法。

在本任务中，其主要的驱动控制电路是由一个 PNP 晶体管和限流电阻组成，驱动电路如图 5-7 所示。PNP 晶体管起到一个开关的作用，当单片机输出为低电平时，开关导通；当单片机控制输出引脚为高电平时，开关截止，以此来控制驱动蜂鸣器鸣叫。

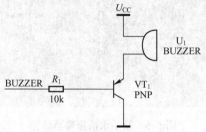

图 5-7　蜂鸣器驱动接口电路

（2）数码管驱动接口电路

1）数码管的结构。八段 LED 数码管显示器由 8 个发光二极管组成，其中 7 个发光二极管 a~g 排列成"日"字形，另一个圆点的发光二极管在显示器的右下角作为显示小数点，其结构如图 5-8 所示。通过不同的组合，数码管可显示 0~9、A~F、共 16 个字符和一些特定意义的字符，如：h、l、p、u、y 等。

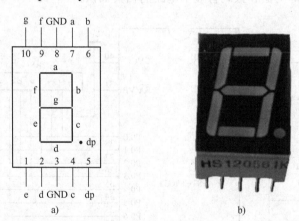

图 5-8　数码管结构图

a) 外形结构图　b) 数码管实物图

2）数码管的控制原理。八段 LED 数码管显示器，按发光二极管不同的连接方式可分为两种：一种是 8 个发光二极管的阳极都连在一起，称为共阳极 LED 显示器；另一种是 8 个发光二极管的阴极都连在一起，称为共阴极 LED 显示器，如图 5-9 所示。

共阳极数码管的 8 个发光二极管的阳极（正极）连接在一起，构成公共阳极。通常公共阳极接高电平（一般接电源），其余引脚接驱动电路输出端。当某驱动电路的输出端为低电平时，该对应的段点亮。根据发光字段的不同组合可显示出各种数字或字符。

170

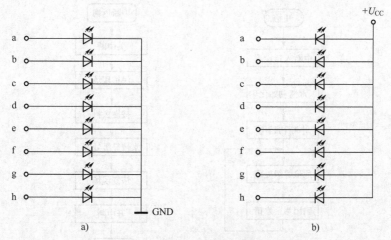

图 5-9 LED 数码管显示器原理图

a) 共阴极 b) 共阳极

共阴极数码管的 8 个发光二极管的阴极（负极）连接在一起，构成公共阴极。通常公共阴极接低电平（一般接地），其余引脚接驱动电路输出端。当某驱动电路的输出端为高电平时，该对应的段点亮。根据发光字段的不同组合可显示出各种数字或字符。

3）数码管显示的实现方法。要使数码管显示数字或字符，必须通过驱动电路给数码管的各段对应引脚加合适的电平信号。在单片机应用系统中，通常将数码管的 a～dp 八个段分别对应 1 个字节的 D0～D7 八位，即 D0 与 a 对应，D1 与 b 对应……根据共阳或共阴的点亮方式，通过单片机输出对应的数据"0"或"1"，即亮或灭。因此用 8 位二进制代码就可以表示显示字符，为方便起见，通常用 2 位十六进制数表示 8 位二进制数，并称其为字型码。本任务将采用共阴 LED 数码管显示器进行讲解，其共阴的字型"A～D"等编码如表 5-5 所示。

表 5-5　LED 数码管常用字符型编码表

字　　符	dp	g	f	e	d	c	b	a	阴　码
A	0	1	1	1	0	1	1	1	77H
B	0	1	1	1	1	1	0	0	7CH
C	0	0	1	1	1	0	0	1	39H
D	0	1	0	1	1	1	1	0	5EH
-	0	1	0	0	0	0	0	0	40H
熄灭	0	0	0	0	0	0	0	0	00H

2．任务控制流程分析

根据电路原理图和任务控制功能要求可得出本任务的控制流程图如图 5-10 所示，其中图 5-10a 图为主程序流程，图 5-10b 为中断 0 或 1 服务子程序流程。主程序完成初始化处理后，就一直运行于由危险等级处理和当前水情输出环节构成的循环中。中断服务子程序主要用于实现外部中断 0 或外部中断 1 的处理，进行水情等级值的修改（升高或降低）处理。

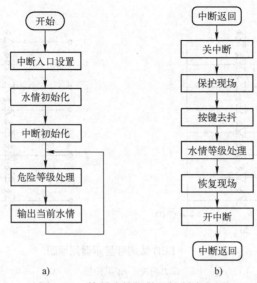

a)   b)

图 5-10　简易水情报警器控制流程图

5.2.3　汇编语言程序分析与设计

在分析完硬件系统与控制流程之后，进一步进行单片机汇编语言相关知识的学习，来完成本任务汇编控制程序的编写。

1. 任务中相关的汇编指令

为了完成本任务控制程序的编写，我们再进一步学习掌握一些常用的汇编指令，主要有：NOP、PUSH、POP、RETI。

（1）空操作指令：NOP

使用格式：NOP

使用说明：空操作指令是一条只有操作码没有操作数的单字节指令，该指令执行后程序计数器 PC 的值自动加 1 指向它的下一条指令。除此之外 NOP 指令不进行任何其他操作，相当于跳过一个字节。

NOP 指令的主要用途有：

① 可以利用它来进行延时或等待。该指令每执行一次，就要花费一个机器周期的执行时间。

② 可以利用它来调试程序，例如要删除某条指令，只需用 NOP 指令取代即可。

③ 在程序中某些地方故意安排一些 NOP 指令，为以后添加新指令预留存储空间。

（2）堆栈操作指令：PUSH、POP

使用格式：PUSH 或 POP　direct

使用说明：在 51 单片机的内部 RAM 中设定了一个遵循"先进后出，后进先出"原则的区域被称为堆栈，在特殊功能寄存器 SFR 中有一个堆栈指针 SP（8 位寄存器），它指出堆栈的栈顶。堆栈技术在 CPU 中断响应、调用子程序、中断嵌套或子程序嵌套时用于保存断点和现场数据。

51 单片机的堆栈是向上增长的，栈底固定，栈顶浮动。有入栈（PUSH 指令）和出栈

（POP 指令）两种操作。入栈操作的过程是：先将堆栈指针自动加 1，然后数据压入堆栈；出栈操作则刚好与此相反，先从栈中将数据弹出，送给 direct 单元，然后指针自动减 1。无论是入栈操作还是出栈操作，其操作对象都只能是用 direct 形式表示的内部数据存储空间地址（00H～7FH）或是某个特殊功能寄存器。执行完一条 PUSH 或 POP 指令需两个机器周期时间，其具体工作情况如图 5-11、图 5-12 所示。

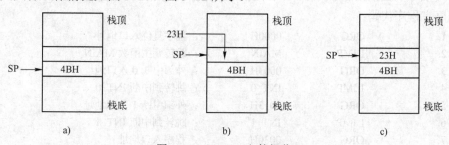

图 5-11　PUSH（入栈操作）

a) SP 原始状态　b) 进栈前，SP+1→SP　c) 数据压入堆栈

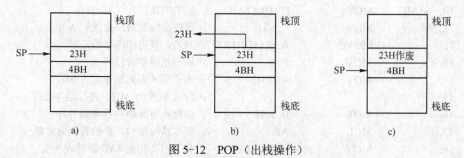

图 5-12　POP（出栈操作）

a) SP 原始状态　b) 数据从堆栈取出　c) 出栈后，SP-1→SP

使用示例：　PUSH　ACC　　；将累加器 ACC 中的内容入栈保护

　　　　　　PUSH　01H　　；将第 0 组寄存器 R1 中的内容入栈保护

　　　　　　…………

　　　　　　POP　　01H　　；将出栈的内容存放在第 0 组寄存器 R1 中

　　　　　　POP　　ACC　　；将出栈的内容存放在累加器 ACC 中

> **知识链接**
>
> 　　执行出栈操作时数据先传出，而后指针自动减 1。但是原先指针还未减 1 之前所指的地址中数据依然存在。
> 　　由于堆栈操作指令只能操作内部数据存储空间地址，而像 R1 之类的工作寄存器并没有具体的地址，所以 PUSH　R1 指令是错误的，只能直接使用其具体的存储地址 01H，如上例中所述。

（3）中断返回指令：RETI

使用格式：RETI

使用说明：中断返回指令是用于结束中断服务操作，回到主程序中继续执行原操作的程序。它放在中断服务程序的最后。执行完一条 RETI 指令需两个机器周期时间。

使用示例： .... ；中断服务操作

RETI ；中断服务操作结束，中断返回断点

2. 汇编程序设计

学习完以上任务所需的汇编知识之后，即可开始进行本任务的汇编程序的分析与设计工作。

根据图5-10所示的控制流程分析图，结合汇编语言指令编写出汇编语言控制程序如下：

汇编语言程序代码：

1.		ORG	0000H	；程序复位入口地址
2.		LJMP	MAIN	；跳转到主函数MAIN
3.		ORG	0003H	；外部中断0入口地址
4.		LJMP	INT_0	；跳转到中断INT_0
5.		ORG	0013H	；外部中断1入口地址
6.		LJMP	INT_1	；跳转到中断INT_1
7.		ORG	0030H	；程序入口地址
8.	；===================主程序MAIN===================
9.	MAIN:	LCALL	INIT	；进行程序初始化
10.	START:	MOV	DPTR,#TAB	；将DPTR指向TAB表头
11.		MOV	A,20H	；读取水情等级，存放到A中
12.		MOVC	A,@A+DPTR	；查表，获得相应字符段码
13.		MOV	P0,A	；输出相应字符段码
14.		MOV	A,#04H	；由于散转表的偏移量为04H
15.				；给A赋值为04H，进行乘4处理
16.		MOV	B, 20H	；读取水情等级，存放到B中
17.		MUL	AB	；将水情等级*4，作散转表偏移量
18.		MOV	DPTR,#JAB	；将DPTR指向JAB散转表表头
19.		JMP	@A+DPTR	；查散转表，赋值报警频率
20.	JAB:	SETB	P3.0	；停止蜂鸣器鸣叫
21.		SJMP	AS0	；程序跳转到AS0处运行，不报警
22.		MOV	A,#30	；给R1赋值30，缓慢报警
23.		SJMP	AS1	；程序跳转到标号AS1处运行
24.		MOV	A,#20	；给R1赋值20，加快报警
25.		SJMP	AS1	；程序跳转到标号AS1处运行
26.		MOV	A,#10	；给R1赋值10，紧急报警
27.		SJMP	AS1	；程序跳转到标号AS1处运行
28.		MOV	A,#5	；给R1赋值5，急促报警
29.	AS1:	CLR	P3.0	；驱动蜂鸣器鸣叫
30.		LCALL	DELAY	；调用延时
31.		MOV	P0,#00H	；清空数码管显示
32.		SETB	P3.0	；停止蜂鸣器鸣叫
33.		LCALL	DELAY	；调用延时
34.	AS0:	LJMP	START	；跳转到START
35.	；=============程序初始化=============
36.	INIT:	MOV	20H,#00H	；清零水情报警等级
37.		MOV	SP,#30H	；设置堆栈地址从30H单元开始
38.		SETB	EA	；打开总中断，若没打开，无法中断
39.		SETB	EX0	；打开外部中断0(INT0)

40.	SETB	EX1	; 打开外部中断 1(INT1)
41.	SETB	IT0	; 设置 INT0 触发方式为负跳变触发
42.	SETB	IT1	; 设置 INT1 触发方式为负跳变触发
43.	RET		; 子程序返回
44. ;	==========外部中断 0 服务程序==========		
45. INT_0:	CLR	EA	; 关闭总中断
46.	PUSH	PSW	; 堆栈保护 PSW
47.	PUSH	ACC	; 堆栈保护 ACC
48.	SETB	RS0	; 中断中使用第 1 组工作寄存器组
49.	MOV	A,#20	; 赋值防抖动延时时间
50.	LCALL	DELAY	; 调用延时
51.	INC	20H	; 水情等级升高 1 级
52.	MOV	A,20H	; 取出现有水情等级
53.	CJNE	A,#5,FEA	; 是否超出总等级，若有重新赋值
54.			; 若没有则跳转至 FEA 处
55.	MOV	20H,#04H	; 若超出总等级，则赋值最高等级为 04H
56. FEA:	POP	ACC	; 弹出堆栈保护数据 ACC
57.	POP	PSW	; 弹出堆栈保护数据 PSW
58.	SETB	EA	; 开总中断
59.	RETI		; 中断返回
60. ;	==========外部中断 1 服务程序==========		
61. INT_1:	CLR	EA	; 关闭总中断
62.	PUSH	PSW	; 堆栈保护 PSW
63.	PUSH	ACC	; 堆栈保护 ACC
64.	SETB	RS0	; 中断中使用第 1 组工作寄存器组
65.	MOV	A,#20	; 赋值防抖动延时时间
66.	LCALL	DELAY	; 调用延时
67.	MOV	A,20H	; 取出原有水情等级
68.	CJNE	A,#00H,FEB	; 是否处于无危险状态，若是则顺序执行
69.			; 若不是则跳转至 FEB 处
70.	LJMP	FEC	; 跳转至 FEC 处执行
71. FEB:	DEC	20H	; 水情等级降低 1 级
72. FEC:	POP	ACC	; 弹出堆栈保护数据 ACC
73.	POP	PSW	; 弹出堆栈保护数据 PSW
74.	SETB	EA	; 开总中断
75.	RETI		; 中断返回`
76. ;	==========延时子程序==========		
77. DELAY:	MOV	R4,A	; 将延时控制参数 A 给 R4
78. D1:	MOV	R5,#60	; 赋值 60 给 R5
79. D2:	MOV	R6,#170	; 赋值 170 给 R6
80. D3:	NOP		; 空操作用于延时
81.	DJNZ	R6,D3	
82.	DJNZ	R5,D2	
83.	DJNZ	R4,D1	; 三重循环延时
84.	RET		; 子程序返回
85. ;	==========字符查表==========		
86. TAB:	DB	40H,77H,7CH,39H,5EH	; 无危险 "-"、危险等级 "A～D"
87.	END		; 结束

汇编语言程序说明：

1）序号1~2：在程序复位入口地址处编写一条跳转指令，使程序跳转到主程序运行。

2）序号3~4：在INT_0中断入口地址编写一条跳转指令，当外部中断0触发时使程序跳转到INT_0中断处理程序处运行。

3）序号5~6：在INT_1中断入口地址编写一条跳转指令，当外部中断1触发时使程序跳转到INT_1中断处理程序处运行。

4）序号10~13：根据水情等级使用查表指令查出相应显示字符，并通过P0口输出显示。

5）序号14~19：由于散转指令表每一个转移地址都间隔4个字节地址，将水情等级*4作为散转指令的偏移量，进行散转，用于赋值延时时间。

6）序号20~21：当水情处于无危险状态时，先停止蜂鸣器鸣叫再跳转至AS0处运行。

7）序号22~23：当水情等级处于1级状态，先赋值延时时间30再跳转至AS1处运行。

8）序号24~25：当水情等级处于2级状态，先赋值延时时间20再跳转至AS1处运行。

9）序号26~27：当水情等级处于3级状态，先赋值延时时间10再跳转至AS1处运行。

10）序号28：当水情等级处于4级状态，先赋值延时时间5再跳转至AS1处运行。

11）序号29~34：闪烁数码管先显示字符再清空数码管，进行闪烁报警。

12）序号36~43：程序初始化程序段，其主要功能分为数据的初始化和中断设置。在该程序段的作用下将水情报警等级清零、设置堆栈地址为30H、打开总中断与两个外部中断并设置为负跳变触发方式。

13）序号45~47：先关闭总中断，防止在该中断进行过程中又有其他中断发生，然后进行保护现场数据，将PSW、A中的重要数据都压入堆栈。

14）序号48：在中断中使用第1组工作寄存器组，防止在延时子程序中发生中断而在中断中又调用延时子程序发生数据丢失，也可以使用同一组工作寄存器组，但要将工作寄存器进行现场保护。

15）序号49~50：进行中断防抖动延时，进入中断后，先延时一段时间防止退出中断后，中断信号依然存在使退出中断后又进入中断。

16）序号51~55：中断服务程序段，将水情等级升高一级。

17）序号56~58：恢复现场并返回中断断点处执行。

18）序号61~75：外部中断1服务程序段与外部中断0服务程序段类似。

19）序号77~84：带参数的延时子程序，将A的值赋给R4，用于闪烁延时及中断防抖。

当然，以上汇编语言源程序编写与设计过程中，实际上需要借助Keil软件对其进行不断的调试与修改，直到调试无误后，才能将程序进行编译生成单片机可执行的二进制机器码文件。程序的Keil调试过程与编译等具体情况可以参考前面任务2.1中内容所述，在此不再讲解。

5.2.4 C语言程序分析与设计

在完成以上任务的汇编语言程序设计之后，接下来继续学习C51语言相关知识，完成本任务的C控制程序设计。

1. 中断函数的定义

在C语言中中断函数使用关键词interrupt与中断号来定义中断函数，其一般形式如下：

  [void]　中断函数名（）　interrupt　中断号　[using　n]

```
        {
            声明部分；
            执行语句；
        }
```

格式说明：

1）中断函数无返回值，数据类型以 void 表示，也可省略。

2）中断函数名为标识符，一般以中断名称表示，力求简明易懂，如 int_0( )。

3）（ ）为函数标志，interrupt 为中断函数的关键词。

4）中断号为该中断在 IE 寄存器的使能位置，如外部中断 0 的中断号为 0，定时器 1 中断的中断号为 3。

5）选项[using   n]，指中断函数使用的工作寄存器组号，n=0～3。如果使用[using   n]选项，编译器不产生保护和恢复 R0～R7，执行会快一些，这时中断函数及其调用的函数必须使用不同的工作寄存器，否则会破坏主程序现场。而如果不使用[using   n]选项，中断函数和主程序使用同一组寄存器，在中断函数中断编译器自动产生保护和恢复 R0～R7 现场，执行速度会慢些。一般情况下，主程序和低优先级中断函数使用同一组寄存器，而高优先级中断可使用选项[using   n]指定工作寄存器。

2．编写中断函数时应遵循的规则

1）不能进行参数传递。如果中断过程包括任何参数声明，编译器将产生一个错误信息。

2）无返回值。如果定义一个返回值将产生错误，但如果返回值的类型是默认的整型值，编译器将不能识别出该错误。

3）在任何情况下不能直接调用中断函数，否则编译器会产生错误。这是因为直接调用中断函数时硬件上没有中断请求存在，所以直接调用是不正确的。

4）可以在中断函数定义中使用 using n 指令来指定当前使用的寄存器组，51 单片机共有 4 组工作寄存器 R0～R7，程序具体使用哪一组是由程序状态字寄存器 PSW 中的 RS0 与 RS1 来确定。在中断函数定义时可以使用 using 指令指定该函数使用哪一组寄存器，n 的取值范围为 0、1、2、3，分别对应 4 组寄存器。

5）在中断函数中调用的函数所使用的寄存器组必须与中断函数相同，程序员必须保证按要求使用相应的寄存器组，C 编译器不会对此进行检查。

3．C 语言程序设计

由于电路硬件和控制任务要求都是一样，所以 C 语言和汇编语言分析与设计本任务的控制流程都是一样的。根据图 5-10 所示的控制流程分析图，结合 C51 语言的知识，我们来分析设计本任务的 C 语言控制程序。

C 语言程序源代码：

```
1.  #include<regx51.h>                        //头文件
2.  #define uchar unsigned char               //定义宏
3.  #define uint unsigned int                 //定义宏
4.  uint temp=0;                              //定义全局变量，用于存放水情等级
5.  //==============数组，用于存放显示字符 A～D==========
6.  uchar code tab[5]={0x40,0x77,0x7c,0x39,0x5e}；//字符-和 A～D
7.  //======================延时函数=====================
8.  //函数名：delay(int x)
```

```
9.   //输入参数：x
10.  //========================================================
11.  void delay(uint x)
12.  {
13.      uchar j;                               //定义局部变量，只用于对应的子程序中
14.      while(--x)
15.          for(j=0; j<254; j++);
16.  }
17.  //==========程序初始化===================================
18.  void Init(void)
19.  {
20.      EA=1;                                  //打开总中断
21.      EX0=1;                                 //打开 INT0 外部中断
22.      EX1=1;                                 //打开 INT1 外部中断
23.      IT1=1;                                 //设置 INT1 触发方式为负跳变触发
24.      IT0=1;                                 //设置 INT0 触发方式为负跳变触发
25.  }
26.  //==========主函数=====================================
27.  void main()
28.  {
29.      Init();
30.      while(1)                               //无限循环
31.      {
32.          P0=tab[temp];                      //输出相应字符段码
33.          switch(temp)                       //根据水情等级来选择闪烁快慢
34.          {
35.              case 1: P3_0=0；delay(500)；P0=0x00；P3_0=1；delay(500)；break；
36.              case 2: P3_0=0；delay(350)；P0=0x00；P3_0=1；delay(350)；break；
37.              case 3: P3_0=0；delay(200)；P0=0x00；P3_0=1；delay(200)；break；
38.              case 4: P3_0=0；delay(50)； P0=0x00；P3_0=1；delay(50)； break；
39.              default:break；
40.          }
41.      }
42.  }
43.  //============外部中断 0 服务程序======================
44.  //使用工作寄存器组 1
45.  //========================================================
46.  void int_0() interrupt 0 using 1          //interrupt 0 表明该函数为中断类型号 0 的
47.                                             //中断函数，用工作寄存器组 1
48.  {
49.      EA=0;                                  //关闭总中断
50.      delay(255);                            //防抖动延时
51.      temp++;                                //水情等级升高 1 级
52.      if(temp==5)                            //若超出总等级
53.          temp=4;                            //若有超出则重新赋值最高等级 04H
54.      EA=1;                                  //开总中断
55.  }
56.  //============外部中断 1 服务程序======================
57.  //使用工作寄存器组 1
```

```
58.   //==========================================================
59.   void int_1() interrupt 2  using 1        //interrupt 2 表明该函数为中断类型号 2 的
60.                                            //中断函数，用工作寄存器组 1
61.   {
62.       EA=0;                                //关闭总中断
63.       delay(255);                          //防抖动延时
64.       if(temp>0)                           //是否处于无危险状态
65.       {
66.           temp--;                          //水情等级降低 1 级
67.       }
68.       EA=1;                                //开总中断
69.   }
```

C 语言程序说明：

1）序号 1：在程序开头加入头文件"regx51.h"。

2）序号 2~3：define 宏定义处理，用 uchar 和 uint 代替 unsigned char 和 unsigned int，便于后续程序书写方便简洁。

3）序号 4：定义变量 temp 为无符号型字符全局变量，用于存放水情等级。

4）序号 6：定义一个数组 tab，用来存放字符-和 A~D，code 表明该数组存放于程序存储器，无法在程序中改变其数组元素。

5）序号 11~16：带参数的延时函数 delay。

6）序号 18~25：中断初始化子函数，用于打开总中断、打开两个外部中断并且设置中断触发方式为边缘触发。

7）序号 33~40：根据水情等级来选择数码管闪烁和蜂鸣器鸣叫的频率快慢。

8）序号 46：定义外部中断 0 函数，并选择其使用工作寄存器组 1。

9）序号 50：进行中断防抖动延时，进入中断后，先延时一段时间防止退出中断后，中断信号依然存在使退出中断后又进入中断。

10）序号 51~53：中断服务程序段，将水情等级升高一级。

11）序号 59~69：外部中断 1 程序，与外部中断 0 程序类似。

当然，以上 C 语言源程序编写与设计过程中，实际上需要借助 Keil 软件对其进行不断的调试与修改，直到调试无误后，才能将程序进行编译生成单片机可执行的二进制机器码文件。程序的 Keil 调试过程与编译等具体情况可以参考前面任务 2.1 中内容所述，在此不再讲解。

 课堂反思：本任务中的汇编语言程序与 C 语言程序在中断服务处理程序上有何区别？

5.2.5 基于 Proteus 的调试与仿真

当完成了硬件系统的分析以及控制程序的设计与编写之后，就可以进行控制程序的 Proteus 调试与仿真了。下面进行本任务中单片机应用系统汇编语言程序的 Proteus 调试与仿真，本任务的仿真系统构建过程与仿真运行等详细情况见本书附带光盘中的视频文件。

1．创建 Proteus 仿真电路图

（1）列出元器件表

根据单片机应用电路原理图 5-6 所示，列出 Proteus 中实现该系统所需的元器件配置情

况，如表 5-6 所示。

表 5-6 元器件配置表

名　称	型　号	数　量	备注（Proteus 中元器件名称）
单片机	AT89C51	1	AT89C51
陶瓷电容	30pF	2	CAP
电解电容	22μF	1	CAP-ELEC
晶振	12MHz	1	CRYSTAL
按钮		3	BUTTON
电阻	200Ω	2	RES
电阻	1kΩ	1	RES
排阻	1kΩ	1	RX8
电阻	10kΩ	3	RES
共阴数码管		1	7SEG-MPX1-CC
蜂鸣器		1	BUZZER
晶体管	9012 PNP	1	9012

（2）绘制仿真电路图

用鼠标双击桌面上的图标 🔳进入 Proteus ISIS 编辑窗口，单击菜单命令 "File" → "New Design"，新建一个 DEFAULT 模板，并保存为 "简易水情报警器控制.DSN"。在元器件选择按钮 🔳 单击 "P" 按钮，将表 5-6 中的元器件添加至对象选择器窗口中。然后将各个元器件摆放好，最后依图 5-6 所示的原理图将各个元器件连接起来，如图 5-13 所示。

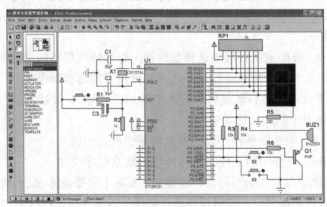

图 5-13 简易水情报警器控制仿真图

至此 Proteus 仿真图绘制完毕，下面将 Keil 与 Proteus 联合起来进行调试，使之可以像仿真器一样调试程序。

知识链接

若要使蜂鸣器鸣叫应将蜂鸣器的工作电压改为 5V，即打开蜂鸣器属性设置窗口将 Operating Voltage 改为 5V，同时将电阻 R6 属性窗口中的 Model Type 改为 DIGITAL。

2．Proteus 与 Keil 联调

1）按照前面任务 2.1 中 Proteus 与 Keil 联调的步骤完成基本的软件设置。如果前面已经设置过一次，在此可以跳过忽略。

2）用 Proteus 打开已绘制好的"简易水情报警器控制.DSN"文件，在 Proteus 的"Debug"菜单中选中"Use Remote Debug Monitor（远程监控）"。同时，右键选中 STC89C51 单片机，在弹出对话框"Program File"项中，导入在 Keil 中生成的十六进制 HEX 文件"简易水情报警器控制.HEX"。

3）用 Keil 打开刚才创建好的"简易水情报警器控制.UV2"文件，打开窗口"Option for Target'工程名'"。在 Debug 选项中右栏上部的下拉菜单选中 Proteus VSM Simulator。接着再单击进入 Settings 窗口，设置 IP 为 127.0.0.1，端口号为 8000。

4）在 Keil 中单击 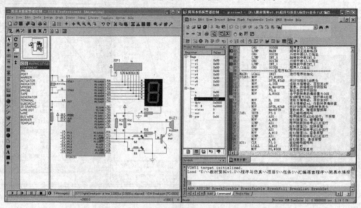 ，使用单步执行来调试程序，同时在 Proteus 中查看直观的仿真结果。这样就可以像使用仿真器一样调试程序了，如图 5-14 所示。

图 5-14　Proteus 与 Keil 联调界面

当两按键没有按下时，程序在主程序中不断循环，直到有按键按下进入中断。

由于单步运行程序是让程序执行完一条指令后停下，无法检测到有中断请求。所以此时先在中断子程序开头设置一个断点，然后全速运行程序，用鼠标单击按键，使程序进入中断断点处停止运行，如图 5-15 所示。

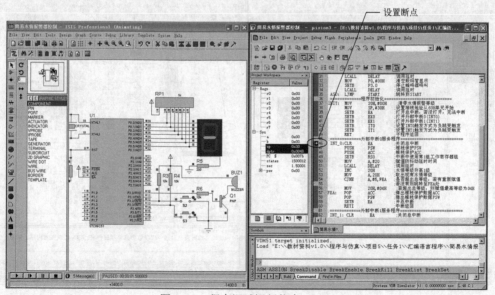

图 5-15　程序调试运行状态（一）

进入中断后先执行现场保护，将一些重要的数据压入堆栈中，随着堆栈的压入，其堆栈指针 SP 由 30H 逐渐变为 32H，如图 5-16 所示。而在中断服务程序中，A 与 PSW 的值均被改变，所以在退出中断时应恢复现场，如图 5-17 所示。退出中断前要恢复现场数据将数据弹出，堆栈指针 SP 又有 32H 变为 30H，其所保护的 A 与 PSW 也恢复成中断前的状态，如图 5-18 所示。

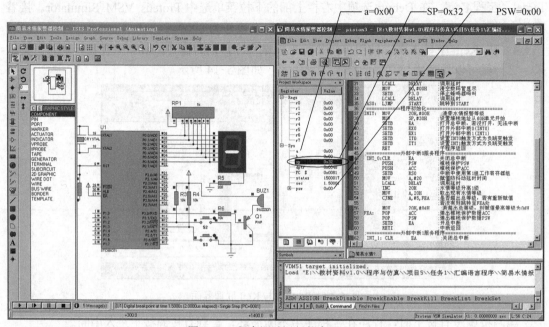

图 5-16　程序调试运行状态（二）

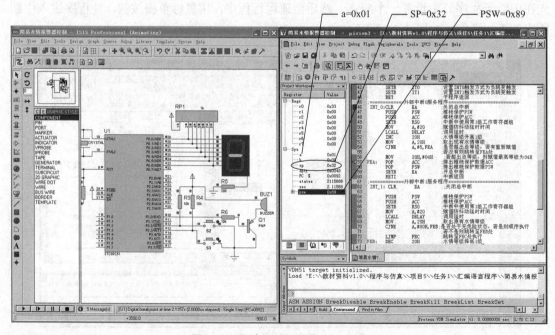

图 5-17　程序调试运行状态（三）

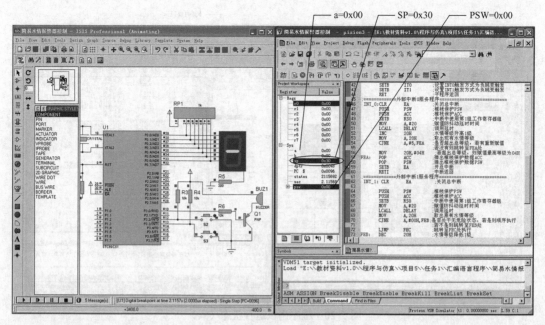

图 5-18　程序调试运行状态（四）

　　当退出中断后，执行"MOV P0,A"指令数码管显示字符 A,而后执行"MOV B,20H"读取水情等级时，发现 Keil 左侧 CPU 窗口中 b 的值由 0 变为 1，表明经外部中断 0 后水情等级提升一级，如图 5-19 所示，随后根据水情等级赋值延时时间为 30。

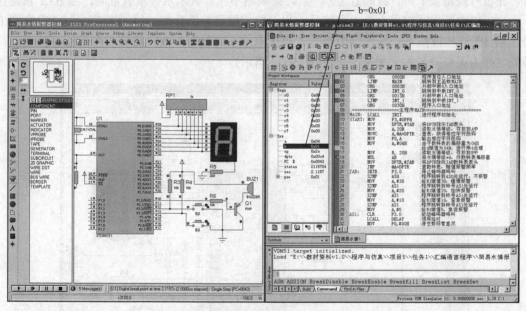

图 5-19　程序调试运行状态（五）

　　当赋值完延时时间为 30 后，调用延时，进入延时后，将 30 传给 R4，如图 5-20 所示。使用这种方法来传递延时时间参数，可使延时程序更加灵活。

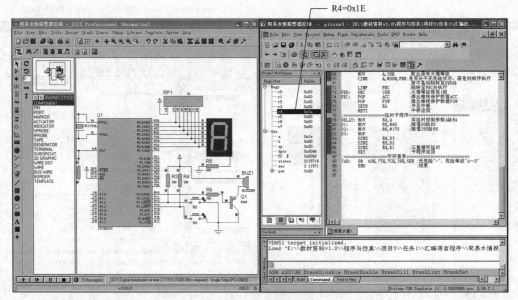

图 5-20　程序调试运行状态（六）

3．Proteus 仿真运行

用 Proteus 打开已绘制好的"简易水情报警器控制.DSN"，并将最后调试完成的程序重新编译生成新".HEX"文件导入 Proteus 中。

在 Proteus ISIS 编辑窗口中单击 ▶ 或在"Debug"菜单中选择"🏃Execute"，运行时，在没有按键按下时，数码管显示"-"，蜂鸣器不叫，表示水位没有危险；当 P3.2 按键按下一次，以中断方式提供水位上涨信号一次，模拟报警等级升高一级，但最高级只能升高到 D级。当 P3.3 按键按下一次，以中断方式提供水位下降信号一次，模拟报警等级下降一级，最低状态为无危险状态，如图 5-21 和图 5-22 所示。

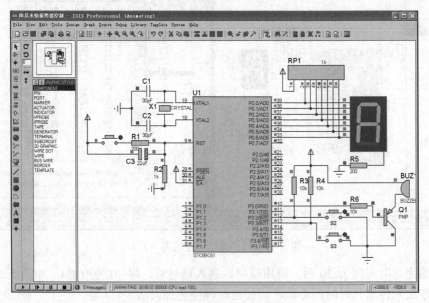

图 5-21　仿真运行结果（一）界面

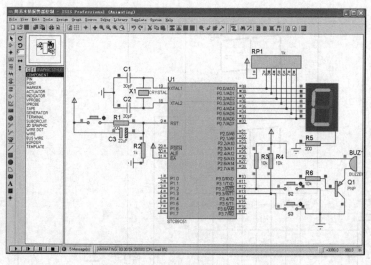

图 5-22　仿真运行结果（二）界面

 任务 5.3　简易地震报警器控制

5.3.1　控制要求与功能展示

图 5-23 所示为单片机控制一个两位数码管显示地震逃生时间的简易报警器控制实物装置，其电路原理图如图 5-24 所示。本任务的具体控制要求为当单片机上电开始运行时，两位数码管显示"--"；当〈K1〉按键按下后，模拟地震发生，发出紧急避险报警信号，当没有解除危险信号时数码管从 00 开始以秒钟方式显示逃生时间，并伴随着蜂鸣器间歇报警鸣叫，显示到 23s 后，显示字符"88"并且蜂鸣器长鸣，此时表明地震报警的最佳逃生时间 23s 结束，5s 后数码管重新恢复显示"--"且蜂鸣器停止鸣叫；当有解除危险信号时，立刻停止报警，恢复正常。当 K2 按键按下后，模拟地震紧急情况已经解除，提供解除危险信号，数码管闪烁显示字符"00"且蜂鸣器急促鸣叫 5s。其具体的工作运行情况见本书附带光盘中的视频文件。

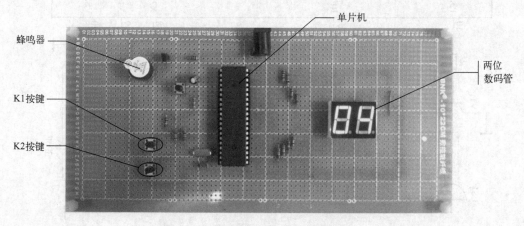

图 5-23　简易地震报警器控制实物装置

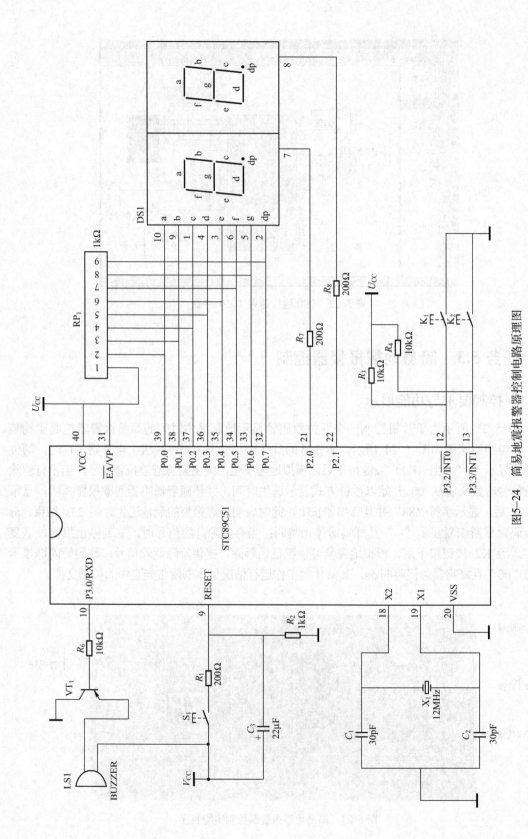

图5-24 简易地震报警器控制电路原理图

5.3.2 硬件系统与控制流程分析

1. 任务硬件系统分析

电路原理图如图 5-24 所示，该电路实际上是在前面任务 5.2 介绍的电路上进行扩展而成，将两位共阴极数码管的公共端分别连接在 P2.0 和 P2.1 上，其他的硬件系统结构与前述任务相同，在此不再重述。〈K1〉和〈K2〉按键均以外部中断的方式向系统提供输入信号，同时两位数码管以动态扫描的方式显示字符。因此，要实现本任务的控制功能要求，必须要继续学习数码管动态显示和单片机中断的相关知识。

（1）数码管动态扫描原理

数码管动态显示接口是单片机中应用最为广泛的一种显示方式之一，动态驱动是将所有数码管的 8 个显示段 "a、b、c、d、e、f、g、dp" 的同名端连接在一起，另外为每个数码管的公共极 COM 增加位选通控制电路，位选通由独立的 I/O 线控制。当单片机输出字形码时，所有数码管都接收到相同的字形码，但究竟是哪一个数码管显示出字形，取决于单片机对位选通 COM 端电路的控制，所以我们只要将需要显示的数码管的选通控制打开，该位就可显示出字形，没有选通的数码管就不会亮，图 5-25 是四位数码接口电路。

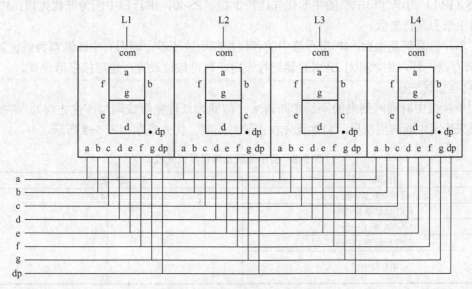

图 5-25 四位数码管接口电路

在上个项目中我们学过点阵屏的控制，其实，多段数码管的动态扫描和点阵屏的控制原理是相当的，都是通过位选信号来对每个段进行选通显示。当扫描速度很快时，肉眼就会看到多位数码管同时显示的画面。

（2）中断优先级

◆ IP 寄存器

51 单片机的每个中断源都具有高低两个中断优先级，可实现两级中断嵌套；当两个不同优先级的中断源同时进行中断请求时，单片机将先处理高优先级中断，后在处理低优先级中断。各中断源的中断优先级由寄存器 IP 进行设置，其各位定义如表 5-7 所示。

表 5-7　IP 寄存器的结构

IP（0B8H）	D7	D6	D5	D4	D3	D2	D1	D0
位名称	—	—	—	PS	PT1	PX1	PT0	PX0
位含义	—	—	—	串行中断的中断优先级控制位	T1 的中断优先级控制位	INT1 的中断优先级控制位	T0 的中断优先级控制位	INT0 的中断优先级控制位
位地址				0BCH	0BBH	0BAH	0B9H	0B8H

PX0（IP.0）为外部中断 INT0 的中断优先级控制位。PX0=0，外部中断 0 为低优先级；PX0=1，外部中断 0 为高优先级。

PT0（IP.1）为定时/计数器 T0 的中断优先级控制位。PT0=0，定时/计数器 T0 为低优先级；PT0=1，定时/计数器 T0 为高优先级。

PX1（IP.2）为外部中断 INT1 的中断优先级控制位。PX1=0，外部中断 1 为低优先级；PX1=1，外部中断 1 为高优先级。

PT1（IP.3）为定时/计数器 T1 的中断优先级控制位。PT1=0，定时/计数器 T1 为低优先级；PT1=1，定时/计数器 T1 为高优先级。

PS（IP.4）为串行口中断的中断优先级控制位。PS=0，串行口中断为低优先级；PS=1，串行口中断为高优先级。

在单片机系统复位后，IP 寄存器中的各位控制均被清零，即所有中断源都为低优先级。与 IE 寄存器一样，由软件对 IP 寄存器进行设定，即可按位设置，也可按字节设置。

◆　自然优先权

在单片机中对同时到来的同级中断请求（即同为低优先级或同为高优先级），将按自然优先权来确定中断响应次序，自然优先权由硬件控制，优先顺序如表 5-8 所示。

表 5-8　各中断源及其自然优先权

中　断　源	自然优先权
外部中断 0 中断	高
定时/计数器 0 中断	
外部中断 1 中断	
定时/计数器 1 中断	↓
串行口中断	低

◆　中断优先级控制

51 单片机中断优先控制首先根据中断优先级，此外还规定了同一优先级之间的中断优先权。其从高到低的顺序为：INT0、T0、INT1、T1、串行口。

需要强调的是：中断优先级是可以由软件设置的，但是中断优先权是固定的，不能设置，仅用于同级中断源同时请求中断时的优先次序。因此，51 单片机中断优先级控制的基本原则为：

① 高优先级中断可以在中断正在执行的低优先级过程中进行中断，反之不能。

② 同级优先级不能互相中断，即某个中断（无论是高优先级还是低优先级）一旦响应，与其同级的中断就不能进行中断响应。

③ 同一中断优先级中，若有多个中断源同时请求中断，CPU 将先响应优先权高的中

断，后响应优先权低的中断。

（3）中断嵌套

当 CPU 在执行某个中断服务程序时，如果有更高一级的中断给 CPU 中断请求，CPU 将"中断"正在执行的低优先级的中断服务程序，转向响应更高一级的中断，这就是中断嵌套，中断嵌套示意图如图 5-26 所示。

中断嵌套只能高优先级"中断"低优先级，低优先级不能"中断"高优先级，同一优先级不能相互"中断"。

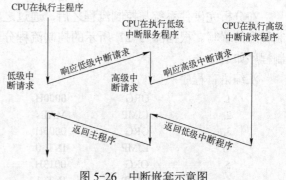

图 5-26　中断嵌套示意图

2．任务控制流程分析

根据电路原理图和任务控制功能要求可得本任务的控制流程图如图 5-27 所示。图 5-27a 为主程序流程图，当系统完成相关的初始化之后，一直运行于无危险状态处理环节中；图 5-27b 为外部中断 0 的中断服务子程序流程，用于实现〈K1〉按键的报警指示功能；图 5-27c 为外部中断 1 的中断服务子程序流程，用于实现〈K2〉按键的险情解除及解除指示功能。

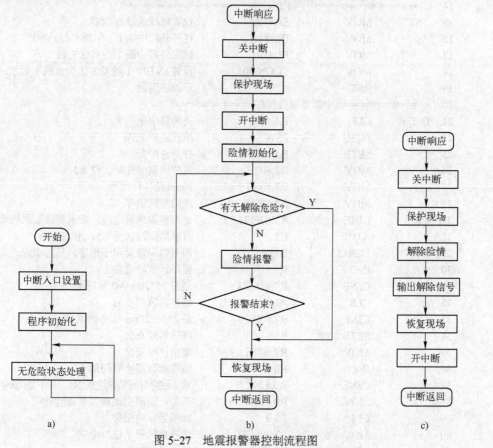

图 5-27　地震报警器控制流程图

a) 控制主程序流程　b) 中断 0 控制流程　c) 中断 1 控制流程

5.3.3　汇编语言程序分析与设计

在分析完硬件系统与控制流程之后，通过之前所学到的汇编知识，来完成本任务汇编控制程序的编写。根据图 5-27 所示的控制流程分析图，结合汇编语言指令编写出汇编语言控制程序如下：

汇编语言程序：

1.	ORG	0000H	; 程序初始化入口地址
2.	LJMP	MAIN	; 程序跳转到主程序处运行
3.	ORG	0003H	; 外部中断 0 入口地址
4.	LJMP	INT_0	; 程序跳转到 INT_0 处执行
5.	ORG	0013H	; 外部中断 1 入口地址
6.	LJMP	INT_1	; 程序跳转到 INT_1 处执行
7.	ORG	0030H	; 定义主程序存放地址
8.	; ================主程序================		
9.	MAIN: LCALL	INIT	; 进行程序初始化处理
10.	A1: MOV	P2,#0FCH	; 选通数码管十位与个位
11.	MOV	P0,#40H	; 输出显示字符"--"
12.	SETB	P3.0	; 蜂鸣器停止鸣叫
13.	SJMP	A1	; 跳转到 A1
14.	; ================程序初始化================		
15.	INIT: MOV	SP,#30H	; 设置堆栈地址为 30H
16.	MOV	IE,#85H	; 打开外部中断 0、中断 1 与总中断
17.	MOV	IP,#04H	; 设置外部中断 1 为高优先级
18.	MOV	TCON,#05	; 设置 INT0、1 触发方式为负跳变触发
19.	RET		; 子程序返回
20.	; ================中断 0 服务程序================		
21.	INT_0: CLR	EA	; 关闭总中断
22.	PUSH	PSW	; 堆栈保护 PSW
23.	SETB	EA	; 打开总中断
24.	MOV	R2,#00H	; 复位地震解除标志位 R2
25.	MOV	R7,#00H	; 20ms 循环计数器
26.	MOV	R0,#00H	; 避险时间清零
27.	C0: CJNE	R2,#0FFH,C1	; 是否解除地震危险，若未解除则跳转至 C1
28.	AJMP	C5	; 若解除则跳转至 C5，退出中断
29.	C1: LCALL	DIS	; 调用数码管显示子程序，延时 20ms
30.	INC	R7	; 循环计数器值加 1
31.	CJNE	R7,#25,C3	; 是否 25*20ms=0.5s 时间到
32.	CLR	P3.0	; 蜂鸣器鸣叫 0.5s
33.	C3: CJNE	R7,#50,C0	; 是否 50*20ms=1 秒时间到
34.	SETB	P3.0	; 蜂鸣器停 0.5s
35.	MOV	R7,#00H	; 清空计时变量
36.	INC	R0	; 地震紧急避险时间加 1
37.	CJNE	R0,#24,C0	; 紧急避险时间是否达到 24s，若不是则跳转到 C0
38.	MOV	R0,#00H	; 若是，则清空地震紧急避险时间
39.	CLR	P3.0	; 蜂鸣器长鸣报警
40.	MOV	P2,#0FCH	; 选通数码管十位与个位
41.	MOV	P0,#7FH	; 输出显示"88"
42.	C2: MOV	A,#02	; 赋值延时时间为 20ms

43.		LCALL	DELAY	；调用延时
44.		INC	R7	；循环计数器值加 1
45.		CJNE	R7,#250,C6	；是否 250*20ms=5s 时间到
46.		AJMP	C5	；5s 时间到则跳至 C5
47.	C6:	CJNE	R2,#0FFH,C2	；是否解除地震危险，若无则跳转至 C2
48.	C5:	POP	PSW	；若有则恢复现场并退出中断
49.		RETI		；中断返回
50.	；===========中断 1 服务程序==========			
51.	INT_1:	CLR	EA	；关闭总中断
52.		PUSH	PSW	；堆栈保护 PSW
53.		PUSH	ACC	；堆栈保护 A
54.		PUSH	04H	；堆栈保护第 0 组寄存器 R4
55.		PUSH	05H	；堆栈保护第 0 组寄存器 R5
56.		PUSH	06H	；堆栈保护第 0 组寄存器 R6
57.		MOV	R1,#00H	；清零 200ms 循环计数器
58.		MOV	R2,#0FFH	；置位地震解除标志 R2，用于中断 0 退出中断
59.		MOV	P2,#0FCH	；选通数码管十位与个位
60.	A2:	MOV	P0,#3FH	；输出显示"00"
61.		CLR	P3.0	；蜂鸣器报警
62.		MOV	A,#0AH	；赋值延时时间为 100ms
63.		LCALL	DELAY	；调用延时
64.		MOV	P0,#00H	；清屏数码管
65.		SETB	P3.0	；蜂鸣器停止报警
66.		MOV	A,#0AH	；赋值延时时间为 100ms
67.		LCALL	DELAY	；调用延时
68.		INC	R1	；200ms 循环计数器加 1
69.		CJNE	R1,#25,A2	；是否 25*200ms=5s 时间到
70.		POP	06H	；弹出堆栈保护数据 R6
71.		POP	05H	；弹出堆栈保护数据 R5
72.		POP	04H	；弹出堆栈保护数据 R4
73.		POP	ACC	；弹出堆栈保护数据 A
74.		POP	PSW	；弹出堆栈保护数据 PSW
75.		SETB	EA	；打开总中断
76.		RETI		；中断返回
77.	；===========数码管显示子程序==========			
78.	；===========显示扫描时间大致为 20ms======			
79.	DIS:	MOV	A,R0	；取出地震时间
80.		MOV	B,#10	；赋值 B 为 10
81.		DIV	AB	；分离出地震时间的个位、十位
82.		MOV	21H,A	；将十位存放于 21H 单元中
83.		MOV	22H,B	；将个位存放于 22H 单元中
84.		MOV	DPTR,#TAB	；将 DPTR 指向 TAB 表头地址
85.	SW:	MOV	P2,#0FEH	；选通数码管十位
86.		MOV	A,21H	；取出十位数据放于 A 中
87.		MOVC	A,@A+DPTR	；查表，获得相应的字符段码
88.		MOV	P0,A	；输出字符段码
89.		MOV	A,#01	；赋值延时时间为 10ms
90.		LCALL	DELAY	；调用延时
91.	GW:	MOV	P2,#0FDH	；选通数码管个位

92.	MOV	A,22H	；取出个位数据放于 A 中
93.	MOVC	A,@A+DPTR	；查表，获得相应的字符段码
94.	MOV	P0,A	；输出字符段码
95.	MOV	A,#01	；赋值延时时间为 10ms
96.	LCALL	DELAY	；调用延时
97.	RET		；子程序返回
98.	；==========延时子程序 A*10MS==========		
99. DELAY:	MOV	R4,A	；将延时控制参数 A 给 R4
100. D1:	MOV	R5,#26H	；赋值 38 给 R5
101. D2:	MOV	R6,#82H	；赋值 130 给 R6
102. D3:	DJNZ	R6,D3	
103.	DJNZ	R5,D2	
104.	DJNZ	R4,D1	；三重循环延时
105.	RET		；子程序返回
106. TAB:	DB 0x3f,0x06,0x5b,0x4f,0x66		；字符 0～4
107.	DB 0x6d,0x7d,0x07,0x7f,0x6f		；字符 5～9
108.	END		；结束

汇编语言程序说明：

1）序号 1～7：使程序复位或上电后，直接跳到 MAIN 主程序处执行程序，当发生中断时又直接跳转至中断服务子程序处执行程序。

2）序号 10～11：循环显示字符"--"和停止蜂鸣器鸣叫。

3）序号 15～19：初始化程序段，用于设置中断寄存器操作。

4）序号 21～23：先关闭总中断，然后将程序状态字寄存器存入堆栈进行现场保护，最后打开总中断。

5）序号 24～26：复位中断中所使用的各个寄存器。

6）序号 27～28：判断是否有解除地震危险信号，若解除则跳转至 C5 处退出外部中断 0，若未解除则继续执行外部中断 0。

7）序号 29～30：调用数码管显示子程序进行数码管显示，并延时 20ms，当执行完一次数码管显示后循环计数器值加 1。

8）序号 31～34：实现间歇报警，前 0.5s 蜂鸣器不鸣叫，后 0.5s 蜂鸣器鸣叫。

9）序号 27～37：计时循环处理，当计时时间还未到达 24s 时一直循环执行该程序段，直至计时时间到或有解除地震危险信号。

10）序号 38～49：当计时时间超出 24s 时，蜂鸣器长鸣、数码管显示字符"88"，直至有解除地震危险信号或 5s 计时结束。

11）序号 51～56：外部中断 1 服务程序段，先关闭中断再进行现场保护，由于两个外部中断都有调用延时子程序，为了防止数据丢失，则进入中断 1 时要将 R4～R6 堆栈保护。

然后，最后恢复现场开总中断并退出外部中断 1。

12）序号 57～69：进行置位 R2（即发送解除地震危险信号），然后实现 5s 解除危险提示（即闪烁显示"00"和蜂鸣器急促鸣叫）。

13）序号 70～76：恢复现场。

14）序号 79～97：先将显示数据的十位与个位提取出来分别存放于 21H、22H 中。然后输出显示十位显示数据，接着延时 10ms 再输出个位显示数据，虽然是分别显示两个数据，但是当显示速度足够快时，肉眼看上去是两个数码管同时显示。

15）序号 99～105：带参数的延时子程序，将 A 的值赋给 R4，用于不同时间段延时。

当然，以上汇编语言源程序编写与设计过程中，实际上需要借助 Keil 软件对其进行不断的调试与修改，直到调试无误后，才能将程序进行编译生成单片机可执行的二进制机器码文件。程序的 Keil 调试过程与编译等具体情况可以参考前面任务 2.1 中内容所述，在此不再讲解。

5.3.4　C 语言程序分析与设计

由于电路硬件和控制任务要求都是一样，所以以 C 语言和汇编语言分析与设计本任务的控制流程都是一样的。根据图 5-25 所示的控制流程分析图，结合 C51 语言的基本知识，我们来分析设计本任务的 C 语言控制程序。

C 语言程序代码：

```
1.   #include<regx51.h>                          //头文件
2.   #define uchar unsigned char                 //定义宏
3.   #define uint unsigned int                   //定义宏
4.   uchar code tab[10]={0x3f,0x06,0x5b,0x4f,0x66,    //字符 0~4
5.                       0x6d,0x7d,0x07,0x7f,0x6f};   //字符 5~9
6.   bit m=0;                                     //定义全局变量 m，作为地震解除标志
7.   /***************n*10ms 延时子函数****************/
8.   //函数名：delay(uchar x)
9.   //功能：延时 x*10ms 程序
10.  //输入参数：uchar x
11.  /**********************************************/
12.  void delay(uchar x)
13.  {
14.      uchar a,b;                              //定义局部变量，只用于对应的子程序中
15.      while(x--)
16.        for(b=38；b>0；b--)
17.         for(a=130；a>0；a--);
18.  }
19.  /***************数码管显示子函数****************/
20.  //函数名：xianshi( )
21.  //功能：两位数码管动态显示子程序
22.  //调用函数：delay (uchar x)
23.  //调用该函数一次延时 20ms
24.  /**********************************************/
25.  void xianshi(uchar display)
26.  {
27.      P2=0xfe;                                //选通数码管十位
28.      P0=tab[display /10];                    //输出十位数据
29.      delay(1);                               //延时 10ms
30.      P2=0xfd;                                //选通数码管个位
31.      P0=tab[display %10];                    //输出个位数据
32.      delay(1);                               //延时 10ms
33.  }
34.  /***************中断初始化子函数****************/
```

```
35.  //函数名：Init( )
36.  //功能：中断设置
37.  /************************************************/
38.  void Init(void)
39.  {
40.      IE=0X85;                          //打开总中断、中断 0、中断 1
41.      TCON=0X05;                        //设置 int_0、1 的触发方式为负跳变触发
42.      IP=0X04;                          //设置外部中断 1 为高优先级
43.  }
44.  //============主函数=====================
45.  void main(void)
46.  {
47.      Init();                           //进行程序初始化处理
48.      while(1)                          //无限循环
49.      {
50.        P2=0xFC;                        //输出显示字符"--"
51.        P0=0x40;
52.        P3_0=1;                         //蜂鸣器停止鸣叫
53.      }
54.  }
55.  //===============外部中断 0 服务程序======================
56.  //使用工作寄存器组 0
57.  //==============================================
58.  void int0( )  interrupt 0            //interrupt 0 表明该函数中断类型号 0
59.  {                                     //没用 using 表明该中断与主程序使用同一寄存器组
60.      uchar time=0,count=0;             //避险时间清零、20ms 循环计数器清零
61.      m=0;                              //复位地震解除标志位 m
62.      while(time<24&&m==0)              //循环条件：避险时间小于 24 且无地震解除信号
63.      {
64.          xianshi(time);                //调用数码管显示子函数，延时 20ms
65.          count++;                      //20ms 循环计数器值加 1
66.          if(count==25)                 //是否 25*20ms=0.5s 时间到
67.            P3_0=0;                     //蜂鸣器鸣叫 0.5s
68.          if(count==50)                 //是否 50*20ms=1 秒时间到
69.          {
70.              P3_0=1;                   //蜂鸣器停 0.5s
71.              count=0;                  //清空循环计数器值
72.              time++;                   //避险时间加 1
73.          }
74.      }
75.      time=0;                           //当地震时间超出 23s 后，退出循环，清零避险时间
76.      P3_0=0;                           //蜂鸣器长鸣报警
77.      P2=0XFC;                          //选通数码管十位与个位
78.      P0=0X7F;
79.      while(count<250&&m==0)            //循环条件为无地震解除信号
80.      {
81.          delay(2);                     //延时 20ms
82.          count++;
```

194

```
83.        }
84.    }
85.    //=================中断 1 服务程序===================
86.    //使用工作寄存器组 0;
87.    //作用：置位地震解除标志位
88.    void int1( ) interrupt 2              //interrupt 2 表明该函数中断类型号 2
89.    {
90.        uchar count1=0;
91.        EA=0;                            //关闭总中断
92.        m=1;                             //置位地震解除标志位
93.        P2=0XFC;                         //选通数码管十位与个位
94.        while(count1<25)
95.        {
96.          P0=0X3F;
97.          P3_0=1;
98.          delay(10);
99.          P0=0X00;
100.         P3_0=0;
101.         delay(10);
102.         count1++;
103.        }
104.       EA=1;                            //开总中断
105.    }
```

C 语言程序说明：

1）序号 1：在程序开头加入头文件 "regx51.h"。

2）序号 2～3：define 宏定义处理，用 uchar 和 uint 代替 unsigned char 和 unsigned int，便于后续程序书写方便简洁。

3）序号 4～5：定义数组 tab，其数组元素为字符数据 0～9，code 表明该数组存放于程序存储器，在程序中无法修改其数组元素。

4）序号 6：定义全局变量 m 作为地震解除标志位。

5）序号 12～18：带参数延时子程序。

6）序号 25～33：数码管动态显示子函数，分时显示个位数据与十位数据，因为其切换显示时间很短肉眼难以分辨，所以看到两位数码管在同时显示。

7）序号 38～43：程序初始化程序段，用于初始化设置各个中断寄存器。

8）序号 50～52：当无危险状态时，数码管显示字符 "--" 并且蜂鸣器不鸣叫。

9）序号 60～61：复位外部中断 0 所使用变量。

10）序号 62～74：当避险时间尚在 23s 内且无地震解除信号时，一边计时一边伴随蜂鸣器间歇报警，0.5s 鸣叫，0.5s 停。

11）序号 75～84：当避险时间超出 23s 时，蜂鸣器长鸣、数码管显示字符 "88"，直至有地震解除信号或 5s 时间到。

12）序号 88～105：先关闭总中断，然后置位地震解除标志位 m 并发送地震解除提示（即数码管闪烁显示 "00" 蜂鸣器急促鸣叫），最后打开总中断并退出外部中断 1。

当然，以上 C 语言源程序编写与设计过程中，实际上需要借助 Keil 软件对其进行不断的调试与修改，直到调试无误后，才能将程序进行编译生成单片机可执行的二进制机器码文件。程序的 Keil 调试过程与编译等具体情况可以参考前面任务 2.1 中内容所述，在此不再讲解。

课堂反思：外部中断 0 与定时/计数中断 1 的自然优先级是前者高于后者，那么当在执行定时/计数中断 1 的过程中能否被外部中断 0 打断？为什么？

5.3.5　基于 Proteus 的调试与仿真

当完成了硬件系统的分析以及控制程序的设计与编写之后，就可以进行控制程序的 Proteus 调试与仿真了。下面进行本任务中单片机应用系统 C 语言程序的 Proteus 调试与仿真，本任务的仿真系统构建过程与仿真运行等详细情况见本书附带光盘中的视频文件。

1．创建 Proteus 仿真电路图

（1）列出元器件表

根据单片机应用电路原理图 5-24 所示，列出 Proteus 中实现该系统所需的元器件配置情况，如表 5-9 所示。

表 5-9　元器件配置表

名　　称	型　　号	数　　量	备注（Proteus 中元器件名称）
单片机	AT89C51	1	AT89C51
陶瓷电容	30pF	2	CAP
电解电容	22μF	1	CAP-ELEC
晶振	12MHz	1	CRYSTAL
按钮		3	BUTTON
电阻	200Ω	3	RES
电阻	1kΩ	1	RES
排阻	1kΩ	1	RX8
电阻	10kΩ	3	RES
共阴数码管	两位	1	7SEG-MPX2-CC
蜂鸣器		1	BUZZER
晶体管	9012 PNP 型	1	9012

（2）绘制仿真电路图

用鼠标双击桌面上的图标 进入 Proteus ISIS 编辑窗口，单击菜单命令"File"→"New Design"，新建一个 DEFAULT 模板，并保存为"简易地震报警器控制.DSN"。在元器件选择按钮 单击"P"按钮，将表 5-9 中的元器件添加至对象选择器窗口中。然后将各个元器件摆放好，最后依照图 5-24 所示的原理图将各个元器件连接起来，如图 5-28 所示。

至此"Proteus"仿真图绘制完毕，下面将"Keil"与"Proteus"联合起来进行调试，使之可以像仿真器一样调试程序。

2．Proteus 与 Keil 联调

1）按照前面任务 2.1 中"Proteus"与"Keil"联调的步骤完成基本的软件设置。如果前面已经设置过一次，在此可以跳过忽略。

2）用 Proteus 打开已绘制好的"简易地震报警器控制.DSN"文件，在 Proteus 的"Debug"菜单中选中"Use Remote Debug Monitor（远程监控）"。同时，右键选中

STC89C51 单片机，在弹出对话框"Program File"项中，导入在 Keil 中生成的十六进制 HEX 文件"简易地震报警器控制.HEX"。

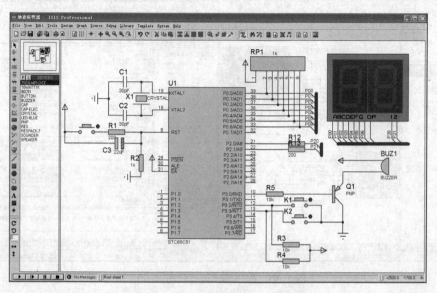

图 5-28　简易地震报警器控制仿真图

3）用 Keil 打开刚才创建好的"简易地震报警器控制.UV2"文件，打开窗口"Option for Target'工程名'"。在 Debug 选项中右栏上部的下拉菜单选中 Proteus VSM Simulator。接着再单击进入 Settings 窗口，设置 IP 为 127.0.0.1，端口号为 8000。

4）在 Keil 中单击，使用单步执行来调试程序，同时在 Proteus 中查看直观的仿真结果。这样就可以像使用仿真器一样调试程序了，如图 5-29 所示。

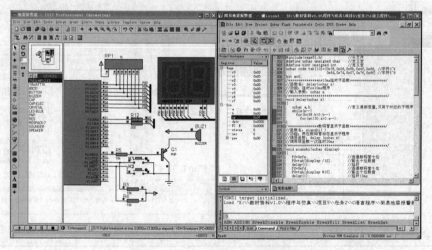

图 5-29　Proteus 与 Keil 联调界面

当单片机开始上电运行工作时，没有按键按下，此时不断循环运行主程序，使两位数码管显示"--"，蜂鸣器不鸣叫，如图 5-30 所示，其中引脚红色表明引脚状态为高电平状态，蓝色为低电平状态。

P0口输出40H

P3.0口输出高电
平蜂鸣器不鸣叫

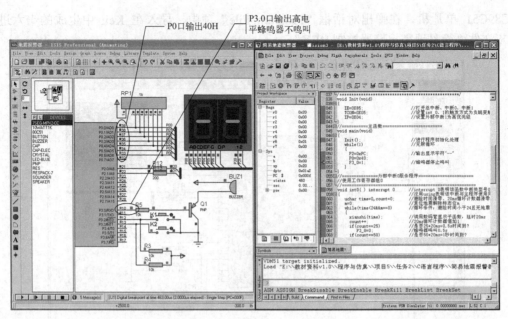

图 5-30　程序调试运行状态（一）

在外部中断 0 入口设置一个断点，再全速运行程序，单击 K1 按键，使程序进入外部中断 0，在未进入中断时 SP 的值为 0x20，而进入中断后 SP 的值为 0x2d，表明 C 语言程序在未使用 using 时会自动保护现场数据，如图 5-31 所示。

SP=0x2d

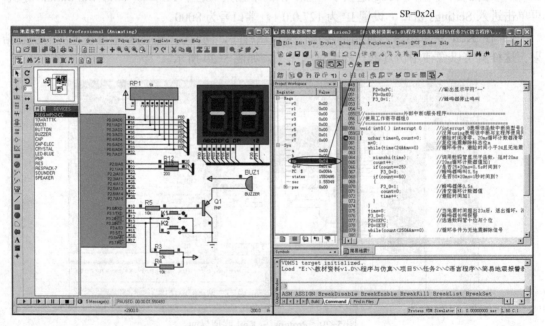

图 5-31　程序调试运行状态（二）

当程序执行到数码管显示子程序时，单步运行程序后能在左侧的 Proteus 窗口中看到数码管的两个位轮流显示数据，虽然多位数码管的显示是一位一位分别显示的，但是当轮流的速度足够快时，肉眼看到的效果是两位数码管同时显示，这就是数码管的动态显示，如图 5-32

所示。

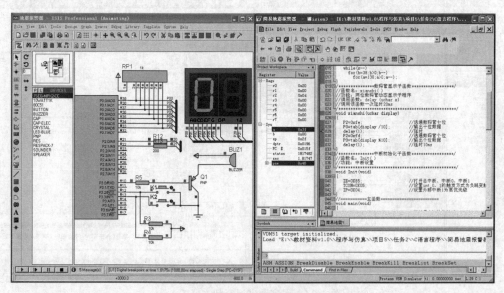

图 5-32　程序调试运行状态（三）

此时，接着单步运行程序，会发现随着程序的运行，其计数变量逐渐累加，当计数变量
达到一定设定值时，接蜂鸣器的 P3.0 口会不断高低变换，如图 5-33 所示。

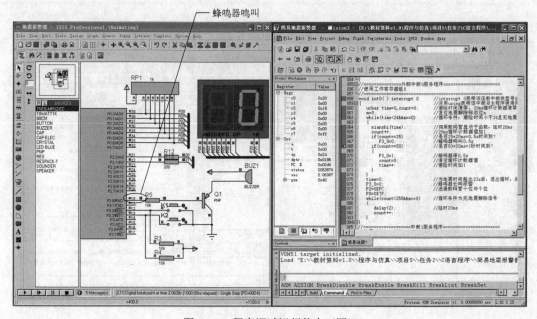

图 5-33　程序调试运行状态（四）

接着，在外部中断 1 入口设置一个断点，再全速运行程序，单击 K2 按键，程序进
入外部中断 1 运行，此时外部中断 1 将外部中断 0 中断，同时自动保护现场 SP 指针增
加，如图 5-34 所示。

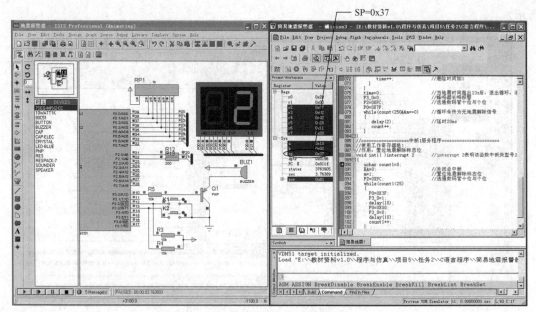

图 5-34　程序调试运行状态（五）

当程序退出外部中断 1 后，险情解除标志位已置位，重新执行外部中断 0 里的程序段，当执行到判断险情是否解除时，确认险情解除退出外部中断 0，如图 5-35 所示，应尽量使用断点与全速运行程序相配合的方式调试程序，以提高调试效率。

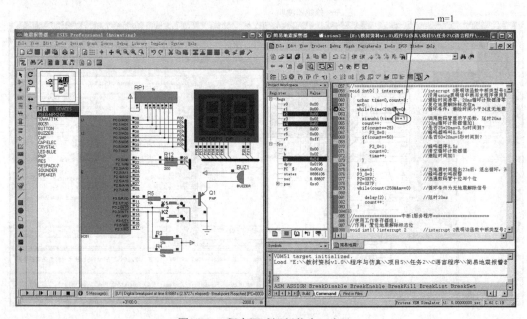

图 5-35　程序调试运行状态（六）

3. Proteus 仿真运行

用 Proteus 打开已绘制好的"简易地震报警器控制.DSN"，并将最后调试完成的程序重新编译生成新".HEX"文件导入 Proteus 中。

在 Proteus ISIS 编辑窗口中单击 ▶ 或在"Debug"菜单中选择"Execute"，运行时，当 K1 按键按下后，数码管从 00 每经 1s 加 1 并伴随着蜂鸣器报警。当数值加到 23 后显示字符"88"蜂鸣器长鸣 5s，表明地震最佳逃生时间 23s 结束，如图 5-36 所示；当 K2 按键按下后，置位清除险情标志位并发送清除险情提示（数码管闪烁显示"00"并且蜂鸣器急促鸣叫），如图 5-37 所示。

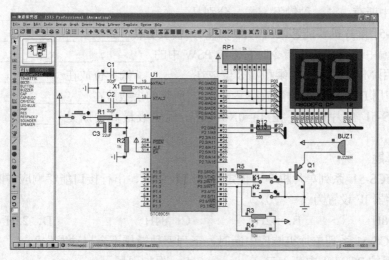

图 5-36　仿真运行结果（一）界面

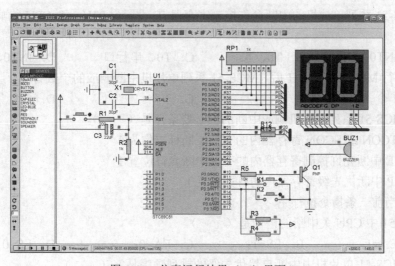

图 5-37　仿真运行结果（二）界面

随堂一练

一、填空题

1. MCS-51 单片机的中断源共有＿＿＿个，它们分别是＿＿＿、＿＿＿、＿＿＿、＿＿＿、＿＿＿；各中断矢量地址分别对应为＿＿＿、＿＿＿、＿＿＿、＿＿＿、＿＿＿。

2．MCS-51 单片机的中断优先级可以通过软件设置特殊功能寄存器_____加以选择。

3．在 MCS-51 单片机中中断的嵌套最多可以是_____级。

4．在中断服务程序中，至少应有一条_____指令。

5．除了串行口以外各中断源发出的中断请求信号，都会标记在 MCS-51 系列单片机系统的_____寄存器内。

6．外部中断有_____种触发方式，分别是_____。

7．MCS-51 单片机要能够响应外部中断 0，需要置位_____、_____、和_____。

8．在汇编中使用 SUBB 指令时它影响 PSW 中的_____、_____、_____、_____。

9．在使用 MUL 时所得的乘积高 8 位放在_____、低 8 位放在_____。

10．在使用 DIV 时所得的商放在_____，所得的余数放在_____。

11．MCS-51 单片机中，在 IP=0X00 时，优先级最高中断是_____，最低中断是_____。

二、选择题

1．在 MCS-51 系列单片机中要使定时器 T1 中断、串行接口能够响应中断，它的中断允许控制寄存器 IE 设置为（   ）。

    A．98H   B．42H   C．84H   D．22H

2．在 MCS-51 系列单片机响应中断时，下列哪种操作不会自动发生？（   ）

    A．保护 PC 转入中断入口   B．保护现场

    C．保护 PC   D．找到中断入口

3．MCS-51 系列单片机的中断允许控制寄存器 IE 设置为 92H，则 CPU 能响应的中断请求是（   ）。

    A．INT0、INT1   B．T0、T1   C．T0、串行口   D．INT0、T0

4．在执行 MOV IE,#93H 后，MCS-51 系列单片机中断响应的个数有（   ）。

    A．1 个   B．2 个   C．3 个   D．0 个

5．在 MCS-51 系列单片机响应中断的不必要条件是（   ）。

    A．TCON 或 SCON 寄存器内的有关中断标志位为 1

    B．IE 中断允许控制寄存器内的有关中断允许位置 1

    C．IP 中断优先级寄存器内的有关位置 1

    D．当前一条指令执行完

6．在 C51 中 CPU 关中断的语句是（   ）。

    A．EA=1;   B．ES=1;   C．EA=0;   D．ES=0;

7．在 MCS-51 单片机中断自然优先级的排列顺序是？（   ）

    A．INT1、T0、T1、串口、INT0   B．INT0、T0、INT1、T1、串口

    C．INT0、T0、T1、INT1、串口   D．T0、T1、INT0、INT1、串口

8．在进行 ADDC 指令操作时，应该考虑哪个标志位？（   ）

    A．OV   B．P   C．AC   D．CY

9．在进行除法指令时，除数为 0，则哪个位置为 1？（   ）

    A．P   B．OV   C．AC   D．CY

10．当外部中断请求的信号方式为脉冲方式时，要求中断请求信号的高电平状态和低电平状态都应至少维持（   ）。

    A．1 个机器周期　　B．2 个机器周期　　C．4 个机器周期　　　　D．10 个晶振周期

三、思考题

1．外部中断有几种方式？在一般情况下选择哪一种？为什么？

2．简述中断的响应处理过程。

3．描述 MCS-51 单片机的中断控制器有哪些？分别说明它们的作用。

4．简述 MCS-51 单片机的各个中断标志位，它们的置 1 和清 0 的过程。

5．为什么中断过程中需要进行保护现场和恢复现场？

6．请画出中断的服务程序结构图。

7．假设两个有符号数 A=D5H、B=0FH。分别用汇编程序写出减法、除法的运算过程。

8．在 Keil 软件中要如何来设置断点？并试着说明设置断点对程序的调试有何好处？

技能训练 1：中断加减计数器

一、训练目的

1．学会简单的单片机外部中断应用电路分析设计；

2．学会数码管静态显示接口电路设计及其程序实现；

3．理解并掌握各个中断寄存器的功能和使用方法；

4．掌握简单的单片机外部中断应用程序分析与编写；

5．进一步学会程序的调试过程与仿真方法。

二、训练任务

图 5-38 所示电路为一个 89C51 单片机通过 P3.2、P3.3 外扩两个按键接口，实现一个简易的中断加减计数器的功能，单片机上电运行后，数码管显示为 0；当 K1 按键按下时，触发外部中断 0 使数码管的值加 1，但最高只能加到 9；当 K2 按键按下时，触发外部中断 1 使数码管的值减 1，但最低只能减小到 0。以此，实现 0～9 的加减计数功能；其具体的工作运行情况见本书附带光盘中的仿真运行视频文件。

三、训练要求

训练任务要求如下：

1．进行单片机应用电路分析，并完成 Proteus 仿真电路图的绘制。

2．根据任务要求进行单片机控制程序流程和程序设计思路分析，画出程序流程图。

3．依据程序流程图在 Keil 中进行源程序的编写与编译工作。

4．在 Proteus 中进行程序的调试与仿真工作，最终完成实现任务要求的程序。

5．完成单片机应用系统实物装置的焊接制作，并下载程序实现正常运行。

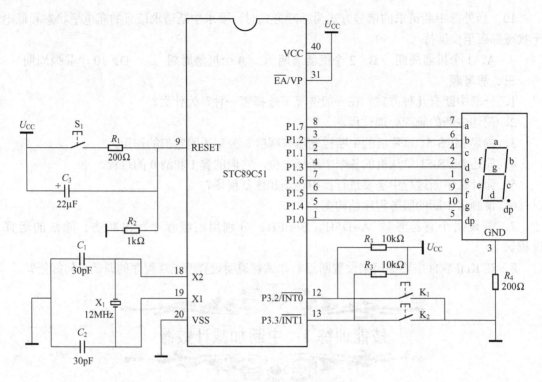

图 5-38　中断加减计数器

技能训练 2：中断嵌套数显控制

一、训练目的

1. 学会数码管动态显示接口电路设计及其程序实现；
2. 理解并掌握中断嵌套的过程和使用方法步骤；
3. 掌握单片机中断嵌套程序的分析与编写；
4. 学会单片机多级中断应用程序分析与开发；
5. 进一步学会程序的调试过程与仿真方法。

二、训练任务

图 5-39 所示电路为一个 89C51 单片机通过 P3.2、P3.3 外扩两个按键接口，实现两个不同优先级的中断嵌套处理。当单片机刚开始上电运行时，无按键按下，数码管显示 00；当 K1 按键按下后触发外部中断 0 并处于中断 0 的循环中，数码管的值由 00 以一定的时间间隔逐 1 增加至 99；当其值曾加至 99 时退出中断 0，数码管重新恢复显示 00 状态；当 K2 按键按下后触发高优先级的外部中断 1，使 P3.0 所接 LED 灯以一定时间间隔亮灭 10 次后退出中断 1；其具体的工作运行情况见教材附带光盘中的仿真运行视频文件。

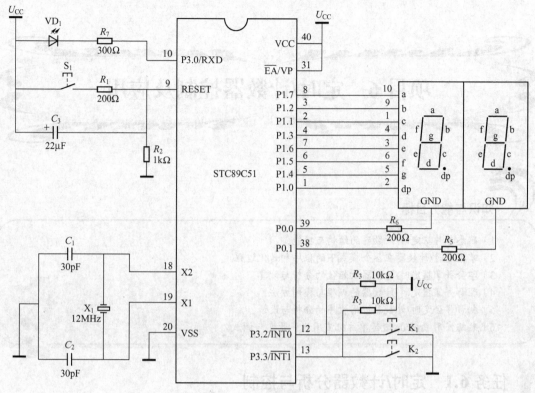

图 5-39 中断嵌套数显控制

三、训练要求

训练任务要求如下：

1. 进行单片机应用电路分析，并完成 Proteus 仿真电路图的绘制。

2. 根据任务要求进行单片机控制程序流程和程序设计思路分析，画出程序流程图。

3. 依据程序流程图在 Keil 中进行源程序的编写与编译工作。

4. 在 Proteus 中进行程序的调试与仿真工作，最终完成实现任务要求的程序。

5. 完成单片机应用系统实物装置的焊接制作，并下载程序实现正常运行。

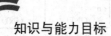

项目 6 定时/计数器控制及应用

知识与能力目标

1）熟悉单片机定时/计数器的结构与功能。
2）掌握定时/计数器在各个模式下的程序初始化过程。
3）学会并掌握定时/计数器初始值的分析与计算。
4）理解并掌握定时/计数器的编程与控制方法。
5）初步学会定时/计数器应用程序的分析与设计。
6）熟练使用 Proteus 进行单片机应用程序开发与调试。

任务 6.1 定时/计数器分析与控制

6.1.1 定时/计数器结构与功能分析

定时/计数器是单片机系统的一个重要部件，其工作方式灵活、编程简单和使用方便，可用来实现定时控制、延时、频率测量、脉宽测量、信号发生和信号检测等功能，此外定时/计数器还可用做为串口通信中波特率发生器。

1．定时/计数器的组成

51 单片机内部有两个 16 位可编程的定时/计数器 T0 和 T1，其逻辑结构如图 6-1 所示，其主要由 T0、T1、方式寄存器 TMOD 和控制寄存器 TCON 四大部分组成，下面我们从定时/计数器的工作过程来理解各部分的作用。

定时/计数器的工作过程如下：

1）设置定时/计数器的工作方式。通过对方式寄存器 TMOD 的设置，确定相应的定时/计数器是定时功能还是计数功能，以及工作方式及启动方法。

定时/计数器的功能有两种：定时功能与计数功能。用做定时器时，对内部脉冲进行计数，由于机器周期是定值，故当计数值确定时，定时时间也随之确定。用做计数器时，对引脚 T0（P3.4）或 T1（P3.5）上的输入脉冲进行计数，若在一个机器周期采样到高电平，在下一个机器周期采样到低电平，即在外部脉冲的下降沿将触发计数，每输入一个脉冲，加法计数器加 1。

定时/计数器的工作方式有 4 种：方式 0、方式 1、方式 2 和方式 3，具体情况下面会详细讲述。

定时/计数器的启动方式有两种：软件启动和软硬件共同启动。如图 6-1 所示，除了由

TCON 发出的软件启动信号外，当设置为软硬件共同启动后还可以由外部引脚触发启动信号和软件启动信号共同启动，这外部引脚就是单片机的外部中断输入引脚。

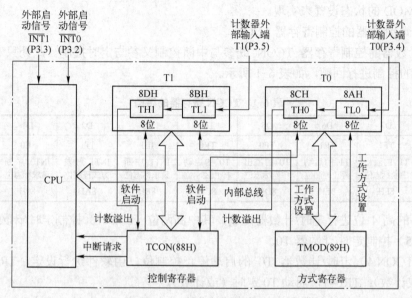

图 6-1 定时/计数器逻辑结构

2）设置计数初值。T0、T1 是 16 位加法计数器，分别由两个 8 位专用寄存器组成，T0 由 TH0 和 TL0 组成，T1 由 TH1 和 TL1 组成。TL0、TL1、TH0 和 TH1 的访问地址依次为 8AH～8DH，每个寄存器均可被单独访问，因此可以被设置为 8 位、13 位或 16 位的计数器使用。

计数器的位数确定了计数器的计数范围。8 位计数器的计数范围是 0～255（FFH），其最大计数值为 256；同理，16 位的计数器的计数范围是 0～65535（FFFFH），其最大计数值为 65536。

在计数器允许的计数范围内，计数值可以从任何值开始计数，对于加 1 计数器，当计数到最大值时（对于 8 位计数器，当计数值从 255 再加 1 时，计数值变为 0），产生溢出。

定时/计数器允许用户编程设定开始计数的数值，称为赋初值。初值不同，则计数器产生溢出时，计数个数也不同。例如，对于 8 位计数器，当初值设为 100 时，再加 1 计数 156 个，计数器就产生溢出；当初值设为 200 时，再加上 1 计数 56 个，计数器就产生溢出。

当然不同工作方式下，初值的计算和设置，具体情况下面会详细讲述。

3）启动定时/计数器。根据第 1）步中所设置的启动方式，启动定时/计数器。如果采用软件启动，则需要把控制寄存器中的 TR0 或 TR1 置 1；如果采用软硬件共同启动方式，则不仅要把控制寄存器中的 TR0 或 TR1 置 1，还需要相应外部启动信号为高电平。

当设置了定时器的工作方式并启动定时器工作后，定时器就按被设定的工作方式独立工作，不再占用 CPU 的操作时间，只有在计数器计数溢出时才能中断 CPU 当前的操作。

4）计数溢出。计数溢出标志位在控制寄存器 TCON 中，用于通知用户定时/计数器已经计数满，用户可以采用查询方式或中断方式进行操作。

2．定时/计数器的控制寄存器

单片机内部的两个 16 位定时/计数器是可编程的，其编程操作通过两个特殊功能寄存器 TCON 和 TMOD 的状态设置来实现。

（1）定时/计数器的控制寄存器 TCON

定时/计数器的控制寄存器 TCON 既参与中断控制又参与定时控制。此处只对与定时控制功能相关的控制进行回顾，如表 6-1 所示。

表 6-1　TCON 寄存器的结构

TCON(88H)	D7	D6	D5	D4	D3	D2	D1	D0
位名称	TF1	TR1	TF0	TR0	IE1	IT1	IE0	IT0
位含义	T1 的溢出中断标志位	T1 的启动停止控制位	T0 的溢出中断标志位	T0 的启动停止控制位	INT1 中断请求标志位	INT1 触发方式控制位	INT0 中断请求标志位	INT0 触发方式控制位
位地址	8FH	8EH	8DH	8CH	8BH	8AH	89H	88H

TCON 的高 4 位进行定时/计数器控制，其中高两位（6 和 7）控制定时/计数器 T1，低两位（4 和 5）控制定时/计数器 T0。

TR0（TCON.4）定时/计数器 T0 的启动停止控制位，由软件进行设定，TR0=0，停止 T0 定时（或计数）；TR0=1，启动 T0 定时（或计数）。

TF0（TCON.5）定时/计数器 T0 的溢出中断标志位，当 T0 定时（或计数）结束时，由硬件自动置 1。

TR1（TCON.6）定时/计数器 T1 的启动停止控制位，由软件进行设定，TR1=0，停止 T1 定时（或计数）；TR1=1，启动 T1 定时（或计数）。

TF1（TCON.7）定时/计数器 T1 的溢出中断标志位，当 T1 定时（或计数）结束时，由硬件自动置 1。

（2）定时/计数器的工作方式控制寄存器 TMOD

定时/计数器的工作方式控制寄存器 TMOD 是单片机专门用来控制两个定时/计数器的工作方式的寄存器。这个寄存器的各位定义见表 6-2。

表 6-2　TMOD 寄存器的结构

TMOD(89H)	D7	D6	D5	D4	D3	D2	D1	D0
位名称	GATE	C/$\overline{\text{T}}$	M1	M0	GATE	C/$\overline{\text{T}}$	M1	M0
位含义	T1 门控位	模式选择位	工作方式选择位		T0 门控位	模式选择位	工作方式选择位	
	←——— 定时/计数器 T1 ———→				←——— 定时/计数器 T0 ———→			

M0、M1——工作方式选择位。

M0 和 M1 两位二进制数可表示 4 种状态，因此通过 M1 和 M0 可选择 4 种工作方式，如表 6-3 所示。

表 6-3　工作方式

M1、M0	工作方式	功　能	M1、M0	工作方式	功　能
0 0	方式 0	13 位计数器	1 0	方式 2	8 位计数器，初值自动装入
0 1	方式 1	16 位计数器	1 1	方式 3	T0：两个 8 位计数器 T1：停止计数

◆ C/$\overline{\text{T}}$——定时/计数方式选择位。

C/$\overline{\text{T}}$=0，为定时工作方式，对片内机器周期脉冲计数，用做定时器。

C/$\overline{\text{T}}$=1，为计数工作方式，对外部事件脉冲计数，负跳变脉冲有效，即从高电平跳变到低电平。

◆ GATE——门控位。

GATE=0，由 TR0 或 TR1 来启动定时/计数器。

GATE=1，由 TR0 和 INT0(P3.2)或 TR1 和 INT1(P3.3)共同启动定时/计数器，只有当二者同时为 1 时才能进行计数操作。

3. 定时/计数器的工作方式

如前所述定时/计数器共有 4 种工作方式，由 TMOD 中 M1、M0 的状态确定，下面逐一进行讲述。

（1）工作方式 0

当 M1、M0=00 时，定时/计数器工作于方式 0，图 6-2 所示为定时/计数器工作于方式 0 时的逻辑电路结构。

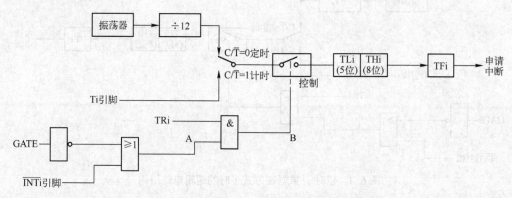

图 6-2　定时/计数器在方式 0 时的逻辑电路结构

如图 6-2 所示，当 C/$\overline{\text{T}}$=0 时，多路开关连接 12 分频器输出，Ti 为定时功能，对机器周期计数，定时时间为：（8192-初值）x 时钟周期 x12；当 C/$\overline{\text{T}}$=1 时，多路开关与 Ti 引脚相连，计数脉冲由外部输入，当外部信号电平发生由 1 到 0 的负跳变时，计数器加 1，Ti 为计数功能。

当 GATE=0 时，或门被封锁，$\overline{\text{INTi}}$ 信号无效。或门输出常 1，打开与门，TRi 直接控制 Ti 的启动和关闭。TRi=1，接通控制开关，Ti 从初值开始计数直至溢出。溢出时，16 位加法计数器为 0，TFi 置位，并申请中断。如要循环计数，则定时器 Ti 需重置初值；TRi=0，则与门被封锁，控制开关被关断，停止计数。

当 GATE=1 时，与门的输出由 $\overline{\text{INTi}}$ 得输入电平和 TRi 位的状态来确定。若 TRi=1 则由 $\overline{\text{INTi}}$ 引脚直接开启或关闭 Ti，当 $\overline{\text{INTi}}$ 为高电平时，允许计数，否则停止计数；若 TRi=0，则与门被封锁，控制开关被关闭，停止计数。

如图 6-2 所示，在这种工作方式下，内部计数器为 13 位，由 TLi 低 5 位（高 3 位未用，一般清零）和 THi 高 8 位组成。TLi 低 5 位计数满时不向 TLi 的第六位进位，而是直接向 THi 进位。当 13 位计数计满溢出，溢出标志位 TFi 置位。其最大计数值 M=8192，如

图 6-3 所示。

根据上述方式 0 的工作特点，当晶振为 12M 时，机器周期为 1μs，试着配置定时器 1 工作于方式 0 定时时间 5ms 的初值。

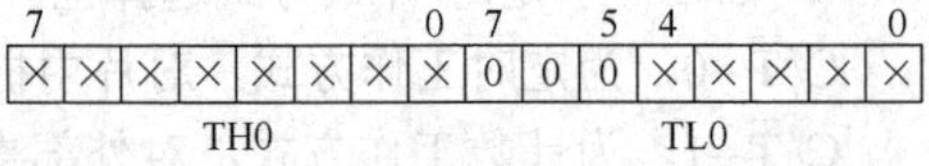

7							0	7	5	4				0
×	×	×	×	×	×	×	×	0	0	0	×	×	×	×	×
			TH0									TL0			

图 6-3　工作于方式 0 下的 13 位定时/计数器

方式 0 采用 13 位计数器，其最大定时时间为：8192×1μs=8.192ms，大于定时时间 5ms，则计数值为 5ms/1μs=5000，T1 的初值为：

$$X=M-计数值=8192-5000=3192=C78H=0110001111000B$$

如图 6-3 所示，13 位计数器中 TL1 的高 3 位未用，填写 0，TH1 占高 8 位，所以 X 的实际填写值应为：

$$X=0110001100011000B=6318H$$

（2）工作方式 1

当 M1、M0=01 时，定时/计数器工作于方式 1，图 6-4 所示为定时/计数器工作于方式 1 时的逻辑电路结构。

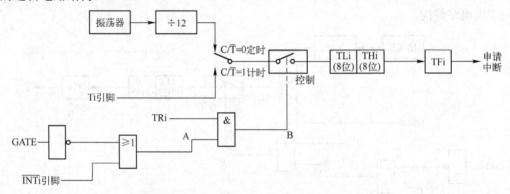

图 6-4　定时/计数器在方式 1 时的逻辑电路结构

方式 1 是 16 位定时/计数器，最大计数值 M=65536，其结构和操作与方式 0 大部分相同，不同之处是计数位数不同。其用做定时器时，定时时间为：（65536−初值）X 时钟周期 X 12。

（3）工作方式 2

当 M1、M0=10 时，定时/计数器工作于方式 2，图 6-5 所示为定时/计数器工作于方式 2 时的逻辑电路结构。

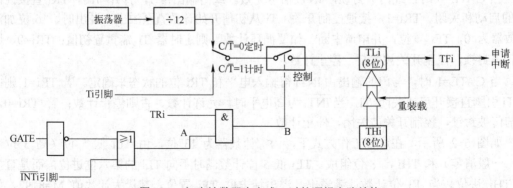

图 6-5　定时/计数器在方式 2 时的逻辑电路结构

在工作方式 2 中，16 位加法计数器的 THi 和 TLi 具有不同功能，TLi 是 8 位计数器，THi 是重置初值的 8 位缓冲器，因此最大计数值 M=256。

在工作方式 0 和工作方式 1 下，每次计数溢出后，计数器自动复位为 0，要进行新一轮计数，必须重置计数初值，既影响定时时间精度，又导致编程麻烦。工作方式 2 具有初值自动装载功能，适合用于比较精准的定时场合，定时时间为：（256−初值）×时钟周期×12。

在工作方式 2 中，TLi 用做 8 位计数器，THi 用来保持初值。编程时，TLi 和 THi 必须由软件赋予相同的初值。一旦 TLi 计数溢出，TFi 将被置位，同时 THi 中保存的初值自动装入 TLi，进入新一轮计数，如此循环往复。

根据上述方式 2 的工作特点，试着配置定时器 1 工作于方式 2 定时时间 250μs 的初值。

因工作方式 2 是 8 位计数器，当晶振为 12M 时，机器周期为 1μs，其最大定时时间为：256×1μs=256μs，大于定时时间 250μs 故只需循环定时 1 次，T1 的初值为：X=M−计数值 =256−250=6H，因此 TH1=TL1=06H。

（4）工作方式 3

当 M1、M0=11 时，定时/计数器工作于方式 3，图 6-6 所示为定时/计数器工作于方式 3 时的逻辑电路结构。

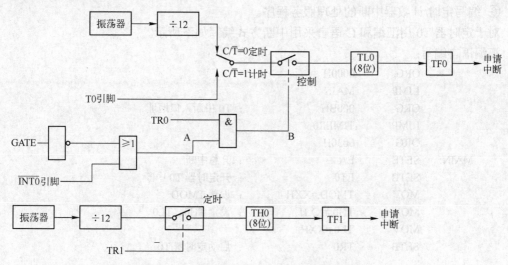

图 6-6　定时/计数器在方式 3 时的逻辑电路结构

只有 T0 可以设置为工作方式 3，T1 设置为工作方式 3 后不工作。T0 在工作方式 3 时的工作情况如下：

T0 被分解成两个独立的 8 位计数器 TL0 和 TH0。

TL0 占用 T0 的控制位、引脚和中断源，包括 C/$\overline{T}$、GATE、TR0、TF0 和 T0（P3.4）引脚、$\overline{INT0}$（P3.2）引脚。可定时也可计数，除计数位数不同于方式 0 外，其功能、操作与工作方式 0 完全相同。

TH0 占用 T1 的控制位 TF1 和 TR1，同时还占用了 T1 的中断源，其启动和关闭仅受 TR1 控制。TH0 只能对机器周期进行计数，可以用做简单的内部定时，不能用做对外部脉冲进行计数，是 T0 附加的一个 8 位定时器。

TL0 和 TH0 的定时时间为：（256−初值）×时钟周期×12。

当 T0 在工作方式 3 时，T1 仍可设置为方式 0、方式 1 或方式 2。但由于 TR1、TF1 和 T1 中断源已被 T0 占用，因此，定时器 T1 仅由控制位 C/$\overline{T}$ 切换其定时或计数功能。当计数器计满溢出时，只能将输出送往串行口。在这种情况下，T1 一般用做串行口波特率发生器或不需要中断的场合。因 T1 的 TR1 被占用，当设置好工作方式后，T1 自动开始计数；当送入一个设置 T1 为工作方式 3 的方式字后，T1 停止计数。

6.1.2 定时/计数器编程与控制

定时/计数器的编程一般可分为两种：中断方式和查询方式。

（1）中断方式

定时/计数器在中断方式的编程步骤如下：

① 开中断。

② 设置中断优先级，当中断只有一个时不用设置。

③ 设置 TMOD 初始化。

④ 设置定时/计数初值。

⑤ 启动定时/计数器。

⑥ 编写定时/计数器中断的处理服务程序。

对于定时器 T0 用汇编和 C 语言采用中断方式编写如下所示。

汇编语言编写：

```
            ORG     0000H
            LJMP    MAIN
            ORG     000BH           ；T0 中断入口地址
            LJMP    TIMER0
            ORG     0030H
    MAIN:   SETB    EA              ；开总中断
            SETB    ET0             ；开定时器 T0 中断
            MOV     TMOD,#XXH       ；设置 TMOD
            MOV     TH0,#XXH        ；设置 TH0、TL0
            MOV     TL0,#XXH
            SETB    TR0             ；启动定时器 T0
            ……
    TIMER0: ……                     ；中断服务程序
            RETI
```

C 语言编写：

```
#include<regx51.h>
void main()
{
    IE=0X83;                    //开中断
    TMOD=0XXX;                  //设置 TMOD
    TH0=0XXX;                   //设置 TH0、TL0
    TL0=0XXX;
    TR0=1;                      //启动定时器 T0
    ……;
}
```

```
//=====中断服务程序=====
void  timer0( ) interrupt  1              //T0 中断服务子程序
{
        ……;
}
```

（2）查询方式

定时/计数器的查询方式是指查询定时/计数器对应的溢出标志位 TF0 或 TF1 是否置位，进而进行相关事件处理的方式，使用该查询方式定时/计数器可不用进入中断处理，其编程的一般步骤如下：

① 关中断。

② 设置 TMOD 初始化。

③ 设置定时/计数初值。

④ 启动定时/计数器。

⑤ 查询溢出标志位 TF0 或 TF1 置位情况及相关处理。

对于定时器 T0 用汇编和 C 语言采用查询方式编写如下所示。

汇编语言编写：

```
                ORG         0000H
                LJMP        MAIN
                ORG         0030H
    MIAN:       CLR         EA                  ; 关中断
                MOV         TMOD,#XXH           ; 设置 TMOD
                MOV         TH0,#XXH            ; 设置 TH0、TL0
                MOV         TL0,#XXH
                SETB        TR0                 ; 启动定时器 T0
                ……
    LOOP:       JBC         TF0,TIMER0          ; 若 TF0 置位，则先跳转到 TIMER0,后再清零 TF0
                LJMP        LOOP
    TIMER0:     ……                             ; 中断处理程序
                LJMP        LOOP
                END
```

C 语言编写：

```
    #include<regx51.h>
    void main( )
    {
      EA=0;
      TMOD=0Xxx;                    //设置 TMOD
      TH0=0Xxx;                     //设置 TH0、TL0
      TL0=0Xxx;
      TR0=1;                        //启动定时器 T0
      if(TF0!=0)                    //查询 TF0 标志位是否置位
        {
          TF0=0;                    //清零 TF0 标志位
          ……;                       //相关处理
        }
```

```
      ……;
    }
```

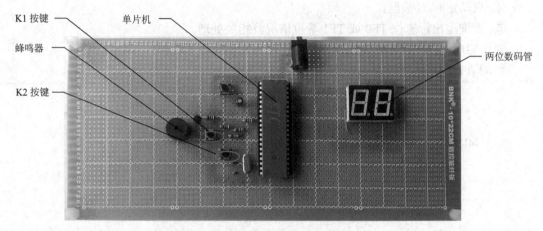

任务 6.2　简易定时闹钟控制

6.2.1　控制要求与功能展示

图 6-7 所示为单片机控制一个两位数码管与蜂鸣器形成一个简易定时闹钟的实物装置，其电路原理图如图 6-8 所示。当单片机一上电开始运行工作时，系统处于初始状态，即数码管显示为 00，蜂鸣器停止鸣叫；当开始按键 K1 按下时，数码管上显示的数值以 1s 的时间间隔开始计时输出，当计时到 10s 时停止计时，蜂鸣器开始鸣叫；当停止按键 K2 按下后，蜂鸣器停止鸣叫，数码管上的数值清零，恢复到初始状态。

图 6-7　简易定时闹钟控制实物装置

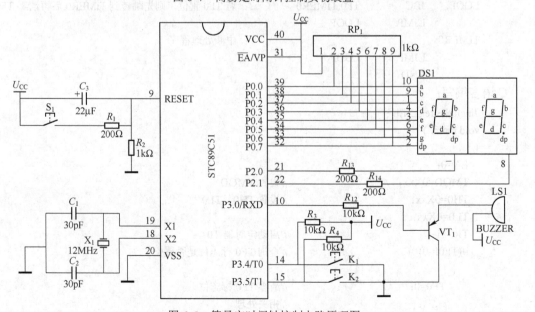

图 6-8　简易定时闹钟控制电路原理图

其具体的工作运行情况见本书附带光盘中的视频文件。

6.2.2 硬件系统与控制流程分析

1. 任务硬件系统分析

电路原理图如图 6-8 所示，该电路主要是由两个按键电路、1 个蜂鸣器驱动电路以及 1 个两位数码管显示电路组成。数码管显示电路中单片机 P0 口提供段选信号，而 P2 口提供位选信号；蜂鸣器驱动电路由 PNP 型晶体管驱动。

2. 任务控制流程分析

根据电路原理图和任务控制功能要求可得本任务的控制流程如图 6-9 所示。图 6-9a 为主程序流程图，当系统完成相关的初始化之后，一直运行于由输出处理、判断按键是否按下以及相应的按键处理环节组成的循环中；图 6-9b 为定时/计数器 0 的中断服务子程序流程，用于实现精确的定时功能。

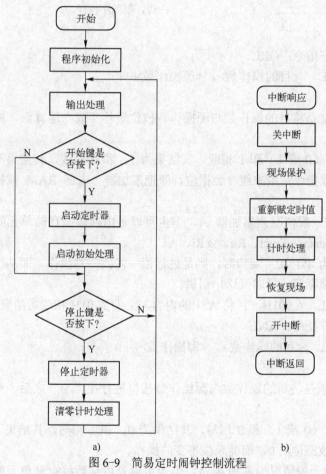

图 6-9 简易定时闹钟控制流程

a) 定时闹钟控制流程 b) 定时中断 0 控制流程

6.2.3 汇编语言程序分析与设计

在分析完硬件系统与控制流程之后，进一步进行单片机汇编语言相关知识的学习，来完成本任务汇编控制程序的编写。

1. 任务中相关的汇编指令

为了完成本任务控制程序的编写，我们再进一步学习掌握一些常用的汇编指令，主要有：JBC、ANL、ORL、XRL

（1）位控制转移指令：JBC

使用格式：JBC bit，<地址或地址标号>

使用说明：JBC 是位控制转移指令，与前面项目中所讲的 JB 指令一样都是判断位置位转移指令。所不同的是，JBC 指令是用来判断某个位是否置位；置位后，则跳转到所指定的地址中去执行，同时再清零该位；而 JB 则是跳转后就不再对该位进行清零操作。

使用示例：

```
        JBC    TF0，TIMER0          ；判断 TF0 是否置位，是则跳转到
                                   ；TIMER0 执行，后清零 TF0
        …………                       ；否，则顺序执行
TIMER0:  …………
```

（2）逻辑或操作指令：ORL

使用格式：ORL   <目的操作数>，<源操作数>

使用说明。

① ORL 指令就是将目的操作数与源操作数按位进行"或"运算后，将其结果放回目的操作数中。

② 任意逻辑量（0 或 1）和 1 相或，其结果为 1；和 0 相或，其结果不变。利用或运算的这一特点，逻辑或指令常用来组合数据位，即把累加器、内部 RAM 或特殊功能寄存器的指定位置 1。

③ 目的操作数一般情况为累加器 A，但也可以是内部数据存储单元的地址。源操作数中的内容可以是：#data、direct、Rn、@Ri、A。

当目的操作数为 P0～P3 端口时，则是进行读—修改—写操作。即从锁存器中读取数据经修改后重新写入锁存器，同时又送出引脚。

使用示例：ORL   A,#01H ；将 A 中的内容与立即数 01H 相或后结果放入 A 中

（3）逻辑与操作指令：ANL

使用格式：ANL <目的操作数>，<源操作数>

使用说明：

① ANL 指令就是将目的操作数与源操作数按位进行相"与"之后，将其结果放在目的操作数中。

② 任意逻辑量（0 或 1）和 0 相与，其结果为 0；和 1 相与，其结果不变。逻辑与指令常用来完成将若干数据位清 0，而其余位不变的操作。

③ 目的操作数一般情况为累加器 A，但也可以是内部数据存储单元的地址。源操作数中的内容可以是：#data、direct、Rn、@Ri、A。

当目的操作数为 P0～P3 端口时，则是进行读—修改—写操作。即从锁存器中读取数据经修改后重新写入锁存器，同时又送出引脚。

使用示例：ANL　A,#01H　；将 A 中的内容与立即数 01H 相与后结果放入 A 中

（4）逻辑异或操作指令：XRL

使用格式：XRL　<目的操作数>，<源操作数>

使用说明：

① XRL 指令就是将目的操作数与源操作数按位进行相"异或"之后，将其结果放在操作数一中。

② 任意逻辑量（0 或 1）和 1 相异或，其结果取反；和 0 相异或，其结果不变。逻辑异或指令常用来完成将若干数据位取反，而其余位不变的操作。同时相同逻辑量（0 或 1）相异或，结果为 0，不同逻辑量相异或，结果为 1，利用这个特点，也可判断两数是否相等。

③ 目的操作数一般情况为累加器 A，但也可以是内部数据存储单元的地址。源操作数中的内容可以是：#data、direct、Rn、@Ri、A。

当目的操作数为 P0～P3 端口时，则是进行读—修改—写操作。即从锁存器中读取数据经修改后重新写入锁存器，同时又送出引脚。

使用示例：XRL　A,#01H　；将 A 中的内容与立即数 01H 相异或后结果放入 A 中

2．汇编程序设计

学习完以上任务所需的汇编指令后，即可开始进行本任务的汇编程序的分析与设计工作。根据图 6-9 所示的程序控制流程分析图，结合汇编语言指令编写出汇编语言控制程序如下：

汇编程序代码：

88.		K1	EQU　P3.4	；使用 K1 来代替 P3.4 口
89.		K2	EQU　P3.5	；使用 K2 来代替 P3.5 口
90.		ORG	0000H	；程序入口地址
91.		LJMP	MAIN	；跳转到 MAIN
92.		ORG	000BH	；定时/计数器 0 中断入口
93.		LJMP	T_0	；程序跳转至 T_0 处执行
94.		ORG	0030H	；主程序存放于 0030H
95.	;========主程序========			
96.	MAIN:	LCALL	INIT	；进行程序初始化处理
97.	LOOP:	LCALL	SHUCHU	；输出处理
98.		JB	K1,A1	；开始按键是否按下？若有则顺序执行
99.				；若没有，则跳转至 A1 处执行
100.		LCALL	QUDOU	；进行去抖处理
101.		MOV	R0,#00H	；清零计时存储器
102.		MOV	R1,#00H	；清零 50ms 循环计数器
103.		MOV	TH0,#3CH	；设置定时器初始值 TH0
104.		MOV	TL0,#0B0H	；设置定时器初始值 TL0
105.		SETB	TR0	；开启定时器
106.		SETB	P3.0	；关闭蜂鸣器
107.	A1:	JB	K2,LOOP	；停止按键是否按下？若有则顺序执行
108.				；若没有，则跳转至 LOOP 处执行
109.		LCALL	QUDOU	；进行去抖处理
110.		CLR	TR0	；关闭定时器
111.		MOV	R0,#00H	；清零计时变量

112.		SETB	P3.0	; 关闭蜂鸣器
113.		LJMP	LOOP	; 程序跳转至 LOOP 处执行
114.	;	======按键去抖动子程序======================		
115.	QUDOU:	JNB	K1,AJ1	; 判断 K1 是否被按下，是，则跳到 AJ1 处执行
116.		JNB	K2,AJ2	; 判断 K2 是否被按下，是，则跳到 AJ2 处执行
117.		LJMP	QUDOU	; 若两个按键都没有按下，则跳转至 QUDOU
118.	AJ1:	LCALL	DIS	; 调用延时子程序
119.		JB	K1,QUDOU	; 再次判断 K1 是否被按下，若按键没有按下
120.				K1 为高电平，则跳转至 QUDOU 处执行
121.	JPDQ1:	LCALL	DIS	; 若按键有按下，则继续延时等待释放处理
122.		JNB	K1,JPDQ1	; 判断 K1 是否被释放，若按键没释放，继续判断
123.				; 若按键有释放，K1 为高电平，则继续往下执行
124.		LCALL	DIS	; 调用延时子程序
125.		JNB	K1,JPDQ1	; 再次判断 K1 是否被释放，若按键没有释放
126.				; 则跳转至 JPDQ1 处继续延时判断
127.		LJMP	FH	; 释放，则跳转至 FH 处执行
128.	AJ2:	LCALL	DIS	; 调用延时子程序
129.		JB	K2, QUDOU	; 再次判断 K2 是否被按下，若按键没有按下
130.				K2 为高电平，则跳转至 QUDOU 处执行
131.	JPDQ2:	LCALL	DIS	; 若按键有按下，则继续延时等待释放处理
132.		JNB	K2,JPDQ2	; 判断 K2 是否被释放，若按键没释放，继续判断
133.				; 若按键有释放，K2 为高电平，则继续往下执行
134.		LCALL	DIS	; 调用延时子程序
135.		JNB	K2,JPDQ2	; 再次判断 K2 是否被释放，若按键没有释放
136.				; 则跳转至 JPDQ2 处继续延时判断
137.		LJMP	FH	; 释放，则跳转至 FH 处执行
138.	FH:	RET		; 程序返回，去抖子程序结束
139.	;	======程序初始化======================		
140.	INIT:	MOV	TMOD,#01H	; 设置定时器 0 工作于工作方式 1
141.		MOV	TH0,#3CH	; 设置定时器初始值 TH0
142.		MOV	TL0,#0B0H	; 设置定时器初始值 TL0
143.		MOV	IE,#82H	; 开放总中断与定时器 0 中断
144.		MOV	R0,#00H	; 清零计时变量
145.		MOV	R1,#00H	; 清零 50ms 循环计数器
146.		MOV	DPTR,#TAB	; 将 DPTR 指向 TAB 表头地址
147.		SETB	P3.0	; 关闭蜂鸣器
148.		RET		; 子程序返回
149.	;	======数码管显示子程序======================		
150.	DIS:	MOV	A,R0	; 取出计时时间
151.		MOV	B,#10	; 赋值 B 为 10
152.		DIV	AB	; 分离出计时时间的个位、十位
153.		MOV	20H,A	; 将十位存放于 20H 单元中
154.		MOV	21H,B	; 将个位存放于 21H 单元中
155.	SW:	MOV	A,20H	; 取出十位数据放于 A 中
156.		MOV	P2,#0FEH	; 选通数码管十位
157.		MOVC	A,@A+DPTR	; 查表，获得相应的字符段码

158.	MOV	P0,A	；输出字符段码
159.	LCALL	DELAY	；调用延时
160.	GW: MOV	A,21H	；取出个位数据放于 A 中
161.	MOV	P2,#0FDH	；选通数码管个位
162.	MOVC	A,@A+DPTR	；查表，获得相应的字符段码
163.	MOV	P0,A	；输出字符段码
164.	LCALL	DELAY	；调用延时
165.	RET		
166.	；======输出处理子程序========		
167.	SHUCHU:LCALL	DIS	；数码管显示
168.	CJNE	R0,#10,C1	；判断是否定时时间到 10s
169.	CLR	P3.0	；若是则开启蜂鸣器
170.	C1: RET		；子程序返回
171.	；======定时/计数器 0 中断子程序========		
172.	T_0: CLR	EA	；关闭总中断
173.	PUSH	PSW	；堆栈保护 PSW
174.	MOV	TH0,#3CH	；重新设置定时器初始值 TH0
175.	MOV	TL0,#0B0H	；重新设置定时器初始值 TL0
176.	INC	R1	；50ms 循环计数器值加 1
177.	CJNE	R1,#20,B1	；20*50ms=1s 时间是否到
178.	MOV	R1,#00H	；清零 50ms 循环计数器
179.	INC	R0	；计时时间加 1
180.	CJNE	R0,#10,B1	；判断是否计时超过 10
181.	CLR	TR0	；关闭定时器运行
182.	B1: POP	PSW	；弹出堆栈保护数据 PSW
183.	SETB	EA	；开放总中断
184.	RETI		；中断返回
185.	；======延时 10ms 子程序========		
186.	DELAY: MOV	R3,#38	
187.	D1: MOV	R4,#130	
188.	D2: DJNZ	R4,D2	
189.	DJNZ	R3,D1	
190.	RET		
191.	；======数字 0~9 字符表========		
192.	TAB: DB 0x3f,0x06,0x5b,0x4f,0x66		；字符 0~4
193.	DB 0x6d,0x7d,0x07,0x7f,0x6f		；字符 5~9
194.	END		；结束

汇编程序说明：

1）序号 1~2：使用 K1、K2 代替 P3.4 口与 P3.5 口，方便程序的阅读与编写。

2）序号 3~7：使程序复位或上电后，直接跳到 MAIN 主程序处执行程序，当发生中断时又直接跳转至中断服务子程序处执行程序。

3）序号 13~19：当开始按键按下后，先进行去抖处理再进行恢复计时数据与开打定时器处理。

4）序号 22~26：当停止按键按下后，同样也先进行去抖处理再进行清零计时数据与关闭定时器处理。

5）序号28～51：K1、K2按键按下与释放去抖程序，与任务3.2中所编写程序一样。

6）序号53～61：程序初始化子程序，用于进行各个中断寄存器的设置、定时器初始值的给定以及清零各个工作寄存器。其中本任务中使用工作在方式1的定时器T0进行定时，定时时间为50ms，所以定时初值=65536-50000/1=15536=3CB0H。

7）序号63～78：数码管动态显示子程序，先进行显示十位数据，延时一段时间后，再显示个位数据，最后延时一段时间退出子程序。该子程序也可作为防抖程序中的延时程序使用，调用该子程序一次延时20ms，以免在按键按下后数码管显示抖动。

8）序号80～83：输出处理程序段，先调用数码管显示子程序，再进行判断是否定时时间到蜂鸣器鸣叫。

9）序号85～97：定时器T0中断服务中断子程序，50ms中断1次，当中断20次后1s时间到计时值R0加1，当计时达到10s后，关闭定时器T0。

10）序号99～103：延时10ms的延时子程序

11）序号105～106：0～9字符表。

当然，以上汇编语言源程序编写与设计过程中，实际上需要借助Keil软件对其进行不断的调试与修改，直到调试无误后，才能将程序进行编译生成单片机可执行的二进制机器码文件。程序的Keil调试过程与编译等具体情况可以参考前面任务2.1中内容所述，在此不再讲解。

6.2.4　C语言程序分析与设计

在完成以上任务的汇编语言程序设计之后，接下来运用所学习的C语言相关知识，完成本任务的C控制程序设计。

1．C语言程序设计

由于电路硬件和控制任务要求都是一样，所以C语言和汇编语言分析与设计本任务的控制流程都是一样的。根据图6-9所示的控制流程分析图，结合C语言的基本知识，我们来分析设计本任务的C语言控制程序。

C语言程序代码：

```
1.   #include<regx51.h>                    //加入头文件
2.   #define uchar unsigned char          //定义宏定义方便使用
3.   #define uint   unsigned int
4.   sbit   K1=P3^4;                       //用K1代替P3.4口
5.   sbit   K2=P3^5;                       //用K2代替P3.5口
6.   uchar unm[]={0x3f,0x06,0x5b,0x4f,0x66,  //数字0～4
7.             0x6d,0x7d,0x07,0x7f,0x6f};    //数字5～9
8.   uchar t=0,timer_tick=0;               //定义全局变量
9.   //=====a*1ms延时子程序==========
10.  void delay(uint a)
11.  {
12.    uchar j;
13.    while(a--)
14.      for(j=0; j<120; j++);
15.  }
```

```
16.  //=====程序初始化=====================
17.  void Init()
18.  {
19.      TMOD=0X01;                        //设置定时器工作在模式 1
20.      TH0=0X3C;                         //设置定时时间
21.      TL0=0XB0;
22.      IE=0X82;                          //开放总中断及定时器 0 中断
23.      P3_0=1;                           //关闭蜂鸣器
24.  }
25.  //=====数码管显示子程序=================
26.  void display()
27.  {
28.      P2=0xfe;                          //选通十位的数码管
29.      P0=unm[t/10];                     //输送十位数据
30.      delay(10);                        //延时 10ms
31.      P2=0xfd;                          //选通个位的数码管
32.      P0=unm[t%10];                     //输送个位数据
33.      delay(10);                        //延时 10ms
34.  }
35.  //=====输出处理子程序===================
36.  void shuchu()
37.  {
38.      display();                        //调用数码管显示子程序
39.      if(t==10)                         //是否计时 10s
40.      {
41.          P3_0=0;                       //蜂鸣器鸣叫
42.      }
43.  }
44.  //=================================================/
45.  //函数名：qu_doudong()
46.  //功能：确认按键按下，防止因按键抖动造成错误判断
47.  //说明：防止 K1、K2 按键抖动的子程序
48.  void qu_doudong()
49.  {
50.  if(K1==0)
51.      {
52.          do
53.          {
54.              while(K1==1)              //判断 K1 是否被按下，若按键没有按下，延时后继续判断
55.                                        //若按键有按下，K1 为 0，则继续往下执行
56.              display();                //调用延时子程序
57.          }while(K1==1);                //再次判断 K1 是否被按下，若按键没有按下，K1 为 1
58.                                        //则继续循环判断
59.          display();                    //确认已有按键按下，调用延时子程序
60.          do
61.          {
```

```c
62.      while(K1==0)              //判断 K1 是否被释放，若按键没有释放，延时后继续判断
63.                               //若按键有释放，K1 为 1，则继续往下执行
64.    display();                 //调用延时子程序
65.  }while(K1==0);               //再次判断 K1 是否被释放，若按键没有释放，继续判断
66. }                            //运行按键 K1 处理结束
67.   if(K2==0)                   //如果 K2 按键被按下，则进行抖动延时处理
68.   {
69.     do
70.     {
71.       while(K2==1)            //判断 K2 是否被按下，若按键没有按下，延时后继续判断
72.                              //若按键有按下，K2 为 0，则继续往下执行
73.        display();            //调用延时子程序
74.     }while(K2==1);           //再次判断 K2 是否被按下，若按键没有按下，K2 为 1
75.                              //则继续循环判断
76.     display();               //确认已有按键按下，调用延时子程序
77.     do
78.     {
79.       while(K2==0)           //判断 K2 是否被释放，若按键没有释放，延时后继续判断
80.                             //若按键有释放，K2 为 1，则继续往下执行
81.        display();            //调用延时子程序
82.     }while(K2==0);           //再次判断 K2 是否被释放，若按键没有释放，继续判断
83.   }                         //暂停按键 K2 处理结束
84. }
85. //=====主程序=====================
86. void main()
87. {
88.   Init();                   //进行程序初始化处理
89.   while(1)                  //无限循环
90.   {
91.    shuchu();               //输出处理
92.    if(K1==0)               //开始按键是否按下
93.    {
94.      qu_doudong();         //进行去抖处理
95.      t=0;                  //清零计时变量
96.      timer_tick=0;         //清零循环计数变量
97.      TH0=0X3C;             //设置定时器初始值 TH0
98.      TL0=0XB0;             //设置定时器初始值 TL0
99.      TR0=1;                //开放定时器
100.     P3_0=1;               //关闭蜂鸣器
101.    }
102.    if(K2==0)              //停止按键是否按下
103.    {
104.      qu_doudong();        //进行去抖处理
105.      TR0=0;               //关闭定时器
106.      t=0;                 //清零计时时间
107.      P3_0=1;              //关闭蜂鸣器
```

```
108.        }
109.    }
110. }
111. //=====定时器中断子程序=============
112. void timer0_server() interrupt 1
113. {
114.    TH0=0X3C;                          //重装定时器的值
115.    TL0=0XB0;
116.    timer_tick++;                      //timer_tick 加 1
117.    if(timer_tick==20)                 //判断 timer_tick 是否等于 20
118.    {
119.        timer_tick=0;                  //清零 timer_tick
120.        t++;                           //t 的值加 1
121.    }
122.    if(t==10)                          //判断 t 是否等于 10
123.        TR0=0;                         //关闭定时器
124. }
```

C 语言程序说明：

1）序号 1：在程序开头加入头文件"regx51.h"。

2）序号 2~3：define 宏定义处理，用 uchar 和 uint 代替 unsigned char 和 unsigned int，便于后续程序书写方便简洁。

3）序号 4~5：使用 K1、K2 代替 P3.4 口与 P3.5 口，方便程序的阅读与编写。

4）序号 6~7：定义数组，其数组元素为 0~9 的字符数据。

5）序号 8：定义全局变量 t 与 timer_tick，其中 t 为计时变量，timer_tick 为中断循环计数变量。

6）序号 10~15：带参数的延时子函数，延时时间为 ams。

7）序号 17~24：程序初始化子函数，用于进行各个中断寄存器的设置、定时器初始值的给定以及清零各个变量操作。其中本任务中使用工作在方式 1 的定时器 T0 进行定时，定时时间为 50ms，所以定时初值=65536-50000/1=15536=0x3CB0。

8）序号 26~34：数码管动态显示处理，先显示数码管的十位数据，然后显示数码管的个位数据，虽是分时显示，但是当切换速度足够快时肉眼看上去两位数码管是同时显示的。

9）序号 36~43：输出处理子函数，先调用数码管显示，然后进行判断计时 10s 是否达到蜂鸣器是否鸣叫。

10）序号 48~84：K1、K2 按键按下与释放去抖程序，与任务 3.2 中所编写程序类似。此次，使用指针当需要检测哪一按键时，将指针指向该按键的地址，然后调用去抖函数。

11）序号 94~100：当开始按键按下后，先进行去抖处理再进行恢复计时数据与开打定时器处理。

12）序号 104~107：当停止按键按下后，同样也先进行去抖处理再进行清零计时数据与关闭定时器处理。

13）序号 112~124：定时器 T0 中断服务中断子程序，50ms 中断 1 次，当中断 20 次后 1s 时间到计时值 t 加 1，当计时达到 10s 后，关闭定时器 T0。

当然，以上汇编语言源程序编写与设计过程中，实际上需要借助 Keil 软件对其进行不断的调试与修改，直到调试无误后，才能将程序进行编译生成单片机可执行的二进制机器码文件。程序的 Keil 调试过程与编译等具体情况可以参考前面任务 2.1 中内容所述，在此不再讲解。

 课堂反思：将本任务程序改为使用查询法实现，则程序又将如何编程？

6.2.5 基于 Proteus 的调试与仿真

当完成了硬件系统的分析以及控制程序的设计与编写之后，就可以进行控制程序的 Proteus 调试与仿真了。下面进行本任务中单片机应用系统汇编语言程序的 Proteus 调试与仿真，本任务的仿真系统构建过程与仿真运行等详细情况见本书附带光盘中的视频文件。

1. 创建 Proteus 仿真电路图

（1）列出元器件表

根据单片机应用电路原理图 6-8 所示，列出 Proteus 中实现该系统所需的元器件配置情况，如表 6-4 所示。

表 6-4　元器件配置表

名　　称	型　　号	数　　量	备注（Proteus 中元器件名称）
单片机	AT89C51	1	AT89C51
陶瓷电容	30pF	2	CAP
电解电容	22μF	1	CAP-ELEC
晶振	12MHz	1	CRYSTAL
按钮		3	BUTTON
电阻	200Ω	3	RES
电阻	1kΩ	2	RES
排阻	1kΩ	1	RX8
电阻	10kΩ	2	RES
共阴数码管	两位	1	7SEG-MPX2-CC
蜂鸣器		1	BUZZER
晶体管	9012　PNP	1	9012

（2）绘制仿真电路图

用鼠标双击桌面上的图标🔳进入 Proteus ISIS 编辑窗口，单击菜单命令"File"→"New Design"，新建一个 DEFAULT 模板，并保存为"简易定时闹钟控制.DSN"。在元器件选择按钮 P L ▭ DEVICES 单击"P"按钮，将表 6-4 中的元器件添加至对象选择器窗口中。然后将各个元器件摆放好，最后依照图 6-8 所示的原理图将各个元器件连接起来，如图 6-10 所示。

至此 Proteus 仿真图绘制完毕，下面将 Keil 与 Proteus 联合起来进行调试，使之可以像仿真器一样调试程序。

2. Proteus 与 Keil 联调

1）按照前面任务 2.1 中 Proteus 与 Keil 联调的步骤完成基本的软件设置。如果前面已经设置过一次，在此可以跳过忽略。

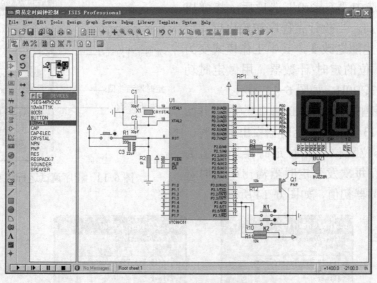

图 6-10　简易定时闹钟控制仿真图

2）用 Proteus 打开已绘制好的"简易定时闹钟控制.DSN"文件，在 Proteus 的
"Debug"菜单中选中"Use Remote Debug Monitor（远程监控）"。同时，右键选中
STC89C51 单片机，在弹出对话框"Program File"项中，导入在 Keil 中生成的十六进制
HEX 文件"简易定时闹钟控制.HEX"。

3）用 Keil 打开刚才创建好的"简易定时闹钟控制.UV2"文件，打开窗口"Option for
Target'工程名'"。在 Debug 选项中右栏上部的下拉菜单选中 Proteus VSM Simulator。接着
再单击进入 Settings 窗口，设置 IP 为 127.0.0.1，端口号为 8000。

4）在 Keil 中单击⚫，使用单步执行来调试程序，同时在 Proteus 中查看直观的仿真结
果。这样就可以像使用仿真器一样调试程序了，如图 6-11 所示。

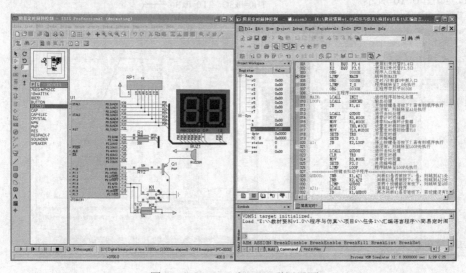

图 6-11　Proteus 与 Keil 联调界面

首先，在"Peripherals"下拉菜单中，单击"Timer"按钮选中"Timer0"选项后，将弹出定时/计数器窗口，当执行完程序初始化后，定时/计数器窗口也随之改变，其中工作模式变为模式 1 是 16 位的定时/计数器、用做定时功能、初始值为 3CB0H，如图 6-12 所示。

当 K1 按键按下后，TR0 置 1 定时器开始计时，如图 6-13 所示。当定时器溢出中断时，TF0 中断标志位置位，此时定时器当前值为 0000H，所以在每次发生定时器溢出中断时都需重新赋值定时器初值，如图 6-14 所示。

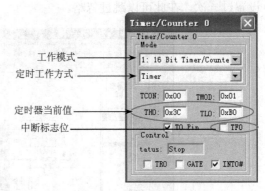

图 6-12　程序调试运行状态（一）

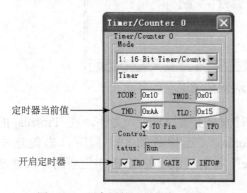

图 6-13　程序调试运行状态（二）

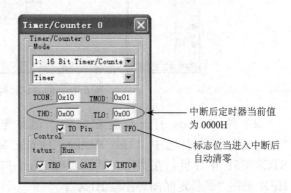

图 6-14　程序调试运行状态（三）

当程序进入定时器 0 中断后，先进行关中断、保护现场后，重新赋值定时初值 3CB0H，如图 6-15 所示。由于定时器最大定时时间有限，所以引入循环计数器 R1，每进入一次中断该计数器值加 1，当计数值达到 20 次后，计时时间 50ms*20 定时时间到，计时值 R0 加 1，如图 6-16 所示。

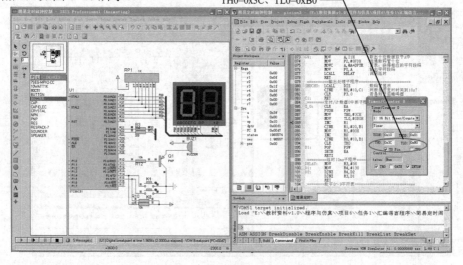

图 6-15　程序调试运行状态（四）

最后当计时达到 10s 后，在定时中断 0 内部置位 TR0 关闭定时器 0，此时定时器 0 停止工作，返回主程序后执行输出处理驱动蜂鸣器长鸣，如图 6-17 所示。

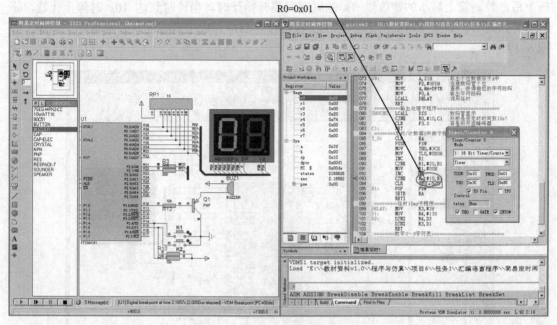

图 6-16　程序调试运行状态（五）

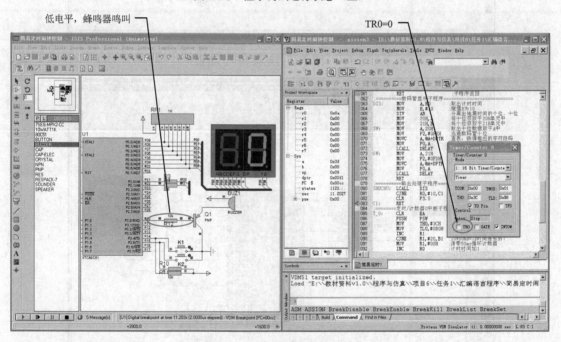

图 6-17　程序调试运行状态（六）

当停止按键按下后，先进行去抖处理，然后清零计时并将蜂鸣器停止鸣叫。

3. Proteus 仿真运行

用 Proteus 打开已绘制好的"简易定时闹钟控制.DSN"，并将最后调试完成的程序重新编译生成新".HEX"文件导入 Proteus 中。

在 Proteus ISIS 编辑窗口中单击 ▶ 或在"Debug"菜单中选择" 🦊 Execute ",当 K1 按键按下后,数码管上显示的数值以 1s 的时间间隔开始计时,当计时到达 10s 时停止计数,蜂鸣器开始鸣叫,如图 6-18 所示。当 K2 按键按下后,计数值清零同时蜂鸣器停止鸣叫,如图 6-19 所示。

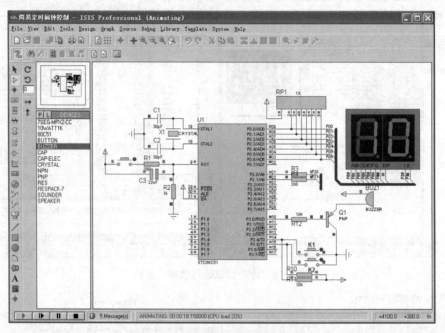

图 6-18　仿真运行结果(一)界面

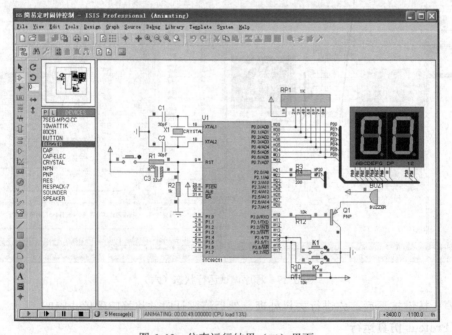

图 6-19　仿真运行结果(二)界面

任务 6.3 　简易按键计数器控制

6.3.1　控制要求与功能展示

图 6-20 所示为一个简易的按键计数器实物装置，其电路原理图如图 6-21 所示。该装置在单片机的控制作用下，单片机工作运行时，数码管显示计数值为 0，而后每按下一次 K2 按键，数码管计数值加 1，当计数值达到 10 时重新计数数码管显示 0，数码管显示计数值 0～9；当按键 K1 按下后，计数值清零。

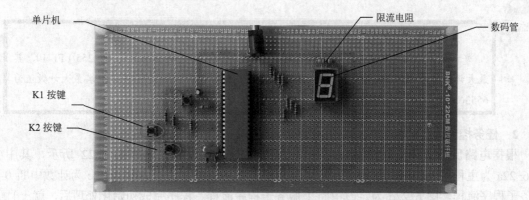

图 6-20　简易按键计数器实物装置

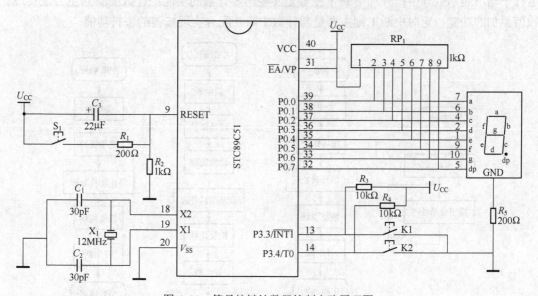

图 6-21　简易按键计数器控制电路原理图

其具体的工作运行情况见本书附带光盘中的视频文件。

6.3.2　硬件系统与控制流程分析

1. 任务硬件系统分析

电路原理图如图 6-21 所示，该电路主要是由两个按键电路和 1 个数码管显示电路组成。该数码管显示电路中由单片机 P0 口提供段选信号，其共阴端串上阻值 200Ω的限流电阻接地，在此不再具体分析其硬件系统。但要使用计数器来实现该控制要求，需要了解单片机计数器的部分具体知识。

单片机定时/计数器的计数功能

单片机的定时/计数器有定时和计数两种功能，这两种功能主要是通过定时/计数器的工作方式控制寄存器 TMOD 中的 C/$\overline{T}$ 位控制。当 C/$\overline{T}$ 位为 1 时，单片机的定时/计数器设为计数工作方式，主要是对由 T0（P3.4 引脚）或 T1（P3.5 引脚）引入的外部脉冲计数，而其余设置则与定时器的设置相同。

知识链接

计数器的位数确定了计数器的计数范围。8 位计数器的计数范围是 0~255（FFH），其最大计数值为 256，同理，16 位计数器的计数范围是 0~65535（FFFFH），其最大计数值为 65536。

2. 任务控制流程分析

根据电路原理图和任务控制功能要求可得出本任务的控制流程如图 6-22 所示，其中图 6-22a 为主程序流程图，图 6-22b 为外部中断 1 服务子程序流程，图 6-22c 为计数中断 0 服务子程序流程，图 6-22d 为定时中断 1 服务子程序流程。程序完成初始化处理后，就一直运行于输出显示处理中；外部中断 1 主要是实现清零计数的功能；计数中断 0 主要是实现计数值累加的功能；定时中断 1 则主要是与计数中断 0 配合实现按键的去抖功能。

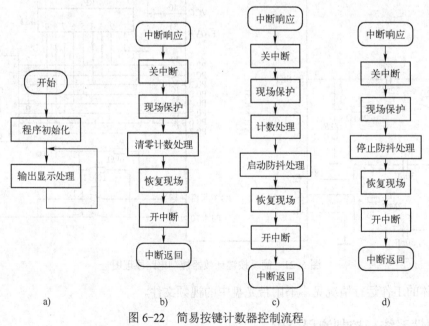

图 6-22 简易按键计数器控制流程

a) 主程序 b) 外部中断 1 c) 计数中断 0 d) 定时中断 1

由于 T0（P3.4）引脚输入脉冲是由按键提供的，按键在按下与释放过程中会存在抖动。因此需要去抖处理，为此引入定时/计数器 0 用于去抖处理，定时/计数器 0 的定时时间长短根据具体的按键情况而定。当外部输入脉冲为标准的脉冲时，定时/计数器 0 可以不使用。

6.3.3 汇编语言程序分析与设计

在分析完硬件系统与控制流程之后，通过之前所学到的汇编知识，来完成本任务汇编控制程序的编写。根据图 6-22 所示的控制流程分析图，结合汇编语言指令编写出汇编语言控制程序如下。

汇编语言程序代码：

```
1.              ORG         0000H        ; 程序初始地址
2.              LJMP        MAIN         ; 跳转到 MAIN
3.              ORG         000BH        ; 计数器 0 中断入口地址
4.              LJMP        JISHU        ; 跳转到 JISHU
5.              ORG         001BH        ; 计数器 1 中断入口地址
6.              LJMP        T_1          ; 跳转到 T_1
7.              ORG         0013H        ; 外部中断 1 入口地址
8.              LJMP        INT_1        ; 跳转到 INT_1
9.              ORG         0030H        ; 程序存放于 0030H 开始的地址
10. ; ===================程序初始化===================
11. INIT:       MOV         TMOD,#16H    ; 设置定时/计数器 0 为工作于模式 2 的计数器
12.                                      ; 设置定时/计数器 1 为工作于模式 1 的定时器
13.             MOV         TH0,#0FFH    ; 设置计数器重装值为 0FFH
14.             MOV         TL0,#0FFH    ; 设置计数器初始值为 0FFH
15.             MOV         TH1,#03CH    ; 设置定时器 1 高 8 位初始值
16.             MOV         TL1,#0B0H    ; 设置定时器 1 低 8 位初始值
17.             MOV         IE,#8EH      ; 打开总中断、定时/计数器 0、1 中断及外部中
                                         ; 断 1 中断
18.             SETB        TR0          ; 启动计数器 0
19.             SETB        IT1          ; 设置外部中断 1 触发方式为负跳变触发
20.             MOV         R0,#0        ; 将计数值 R0 清零
21.             MOV         R1,#0        ; 将循环计数器 R1 清零
22.             MOV         DPTR,#TAB    ; 将 DPTR 指向 TAB 的表头地址
23.             RET                      ; 子程序返回
24. ; ========主程序========================================
25. MAIN:       LCALL       INIT         ; 进行程序初始化处理
26. LOOP:       LCALL       XIANSHI      ; 调用数码管显示子程序
27.             LJMP        LOOP         ; 循环运行
28. ; ========数码管显示子程序========================
29. XIANSHI:    MOV         A,R0         ; 取出计数值 R0，存放于 A 中
30.             MOVC        A,@A+DPTR    ; 查表得到计数值的字符数据
31.             MOV         P0,A         ; 输出计数值字符数据
```

32.		RET		;返回

33. ; =====外部中断 1 中断服务子程序=============

34.	INT_1:	CLR	EA	;关闭总中断
35.		PUSH	PSW	;堆栈保护 PSW
36.		LCALL	DELAY	;调用延时子程序,进行去抖
37.		MOV	R0,#0	;清零计数值
38.		POP	PSW	;弹出堆栈保护数据 PSW
39.		SETB	EA	;开放总中断
40.		RETI		;中断返回

41. ; ============计数中断 0 服务子程序=============

42.	JISHU:	CLR	EA	;关闭总中断
43.		PUSH	PSW	;堆栈保护 PSW
44.		PUSH	ACC	;堆栈保护 ACC
45.		INC	R0	;将 R0 加 1
46.		CJNE	R0,#10,A1	;是否计数到 10
47.		MOV	R0,#00H	;若计数到 10,则重新赋值为 0
48.	A1:	CLR	TR0	;关闭计数中断 0
49.		SETB	TR1	;开放定时中断 1
50.		POP	ACC	;弹出堆栈保护数据 ACC
51.		POP	PSW	;弹出堆栈保护数据 PSW
52.		SETB	EA	;开放总中断
53.		RETI		;中断返回

54. ; ======定时器中断处理程序段,进行延时防抖======

55.	T_1:	CLR	EA	;关闭总中断
56.		PUSH	PSW	;堆栈保护 PSW
57.		PUSH	ACC	;堆栈保护 ACC
58.		MOV	TH1,#03CH	;重新设置定时值,定时 50ms
59.		MOV	TL1,#0B0H	
60.		INC	R1	;循环计数器值加 1
61.		CJNE	R1,#4,A3	;判断是否循环到达 4? 即延时 200ms 时间到
62.		MOV	R1,#00H	;若是,则重新赋值循环值为 00H
63.		CLR	TR1	;关闭定时中断 1
64.		SETB	TR0	;开放计数中断 0
65.	A3:	POP	ACC	;弹出堆栈保护数据 ACC
66.		POP	PSW	;弹出堆栈保护数据 PSW
67.		SETB	EA	;开放总中断
68.		RETI		;中断返回

69. ; ======延时子程序==================

70.	DELAY:	MOV	R2,#76	
71.	A2:	MOV	R3,#130	
72.		DJNZ	R3,$	
73.		DJNZ	R2,A2	
74.		RET		

75. ; ======字符 0~9 数据表==============

76.	TAB:	DB 0x3f,0x06,0x5b,0x4f,0x66		;字符 0~4
77.		DB 0x6d,0x7d,0x07,0x7f,0x6f		;字符 5~9
78.		END		;结束

232

汇编语言程序说明。

1）序号 1～9：使程序复位或上电后，直接跳到 MAIN 主程序处执行程序，当发生中断时又直接跳转至中断服务子程序处执行程序。

2）序号 11～23：程序初始化程序段，设置各个中断寄存器、清零各个计数寄存器等。

3）序号 25～27：主程序，先进行程序初始化处理，然后不断循环显示计数值。

4）序号 29～32：数码管显示子程序，根据计数值查表，将所查的数据通过 P0 口输出，进而显示在数码管上。

5）序号 34～40：外部中断 1 服务子程序，进入该中断内将计数值清零。

6）序号 42～53：计数器 0 中断服务子程序，先关闭总中断，然后进行现场保护，接着计数值加 1 并判断计数值是否超出范围，最后关闭计数器 0、打开定时器 1 开始定时当定时时间到再重新打开计数器，以达到延时去抖的目的。

7）序号 55～68：在计数器发生中断后定时器开始工作，定时器延时一段时间后（50ms*4=200ms）再打开计数器中断，避免按键抖动使计数值误加。

8）序号 70～74：延时 20ms 延时子程序。

9）序号 76～77：数字 0～9 的字符数据表。

当然，以上汇编语言源程序编写与设计过程中，实际上需要借助 Keil 软件对其进行不断的调试与修改，直到调试无误后，才能将程序进行编译生成单片机可执行的二进制机器码文件。程序的 Keil 调试过程与编译等具体情况可以参考前面任务 2.1 中内容所述，在此不再讲解。

6.3.4 C 语言程序分析与设计

由于电路硬件和控制任务要求都是一样，所以 C 语言和汇编语言分析与设计本任务的控制流程都是一样的。根据图 6-22 所示的控制流程分析图，结合 C 语言的基本知识，我们来分析设计本任务的 C 语言控制程序。

C 语言程序代码：

```
1.   #include<reg51.h>                        //头文件
2.   #define uint unsigned int                //宏定义
3.   #define uchar unsigned char
4.   uchar code   tab[10]={0x3f,0x06,0x5b,0x4f,0x66,   //字符 0～4
5.                 0x6d,0x7d,0x07,0x7f,0x6f};   //字符 5～9
6.   uint count=0,timer_tick=0;                //定义全局变量
7.   //===============延时子函数延时 20ms===============/
8.     void delay( )
9.     {
10.      uchar i,j;                           //定义局部变量，只用于对应的子程序中
11.      for(i=0; i<76; i++)
12.      for(j=0; j<130; j++);
13.     }
14.   //===============程序初始化子函数===============/
15.   //函数名：Init()
16.   //说明：设置外部中断 1、计数器 0、定时器 1 的寄存器
```

```
17.  //==============================================/
18.  void Init( )
19.  {
20.        TMOD=0X16;                      //设置定时/计数器 0 为工作于模式 2 的计数器
21.                                        //设置定时/计数器 1 为工作于模式 1 的定时器
22.        TH0=0XFF;                       //设置计数器重装值为 0FFH
23.        TL0=0XFF;                       //设置计数器初始值为 0FFH
24.        TH1=0X3C;                       //定时器 1 初始值设置
25.        TL1=0XB0;
26.        IE=0X8E;                        //打开总中断、定时/计数器 0、1 中断以及外部中断 1 中断
27.        TR0=1;                          //启动计数器 0
28.        IT1=1;                          //设置外部中断 1 的触发方式为负跳变触发
29.  }
30.  //=============数码管显示子函数=================/
31.  //函数名: display()
32.  //说明: 数码管显示 0~9 数字
33.  //==============================================/
34.  void display()
35.  {
36.    P0=tab[count];                      //根据计数值,调用数组元素并输出
37.  }
38.  //==============================================/
39.  //函数名: int_1()
40.  //功能: 清零计数变量 count
41.  void int_1() interrupt 2
42.  {
43.        EA=0;                           //关闭总中断
44.        delay();                        //调用延时子程序,进行去抖
45.        count=0;                        //清零计数值
46.        EA=1;                           //开放总中断
47.  }
48.  //==============================================/
49.  //函数名: T_0()
50.  //说明: 使计数值加 1,并保持在 0~9 内
51.  void T_0() interrupt 1
52.  {
53.        EA=0;                           //关闭总中断
54.        count++;                        //计数值加 1
55.        if(count==10)                   //判断计数值是否等于 10
56.          count=0;                      //是则将计数值清零
57.        TR0=0;                          //关闭计数中断 0
58.        TR1=1;                          //开放定时中断 1
59.        EA=1;                           //开放总中断
60.  }
61.  //==============================================/
62.  //函数名: T_1()
```

234

```
63.    //功能：防抖延时
64.    void T_1() interrupt 3
65.    {
66.        EA=0;                        //关闭总中断
67.        TH1=0X3C;                    //重新设置定时值
68.        TL1=0XB0;
69.        timer_tick++;                //循环计数器值加 1
70.        if(timer_tick==4)            //判断是否循环到达 4?即延时 200ms 时间到
71.        {
72.            timer_tick=0;            //若是，则重新赋值循环值为 00H
73.            TR0=1;                   //开放计数中断 0
74.            TR1=0;                   //关闭定时中断 1
75.        }
76.        EA=1;                        //开放总中断
77.    }
78.    //=========主函数===================================
79.    void main()
80.    {
81.        Init();                      //进行程序初始化处理
82.        while(1)                     //无限循环
83.        {
84.            display();               //调用数码管显示子函数，进行显示
85.        }
86.    }
```

C 语言程序说明：

1）序号 1：在程序开头加入头文件"regx51.h"。

2）序号 2～3：define 宏定义处理，用 uchar 和 uint 代替 unsigned char 和 unsigned int，便于后续程序书写方便简洁。

3）序号 4～5：定义数组，其数组元素为 0～9 字符数据。

4）序号 6：定义全局变量，其中 count 为计数值，timer_tick 为 T1 定时循环计数值。

5）序号 8～13：延时子函数，延时时间为 20ms。

6）序号 18～29：初始化子函数，用于中断寄存器的设置，各个定时、计数器的初值设置等。

7）序号 34～37：一位数码管显示子函数，调用数组来显示数字。

8）序号 41～47：外部中断 1 服务函数，当进入该中断时清零计数值。

9）序号 51～60：计数器 0 中断服务函数，当发生计数中断时，计数值加 1 并且保持在范围内，同时关闭本计数中断并打开 T1 定时器定时，使 T1 定时器开始定时，当定时时间到在打开本计数中断，避免按键抖动计数值误加。

10）序号 64～77：定时器 1 中断服务函数，用于定时去抖。当定时时间（50ms*4=200ms）到打开计数器计数中断，若定时时间没到时不打开计数中断，避免按键抖动计数值误加。

11）序号 79～86：主函数，先进行函数初始化处理，最后循环调用显示函数。

当然，以上 C 语言源程序编写与设计过程中，实际上需要借助 Keil 软件对其进行不断

的调试与修改，直到调试无误后，才能将程序进行编译生成单片机可执行的二进制机器码文件。程序的 Keil 调试过程与编译等具体情况可以参考前面任务 2.1 中内容所述，在此不再讲解。

 课堂反思：本任务中由于按键存在抖动现象，会引起计数器误动作，采用了延时去抖处理方法，如果效果不理想那又应该如何解决？

6.3.5 基于 Proteus 的调试与仿真

当完成了硬件系统的分析以及控制程序的设计与编写之后，就可以进行控制程序的 Proteus 调试与仿真了。下面进行本任务中单片机应用系统汇编语言程序的 Proteus 调试与仿真，本任务的仿真系统构建过程与仿真运行等详细情况见本书附带光盘中的视频文件。

1. 创建 Proteus 仿真电路图

（1）列出元器件表

根据单片机应用电路原理图 6-21 所示，列出 Proteus 中实现该系统所需的元器件配置情况，如表 6-5 所示。

表 6-5 元器件配置表

名　　称	型　　号	数　量	备注（Proteus 中元器件名称）
单片机	AT89C51	1	AT89C51
陶瓷电容	30pF	2	CAP
电解电容	22μF	1	CAP-ELEC
晶振	12MHz	1	CRYSTAL
按钮		3	BUTTON
电阻	200Ω	2	RES
电阻	1kΩ	1	RES
排阻	1kΩ	1	RX8
电阻	10kΩ	2	RES
共阴数码管		1	7SEG-MPX1-CC

（2）绘制仿真电路图

用鼠标双击桌面上的图标 **ISIS** 进入 Proteus ISIS 编辑窗口，单击菜单命令"File"→"New Design"，新建一个 DEFAULT 模板，并保存为"简易按键计数器控制.DSN"。在元器件选择按钮 **P L DEVICES** 单击"P"按钮，将表 6-5 中的元器件添加至对象选择器窗口中。然后将各个元器件摆放好，最后依照图 6-11 所示的原理图将各个元器件连接起来，如图 6-23 所示。

2. Proteus 与 Keil 联调

1）按照前面任务 2.1 中 Proteus 与 Keil 联调的步骤完成基本的软件设置。如果前面已经设置过一次，在此可以跳过忽略。

2）用 Proteus 打开已绘制好的"简易按键计数器控制.DSN"文件，在 Proteus 的"Debug"菜单中选中"Use Remote Debug Monitor（远程监控）"。同时，右键选中 STC89C51 单片机，在弹出对话框"Program File"项中，导入在 Keil 中生成的十六进制

HEX 文件"简易按键计数器控制.HEX"。

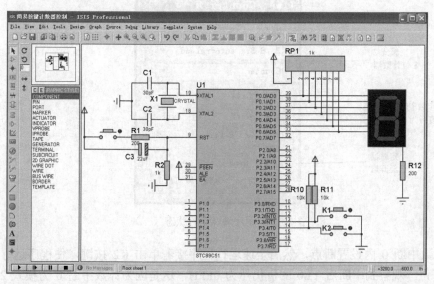

图 6-23 简易按键计数器仿真图

3）用 Keil 打开刚才创建好的"简易按键计数器控制.UV2"文件，打开窗口"Option for Target'工程名'"。在 Debug 选项中右栏上部的下拉菜单选中 Proteus VSM Simulator。接着再单击进入 Settings 窗口，设置 IP 为 127.0.0.1，端口号为 8000。

4）在 Keil 中单击 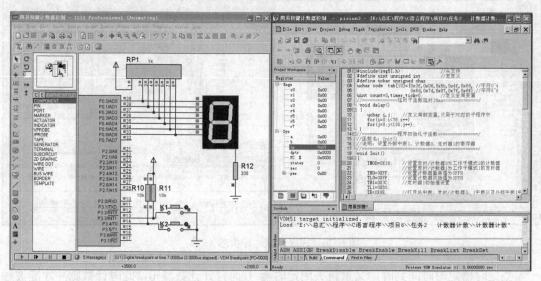，使用单步执行来调试程序，同时在 Proteus 中查看直观的仿真结果。这样就可以像使用仿真器一样调试程序了，如图 6-24 所示。

图 6-24 Proteus 与 Keil 联调界面

在联调时，先单击菜单栏中的"Peripherals"→"Timer"，选中"Timer0"选项，将弹出定时/计数器 0 窗口，当执行完程序初始化子函数后，其中设置定时/计数器 0 为工作于模式 2 的 8 位计数器其初始计数值为 0FFH 当有脉冲计数时立即发生溢出中断，如图 6-25 所示。

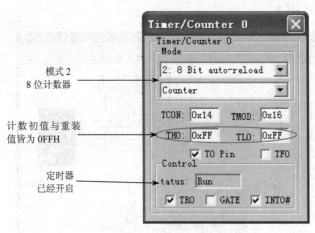

图 6-25 程序调试运行状态（一）

在计数中断 0 内设置断点，然后全速运行程序接着单击 K2 按键，使程序运行至计数中断 0 处停止。观察到中断后 TL0 的值仍然为 0FFH，这是因为计数中断 0 为模式 2，当发生中断后自动将 TH0 的值赋值给 TL0。此时定时器 1 还未开始定时，而当程序执行完"TR0=0；TR1=1；"后将计数器 0 关闭、定时器 1 开打，定时器 1 才开始定时，如图 6-26 所示。

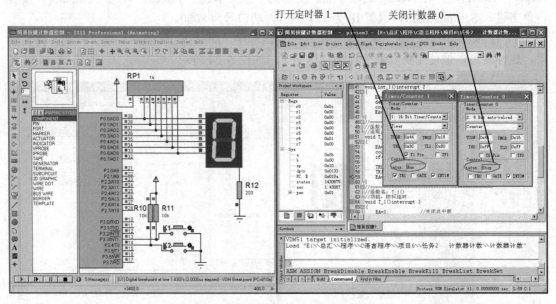

图 6-26 程序调试运行状态（二）

当定时器定时时间到时，又重新关闭定时器 1 而打开计数器 0，此时计数脉冲才能被触发，计数值才能继续累加，这样就能实现去抖处理，如图 6-27 所示。

3. Proteus 仿真运行

用 Proteus 打开已绘制好的"简易按键计数器控制.DSN"，并将最后调试完成的程序重新编译生成新".HEX"文件导入 Proteus 中。

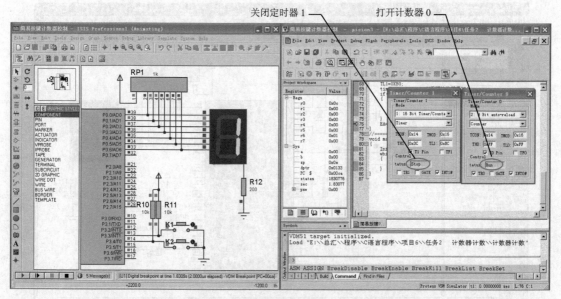

图 6-27　程序调试运行状态（三）

在 Proteus ISIS 编辑窗口中单击 ▶ 或在 "Debug" 菜单中选择 " Execute "，运行时，每按下一次计数按键时，数码管上的数字就加 1 但当计数值超过 10 时重新计数，使数码管显示数字 0~9，如图 6-28 所示。当清零按键按下时，数码管上显示的数字清零，如图 6-29 所示。

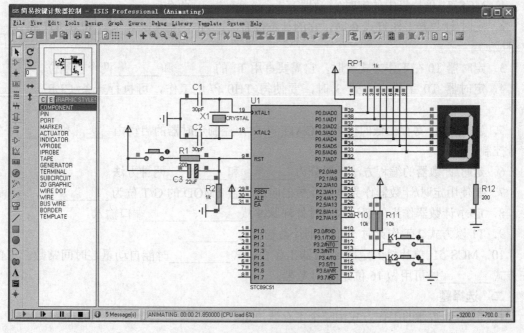

图 6-28　仿真运行结果界面（一）

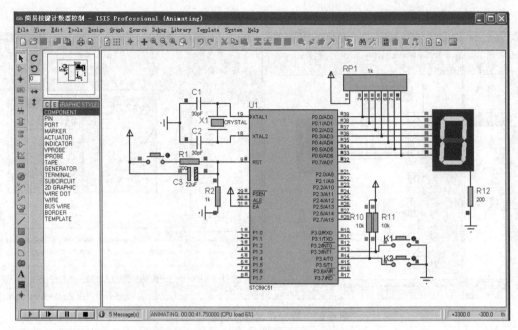

图 6-29 仿真运行结果界面（二）

一、填空题

1. MCS-51 单片机中的定时/计数器有_____和_____两个。

2. 定时/计数器工作方式 0 时，它的计数位有_____位，由 TL 低_____位和 TH 高_____位组成。

3. 定时器 T0 在工作方式 3 时，它需要占用 T1 的_____和_____两个控制位。

4. 定时器 T0 工作在方式 3 时，要使得 TH0 停止工作，可执行一条 CLR_____指令。

5. 当 TMOD 寄存器低四位中的 GATE=1 时，控制定时器的启动由_____和_____两个信号控制。

6. 定时/计数器的编程方法一般分为_____和_____两种方法。

7. 要使用定时/计数器作为外部计数器时应设置 TMOD 的 G/T 位为_____。

8. 定时/计数器作为外部计数器时外部脉冲从_____、_____端口输入。

9. T1 以方式 2 工作计时 50μs，则计数初值为_____。

10. MCS-51 单片机的定时/计数器工作在方式_____时能自动重装时间常数。工作在方式_____时可用做 16 位定时/计数器。

二、选择题

1. 定时/计数器的工作方式由哪个寄存器决定？（   ）

    A. TMOD   B. TCON   C. IE   D. SCON

2. 设 MCS-51 单片机晶振频率为 6MHz，定时器作计数器使用时，其最高的输入计数频率应为（   ）。

A．2MHz   B．1MHz   C．500kHz   D．250kHz

3．MCS-51 单片机内部定时/计数器是（   ）计数器。

A．14 位加法   B．16 位加法   C．16 位减法   D．14 位加法

4．MCS-51 单片机定时器工作方式 0 是指的（   ）工作方式。

A．8 位   B．8 位自动重装   C．13 位   D．16 位

5．定时/计数器工作方式 2，则计数器结构是（   ）。

A．8 位计数器结构   B．两个 8 位计数器结构

C．13 位计数器结构   D．16 位计数器结构

6．定时/计数器使用定时器 T1 时，它的工作模式有几种？（   ）

A．1 种   B．两种   C．3 种   D．4 种

7．若定时器 1 工作在计数方式时，其外接的计数脉冲信号应连接到（   ）引脚。

A．P3.2   B．P3.3   C．P3.4   D．P3.5

8．设置 TMOD 寄存器内容为 03H，则 T0 工作在什么模式下？（   ）

A．方式 0   B．方式 1   C．方式 2   D．方式 3

9．当定时器 T0 的中断请求响应后，程序计数器 PC 的内容是（   ）。

A．0003H   B．000BH   C．0013H   D．001BH

10．定时器若工作在自动循环定时或循环计数场合，应选用（   ）。

A．工作方式 0   B．工作方式 1   C．工作方式 2   D．工作方式 3

三、思考题

1．关于定时/计数器使用过程时中断方式和使用查询方式的不同之处体现在什么地方？

2．简述定时/计数器的各种工作方式的工作方法。

3．定时/计数器工作在方式 3 时，T1 由什么启动的？为什么？

4．定时/计数器的工作方式 2 有什么特点？适用于哪些应用场合？

5．定时/计数器的本质是什么？它们是如何实现定时与计数功能这两种功能的？

6．在 Keil 软件中的定时/计数器窗口我们可以查看哪些定时/计数器参数？并试着说明该窗口的使用方法。

技能训练 1：简易方波输出控制

一、训练目的

1．熟悉单片机定时/计数器的结构与功能；

2．学会进行定时器初始值的分析与计算；

3．掌握定时器的编程与控制方法；

4．进一步掌握中断程序编程与控制方法；

5．学会进行定时器简单应用程序的分析与设计；

6．熟练使用 Proteus 进行单片机应用程序开发与调试。

二、训练任务

图 6-30 所示电路为一个 89C51 单片机通过两个按键控制输出一个频率为 50Hz 的方波装置，其具体功能为：当单片机上电运行后，没有任何按键按下，此时 P1.0 口不输出任何波形，而当 K1 按键按下后，P1.0 口开始输出频率为 50Hz 的方波波形，使 P1.0 所接 LED 灯亮灭闪烁；当 K2 按键按下后，P1.0 口停止输出波形，使 P1.0 所接 LED 灯灭；其具体的工作运行情况见本书附带光盘中的仿真运行视频文件。

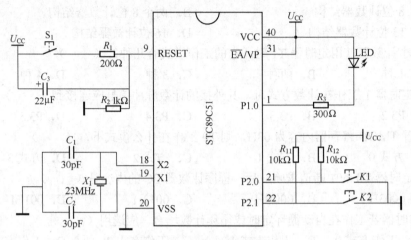

图 6-30 简易方波输出

注：此技能训练使用定时器来控制方波输出。

三、训练要求

训练任务要求如下：

1. 进行单片机应用电路分析，并完成 Proteus 仿真电路图的绘制。
2. 根据任务要求进行单片机控制程序流程和程序设计思路分析，画出程序流程图。
3. 依据程序流程图在 Keil 中进行源程序的编写与编译工作。
4. 在 Proteus 中进行程序的调试与仿真工作，最终完成实现任务要求的程序。
5. 完成单片机应用系统实物装置的焊接制作，并下载程序实现正常运行。

技能训练 2：测试外部脉冲频率

一、训练目的

1. 熟悉单片机定时/计数器的结构与功能；
2. 学会进行定时/计数器初始值的分析与计算；
3. 掌握计数器的编程与控制方法；
4. 进一步掌握多级中断应用程序分析与开发；
5. 学会进行定时/计数器综合应用程序的分析与设计；

6．熟练使用 Proteus 进行单片机应用程序开发与调试。

二、训练任务

图 6-31 所示电路为一个 89C51 单片机控制一个 4 位数码管显示外部脉冲频率的电路原理图。该单片机应用系统的具体功能为：当系统上电运行工作时，将从 P3.5 输入的外部脉冲的频率在 4 位数码管上显示出来；其具体的工作运行情况见本书附带光盘中的仿真运行视频文件。

注：此技能训练使用两个定时/计数器相互配合来测试频率。

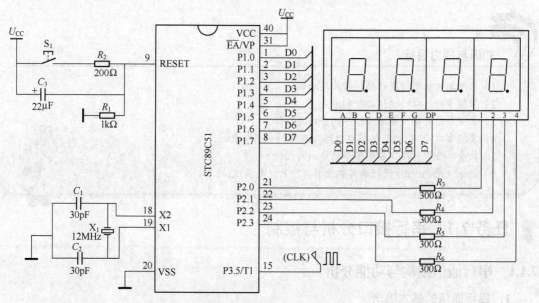

图 6-31　测试外部脉冲频率

三、训练要求

训练任务要求如下：

1．进行单片机应用电路分析，并完成 Proteus 仿真电路图的绘制。

2．根据任务要求进行单片机控制程序流程和程序设计思路分析，画出程序流程图。

3．依据程序流程图在 Keil 中进行源程序的编写与编译工作。

4．在 Proteus 中进行程序的调试与仿真工作，最终完成实现任务要求的程序。

5．完成单片机应用系统实物装置的焊接制作，并下载程序实现正常运行。

项目 7　串行接口控制及应用

知识与能力目标

1）熟悉单片机串行通信接口结构与功能。
2）掌握串行接口的编程与控制方法。
3）掌握串转并接口电路及程序的分析与设计。
4）掌握串口与 PC 通信的接口电路及程序的分析与设计。
5）初步学会串行接口应用程序的分析与设计。
6）熟练使用 Proteus 进行单片机应用程序开发与调试。

任务 7.1　串行接口分析与控制

7.1.1　串行通信结构与功能分析

1. 串行通信的基本概念

（1）通信的概念

计算机与外界设备之间、计算机与计算机之间的信息交换称为通信。通信的基本方式可分为并行通信和串行通信两种，如图 7-1 所示。

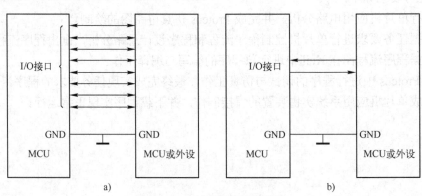

图 7-1　串并行通信示意图

a）并行通信　b）串行通信

◆　并行通信

并行通信是数据各位同时传送（发送或接收）的通信方式。其优点是数据传送速度快，缺点是数据有多少位,就需要多少根传送线。

◆ 串行通信

串行通信是数据的各个位一位一位顺序传送的通信方式。其优点是数据传送线少,比较经济,特别适用于远距离通信;缺点是传送效率低。

(2)串行通信中数据的传输方式

串行通信中数据的传输方式有单工、半双工、全双工 3 种传输方式,如图 7-2 所示。

◆ 单工传输方式:数据只能单方向的从一端向另一端传送。

◆ 半双工传输方式:允许数据向两个方向中的任何一方向传送,但每次只允许向一个方向传送。

◆ 全双工传输方式:允许数据同时双向传送。全双工通信效率最高,适用于计算机之间的通信。

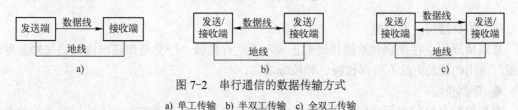

图 7-2 串行通信的数据传输方式

a) 单工传输 b) 半双工传输 c) 全双工传输

(3)串行通信的两种基本通信方式

串行通信的基本通信可分为同步通信和异步通信。异步通信依靠起始位、停止位保持通信同步;同步通信依靠同步字符保持通信同步。

◆ 同步通信

在同步通信中,发送器和接收器由同一个时钟控制,如图 7-3a 所示。同步传送时,字符与字符之间没有间隙,也不用起始位和停止位,仅在要传送的数据块开始传送时,用同步字符来指示,其数据格式如图 7-3b 所示。

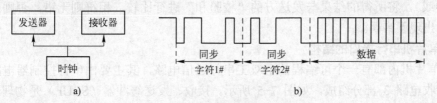

图 7-3 同步通信和数据传送

a) 传输方式 b) 数据格式

◆ 异步通信

在异步通信中,发送器和接收器均有自己各自的时钟控制,如图 7-4a 所示。异步通信数据是按帧传输,一帧数据包括起始位、数据位、校验位和停止位。最常见的帧格式为:1个起始位、8 个数据位、1 个奇偶校验位和 1 个停止位组成,帧和帧之间可有空闲位。其每一帧的数据格式如图 7-4b 所示。

(4)串行通信的波特率

通信在线传送的所有位信号都保持一致的信号持续时间,每一位的宽度都由数据传送速率确定，而传送速率是以每秒传送多少个二进制来度量的，这个速率叫波特率。波特率的定义是每秒传输数据的位数，即：

$$1 \text{ 波特率} = 1 \text{ 位/秒 (1bit/s)}$$

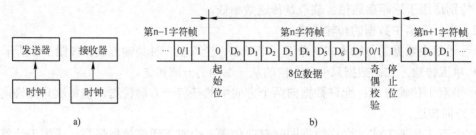

图 7-4　异步通信和数据帧格式

a) 传输方式　b) 数据格式

（5）串行通信中的校验

在通信规程中往往要对数据传送的正确与否进行校验。校验是保证准确无误传输数据的关键，常用的校验方法有奇偶校验、和校验等。

◆　奇偶校验

奇偶校验是检验串行通信双方传输的数据正确与否的一个措施，并不能保证通信数据的传输一定正确。即，如果奇偶校验发生错误，表明数据传输一定出错了；而如果奇偶校验没有出错，那么数据传输也不一定完全正确。

奇校验：8 位有效数据连同 1 位附加位（RB0）中，二进制"1"的个数为奇数。

偶校验：8 位有效数据连同 1 位附加位（RB0）中，二进制"1"的个数为偶数。

◆　和校验

所谓和校验是发送方将所发数据块求和（或各字节异或），产生一个字节的校验字符（校验和）附加到数据块末尾。接收方接收数据，同时对数据块（除校验字节外）求和（或各字节异或），将所得的结果与发送方的"校验和"进行比较，相符则无错，否则即认为传送过程中出现了错误。

2．单片机串行接口的结构

51 单片机内部有一个可编程的全双工串行通信电路，其主要由串行控制器电路、发送电路、接收电路 3 部分组成，如图 7-5 所示。接收、发送缓冲器（SBUF）是物理上完全独立的两个 8 位缓冲器，发送缓冲器只能写入不能读出，接收缓冲器只能读出不能写入，两个缓冲器占用同一个地址。

串行口的发送和接收都是以特殊功能寄存器 SBUF 的名义进行读或写的。当向 SBUF 发"写"命令时，向发送缓冲器（SBUF）装载并开始由 TXD 引脚向外发送一帧数据，发送完便使发送完成中断标志位 TI=1。

在接收数据时，一帧数据从 RXD 端经接收端口进入 SBUF 之后，使接收中断完成标志位 RI=1，通知 CPU 接收这一数据。

3．控制串行接口的特殊功能寄存器

（1）串行数据缓冲器（SBUF）

SBUF 串行口缓冲寄存器。包括发送寄存器和接收寄存器，以便能以全双工方式进行通

246

信。此外，在接收寄存器之前还有移位寄存器，从而构成了串行接收的双缓冲结构，以避免在数据接收过程中出现帧重迭错误。与接收数据情况不同，发送数据时，由于 CPU 是主动的，不会发生帧重迭错误，因此发送电路就不需要双缓冲结构。

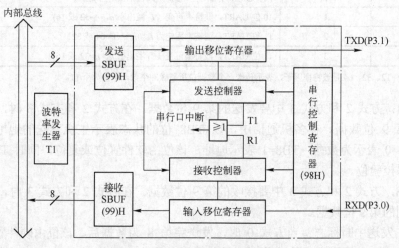

图 7-5　串行接口的结构原理图

在逻辑上，SBUF 只有一个，即表示发送寄存器，又表示接收寄存器。具有同一个单元地址 99H。而在物理上，SBUF 是两个，一个是发送缓冲寄存器，另一个是接收缓冲寄存器。

在完成串行初始化后，发送时，只需要将发送数据输入 SBUF，CPU 将自动启动和完成串行数据的发送；接收时，CPU 将自动把接收到的数据存入 SBUF，用户只需从 SBUF 中读取出接收的数据。

（2）串行控制寄存器（SCON）

串行控制寄存器（SCON）的结构和各位名称、位地址如表 7-1 所示。

表 7-1　串行控制寄存器（SCON）的结构和各位名称、位地址

SCON(98H)	D7	D6	D5	D4	D3	D2	D1	D0
位名称	SM0	SM1	SM2	REN	TB8	RB8	TI	RI
位含义	串行口控制方式选择位		多机通信控制位	允许接收控制位	发送第9数据位	接收第9数据位	发送中断标志	接收中断标志
位地址	9FH	9EH	9DH	9CH	9BH	9AH	99H	98H

各位功能说明如下。

◆ SM0、SM1：串行口控制方式选择位。其状态组合所对应的工作方式如表 7-2 所示。

◆ SM2：多机通信控制位。在方式 2 和方式 3 中，若 SM2=1，且 RB8（接收到的第 9 位数据）=1 时，将接收到的前 8 位数据送入 SBUF，并置位 RI 产生中断请求；否则，将接收到的 8 位数据丢弃。而当 SM2=0 时，则不论第 9 位数据是 0 还是 1，都将前 8 位数据装入 SBUF 中，并产生中断请求，但在方式 0 时，SM2 必须为 0。

◆ REN：允许接收控制位。REN 位用于对串行数据的接收进行控制：REN=0，禁止接收；REN=1，允许接收。该位由软件置位或清零。

表 7-2 串行口工作方式

SM0 SM1	工作方式	功 能 说 明
00	0	同步移位寄存器输入/输出，波特率固定为$f_{osc}/12$
01	1	10 位 UART，波特率可变（T_1溢出率$/n$，n=32 或 16）
10	2	11 位 UART，波特率固定为f_{osc}/n，（n=64 或 32）
11	3	11 位 UART，波特率可变（T_1溢出率$/n$，n=32 或 16）

注意：表中 12、32、64 是波特率因子，表示传送一个数据位所需脉冲个数，单位为个/位。

◆ TB8：方式 2 和方式 3 中要发送的第 9 位数据。在方式 2 和方式 3 时，TB8 是发送的第 9 位数据。在多机通信中，以 TB8 位的状态表示主机发送的地址还是数据：TB8=0 表示为数据，TB8=1 表示地址，该位由软件置位或复位，同时 TB8 还可用于奇偶校验位。

◆ RB8：方式 2 和方式 3 中要接收的第 9 位数据。在方式 2 和方式 3 时，RB8 存放接收到的第 9 位数据。

◆ TI：发送中断标志。当方式 0 时，发送完第 8 为数据后，该位由硬件置位。在其他方式下，若遇到发送停止位时，该位由硬件置位。因此 TI=1，表示帧发送结束，可软件查询 TI 位标志，也可请求中断，TI 位必须由软件清零。

◆ RI：接收中断标志。当方式 0 时，接收完第 8 为数据后，该位由硬件置位。在其他方式下，若遇到接收停止位时，该位由硬件置位。因此 RI=1，表示帧接收结束，可软件查询 RI 位标志，也可请求中断，RI 位必须由软件清零。

（3）电源控制寄存器（PCON）

电源控制寄存器（PCON）能够进行电源控制，其最高位 SMOD 是串行口波特率设置位。寄存器 PCON 的字节地址为 87H，没有位寻址功能。PCON 与串行通信有关定义如表 7-3 所示。

表 7-3 PCON 寄存器的结构

PCON(87H)	D7	D6	D5	D4	D3	D2	D1	D0
位名称	SMOD	—	—	—	GF0	GF1	PD	IDL
位含义	波特率倍增位	—	—	—	通用标志位		掉电方式控制位	选择是否待机

◆ SMOD：波特率倍增位。当 SMOD=1 时，波特率加倍；当 SMOD=0 时，波特率不加倍。其可用过软件进行设置，由于 PCON 寄存器无位寻址功能，所以，要改变 SMOD 的值，可通过执行以下指令来完成：

```
ANL  PCON，#7FH        ；使 SMOD=0
ORL  PCON，#80H        ；使 SMOD=1
```

SMOD 在单片机复位后就被清零。

◆ GF1、GF0：通用标志位，可由软件指令置位或清零。

◆ PD：掉电方式控制位，PD=1 时，进入掉电方式，单片机停止一切工作，只有硬件复位才可以恢复工作。

◆IDL：IDL=1 时，进入待机方式，可由中断唤醒。

（4）中断允许控制寄存器 IE

IE 寄存器控制中断系统的各中断允许，其中与串行通信有关的位有 EA 和 ES 位，当 EA=1 且 ES=1 时，打开串行中断允许。

4．串行口的工作方式

串行口的工作方式有 4 种，由寄存器 SCON 中的 SM0 和 SM1 来定义。在这 4 种工作方式中，异步串行通信只使用方式 1、方式 2、方式 3。方式 0 是同步半双工通信，主要用于扩展并行输入/输出口。

（1）方式 0

串行口工作于方式 0 下，串行口为 8 位同步移位寄存器输入/输出口，其波特率固定为 $fosc/12$。数据由 RXD（P3.0）端输入或输出，同步移位脉冲由 TXD（P3.1）端输出，发送、接收的是 8 位数据，不设起始位和停止位，低位在前，高位在后。其帧格式为：

....	D0	D1	D2	D3	D4	D5	D6	D7	....

◆ 发送

SBUF 中的串行数据由 RXD 逐位移出。TXD 输出移位时钟，频率为 $fosc/12$。每送出 8 位数完 TI 就自动置位，需要用软件清零 TI。

方式 0 常用于串入并出移位寄存器（如 74LS164、CD4094 等）扩展并行输出口。

◆ 接收

串行数据由 RXD 逐位移入 SBUF 中。TXD 输出移位时钟，频率为 $fosc/12$。每接收 8 位数据 RI 就自动置位，需要用软件清零 RI。

◆ 方式 0 的波特率

在方式 0 时，波特率为 $fosc/12$。同时在方式 0 工作时常采用查询方式进行编程，其汇编语言与 C 语言程序如下：

汇编语言：

```
发送：MOV   SBUF,A          接收：JNB    RI,$
      JNB   TI,$                  CLR    RI
      CLR   TI                    MOV    A ,SBUF
```

C 语言：

```
发送：SBUF=X;              接收：while(RI!=1);
      while(TI!=1);              RI=0;
      TI=0;                      X=SBUF;
```

（2）方式 1

方式 1 是 10 位为一帧的全双工异步串行通信方式。共包括 1 个起始位、8 个数据位（低位在前）和 1 个停止位。TXD 为发送端，RXD 为接收端，波特率可变。其帧格式为：

起始   停止

0	D0	D1	D2	D3	D4	D5	D6	D7	1

◆ 发送

串行口在方式 1 下进行发送时，数据由 TXD 端输出。CPU 执行一条写入 SBUF 的指令就会启动串行口发送，发送完一帧数据信息时，发送中断标志位 TI 置位，需要由软件清零 TI。

◆ 接收

接收数据时，SCON 应处于允许接收状态（REN=1）。接收数据有效时，装入 SBUF，停止位进入 RB8，RI 置位；需要用软件清零 RI。

◆ 方式 1 的波特率

使用定时器 T1 作为串行口的方式 1 和方式 3 的波特率发生器，定时器 T1 常工作于方式 2，波特率计算公式如下：

$$波特率 = \frac{2^{SMOD}}{32} \times \frac{fosc}{12 \times (256 - X)}$$

其中 X 为定时器的初值。

在实际的应用中，一般是先按照所要求的通信波特率设定 SMOD，然后再计算出定时器 T1 的时间常数。

定时器 T1 时间常数 $X = 256 - 2^{SMOD} * fosc / (12 * 32 * 波特率)$

例如：在单片机控制系统中，采用晶振频率为 12MHz，要求串行口发出的数据为 8 位，波特率为 1200bit/s，则计算定时器 T1 的初始值。

设 SMOD=1，则定时器 T1 的时间常数 X 的值为

$X = 256 - 2^{SMOD} * fosc / （384 * 波特率）$（fosc 是晶振频率$= 12 * 10^6$Hz）

$= 256 - 2 * 12 * 10^6 / （384 * 1200）$

$= 256 - 52.08 = 203.92 \approx 0CCH$

通常为避免复杂定时器的初值计算，将波特率和定时器 T1 初值的关系列成表，以便查询，表 7-4 所示常用波特率和定时器 T1 初值的关系。

表 7-4　常用波特率和定时器 T1 初值的关系

波特率/（kbit/s）	f_{osc}/MHz	SMOD	定时器 T1		
			C/$\overline{T}$	模　式	初　值
方式 0：1MHz	12	×	×	×	×
方式 2：375	12	1	×	×	×
方式 1、3：62.5	12	1	0	2	FFH
19.2	11.0592	1	0	2	FDH
9.6	11.0592	0	0	2	FDH
4.8	11.0592	0	0	2	FAH
2.4	11.0592	0	0	2	F4H
1.2	11.0592	0	0	2	E8H
137.5	11.9860	0	0	2	1DH
110Hz	6	0	0	2	72H
110Hz	12	0	0	1	FEEBH

（3）方式 2

串行口工作于方式 2，为波特率固定 11 位异步通信口，发送和接收的一帧信息由 11 位组成，即 1 位起始位、8 位数据位（低位在前）、1 位可编程位（第 9 位）和 1 位停止位，TXD 为发送端，RXD 为接收端，发送时可编程位（TB8）根据需要设置为 0 或 1（TB8 即可作为舵机通信中的地址数据标志位又可作为数据的奇偶校验位）；接收时，可编程位的信息被送入 SCON 的 RB8 中，其帧格式为：

起始 0	D0	D1	D2	D3	D4	D5	D6	D7	TB8/RB8	停止 1

◆ 发送

在方式 2 发送时，数据由 TXD 端输出，附加的第 9 位数据为 SCON 中的 TB8，CPU 执行一条写 SBUF 的指令后，便立即启动发送器发送，送完一帧信息后，TI 被置位。在发送下一帧信息之前，TI 必须由中断服务程序（或查询程序）清零。

◆ 接收

当 REN=1 时，允许串行口接收数据。数据由 RXD 端输入，接收 11 位信息。接收数据有效，8 位数据装入 SBUF，第 9 位数据装入 RB8，并置位 RI 为 1。

◆方式 2 的波特率

$$波特率=(2^{SMOD}/64)*fosc$$

（4）方式 3

串行口工作于方式 3，为波特率可变的 11 位异步通信方式，除了波特率外，方式 3 和方式 2 相同。方式 3 的波特率和方式 1 的波特率计算相同。

> **知识链接**
>
> 在方式 0 中，SM2 应为 0。在方式 1 处于接收时，若 SM2=1，则只有当收到有效停止位后，RI 才置 1。在方式 2、3 处于接收时，若 SM2=1，但接收到的第 9 位数据 RB8 为 0 时，则不激活 RI；若 SM2=1，且 RB8=1 时，则置位 RI=1。在方式 2、3 处于发送方式时，若 SM2=0，则不论接收到的第 9 位 RB8 为 0 还是为 1，TI、RI 都以正常方式被激活。

7.1.2　串行通信编程与控制

在对串行通信接口进行控制之前，首先要进行初始化处理，编程配置相关寄存器。前面实例中提到的在单片机控制系统中，采用晶振频率为 12MHz，要求串行口发出的数据为 8 位，波特率为 1200bit/s，已计算出定时器 T1 的初始值为 0CCH，当其串口工作在方式 1 时，其使用汇编语言与 C 语言编写的初始化程序如下。

汇编语言初始化程序如下：

```
MOV     SCON,#50H      ; 串行口工作方式 1
ORL     PCON,#80H      ; SMOD=1
MOV     TMOD,#20H      ; T1 工作于方式 2，定时方式
MOV     TH1,#0CCH      ; 设置定时时间常数初值
MOV     TL1,#0CCH
SETB    TR1            ; 启动 T1
```

C 语言初始化程序如下。

```
SCON=0X50;
PCON|=0X80;
TMOD=0X20;
TH1=0XCC;
TL1=0XCC;
TR1=1;
```

当完成了串行口的初始化之后，即可在相应的程序中控制使用串口功能了，具体详见下面两任务的相关内容。

任务 7.2　串行转并行数显控制

7.2.1　控制要求与功能展示

图 7-6 所示为单片机通过 74LS164 串转并扩展芯片实现数码管显示数字的实物装置，其电路原理图如图 7-7 所示。本任务的具体控制要求为当单片机上电开始运行时，该装置在程序的控制作用下，使数码管接收到串行转并行芯片的数据，从 0 开始显示，每经一段时间间隔显示数字加 1，实现轮流显示数值 0~9。其具体的工作运行情况见本书附带光盘中的视频文件。

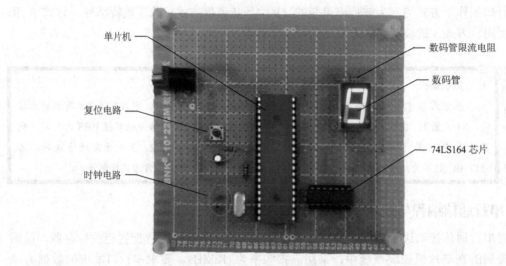

图 7-6　串行转并行数显控制装置

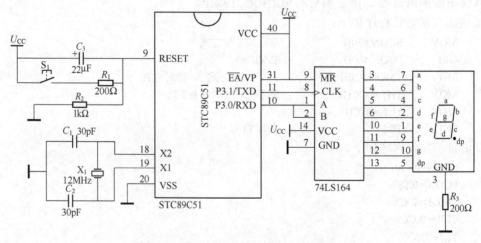

图 7-7　串行转并行数显控制电路原理图

7.2.2 硬件系统与控制流程分析

1. 任务硬件系统分析

电路原理如图 7-7 图所示，该电路实际上是通过单片机串行口外接一个 74LS164 扩展芯片扩展 I/O 口，使之驱动数码管显示数值。因此，要分析理解以上的电路设计，就必须先学习 74LS164 扩展串入并出外围显示电路的具体知识。

（1）串行口扩展并行 I/O 口

串行口常用工作方式 0 扩展并行 I/O 口，扩展又分为串入并出和并入串出两种。

◆ 串入并出

所谓的串入并出就是将串行口的工作方式 0 扩展并行输出口。串行口（TXD 和 RXD）经过扩展芯片扩展成并行输出的电路。并行输出接口可接各种设备，如发光二极管、数码管等。

◆ 并入串出

所谓的并入串出就是将串行口的工作方式 0 扩展并行输入口。由扩展芯片的并行输入的电路输入，再经串行口进入单片机内部处理。并行输入接口可接各种输入设备，如开关、按钮等。

本任务主要以串入并出显示作为控制对象进行分析讲解。

（2）串入并出外围显示电路

本任务采用 74LS164 扩展芯片作为串口转并口的扩展芯片，用于驱动单个数码管显示数字 0～9，74LS164 扩展芯片引脚图如图 7-8 所示。

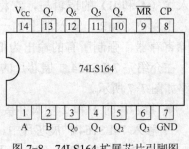

图 7-8 74LS164 扩展芯片引脚图

其芯片的引脚说明如表 7-5 所示。

其工作时序如图 7-9 所示。

表 7-5 74LS164 引脚说明

符 号	引 脚	说 明
A	1	数据输入
B	2	数据输入
Q0～Q3	3～6	输出
GND	7	地（0 V）
CP	8	时钟输入（低电平到高电平边沿触发）
$\overline{MR}$	9	中央复位输入（低电平有效）
Q4～Q7	10～13	输出
VCC	14	正电源

74LS164 是 8 位边沿触发式移位寄存器，串行输入数据，然后并行输出。数据通过两个输入端（A 或 B）之一串行输入；任一输入端可以用做高电平使能端，控制另一输入端的数据输入。两个输入端或者连接在一起，或者把不用的输入端接高电平，一定不要悬空。

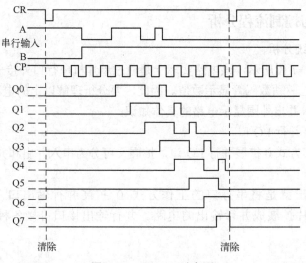

图 7-9 74LS164 时序图

时钟（CP）每次由低电平变高电平时，数据右移一位，输入到 Q0，Q0 是两个数据输入端（A 和 B）的逻辑与，它将上升时钟沿之前保持一个建立时间的长度。

主复位（MR）输入端上的一个低电平将使其他所有输入端都无效，同时非同步地清除寄存器，强制所有的输出为低电平。

在介绍完 74LS164 扩展芯片的知识后，即可进行单片机与扩展芯片的连接分析，其具体电路如图 7-7 所示。

◆ 将芯片的 1 和 2 引脚并接单片机的 RXD（P3.0）引脚，由 RXD 将数据一位一位的移入 74LS164 扩展芯片中。

◆ 将单片机的 TXD（P3.1）引脚输出接入扩展芯片的第 8 引脚（CP），因为要使移入的步调一致，还必须要有一定的时钟控制。

◆ 将扩展芯片的第 9 引脚（$\overline{\text{MR}}$）接高电平，以选通扩展芯片的工作。

◆ 将扩展芯片的 Q0~Q7 接数码管，连接顺序为 Q7 对数码管的 dp 引脚，Q6 对数码管的 g 引脚，Q5 对数码管的 f 引脚，Q4 对数码管的 e 引脚，Q3 对数码管的 d 引脚，Q2 对数码管的 c 引脚，Q1 对数码管的 b 引脚，Q0 对数码管的 a 引脚。

2. 任务控制流程分析

根据电路原理图和任务控制功能要求可得本任务的控制流程图如图 7-10 所示。当系统完成相关的初始化之后，一直处于由串行发送显示数据，等待其发送完成后，清零标志位然后进行显示数据处理的循环中。

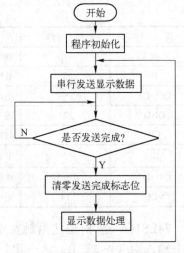

图 7-10 串口并行显示控制流程图

254

7.2.3　汇编语言程序分析与设计

在分析完硬件系统与控制流程之后，通过之前所学到的汇编知识，来完成本任务汇编控制程序的编写。根据图 7-10 所示的控制流程分析图，结合汇编语言指令编写出汇编语言控制程序如下。

汇编语言程序代码：

```
195.          ORG       0000H              ; 程序起始地址
196.          LJMP      MAIN               ; 程序跳转到 MAIN 处执行
197.          ORG       0030H              ; 定义程序存放地址
198. ; ================主程序================
199. MAIN:    LCALL     INIT               ; 进行程序初始化处理
200. LOOP:    MOV       A,R0               ; 取出计数值，存放于 A 中
201.          MOVC      A,@A+DPTR          ; 根据计数值查表，结果存放于 A 中
202.          LCALL     FA                 ; 调用串行发送子程序，进行显示
203.          LCALL     DELAY              ; 调用延时
204.          INC       R0                 ; 计数值 R0 加 1
205.          CJNE      R0,#10,LOOP        ; 是否计数超出？若没有则跳转至 LOOP
206.          MOV       R0,#00H            ; 若有超出则清零计数值
207.          LJMP      LOOP               ; 跳转至 LOOP 处循环
208. ; ===============程序初始化================
209. INIT:    MOV       SCON,#00H          ; 设置串行口工作于方式 0
210.          MOV       R0,#00H            ; 清零计数值 R0
211.          MOV       DPTR,#TAB          ; 将 DPTR 指向 TAB 的表头地址
212.          RET                          ; 子程序返回
213. ; ===============发送子程序================
214. FA:      MOV       SBUF,A             ; 将数据传入 SBUF 寄存器，用于串行发送
215.          JNB       TI,$               ; 等待数据发送完成
216.          CLR       TI                 ; 清零标志位 TI
217.          RET                          ; 子程序返回
218. ; ===============延时 1s 子程序================
219. DELAY:   MOV       R7,#2EH
220. D3:      MOV       R6,#98H
221. D4:      MOV       R5,#46H
222.          DJNZ      R5,$
223.          DJNZ      R6,D4
224.          DJNZ      R7,D3
225.          RET
226. ; ===============字符 0～9 数据表================
227. TAB:     DB        0FCH,60H,0DAH,0F2H,66H       ; 字符 0～4
228.          DB        0B6H,0BFH,0E0H,0FEH,0F6H     ; 字符 5～9
229.          END                                    ; 程序结束
```

汇编语言程序说明。

1）序号 1～3：跳过中断入口，将程序保存在 0030H 以后的地址单元中。

2）序号 5～8：先进行程序初始化处理，然后根据计数值查表，将所查的数据存放于 A 的，调用串行口发送子程序将数据通过串行口发送出去。

3）序号9～13：每经一段时间后，计数值加1，并且始终保持在0～9。

4）序号 15～18：程序初始化程序段，设置串行口的工作方式、清零计数值以及设置查表的表头地址。

5）序号 20～23：将数据送入发送寄存器 SBUF 中，并等待其发送完成，当其发生完成后，先清零其标志位再退出该子程序。

6）序号 25～31：软件延时 1s 延时子程序。

7）序号 33～34：字符 0～9 的数据表。

当然，以上汇编语言源程序编写与设计过程中，实际上需要借助 Keil 软件对其进行不断的调试与修改，直到调试无误后，才能将程序进行编译生成单片机可执行的二进制机器码文件。程序的 Keil 调试过程与编译等具体情况可以参考前面任务 2.1 中内容所述，在此不再讲解。

7.2.4 C 语言程序分析与设计

在完成以上任务的汇编语言程序设计之后，接下来运用所学习的 C 语言相关知识，完成本任务的 C 控制程序设计。由于电路硬件和控制任务要求都是一样，所以 C 语言和汇编语言分析与设计本任务的控制流程都是一样的。根据图 7-10 所示的控制流程分析图，结合 C 语言的基本知识，我们来分析设计本任务的 C 语言控制程序。

C 语言程序代码：

```
1.   #include<regx51.h>                        //头文件
2.   #define uchar unsigned char              //宏定义
3.   #define uint   unsigned int              //宏定义
4.   uchar unm[10]={0xfc,0x60,0xda,0xf2,0x66,  //字符 0～4
5.               0xb6,0xbf,0xe0,0xfe,0xf6};    //字符 5～9
6.   uchar count=0;                           //定义全局变量
7.   //=========延时子程序===================
8.   void delay(uint k )
9.   {
10.      uchar j;                             //定义局部变量
11.      while(k--)
12.         for(j=0；j<120；j++);
13.   }
14.   //=========发送数据===================
15.   void fa( )
16.   {
17.      SBUF=unm[count];                     //发送显示数据
18.      while(TI!=1);                        //等待数据发送完成
19.      TI=0;                                //清零发送完成标志位
20.   }
21.   //=======主函数=====================
22.   void main()
23.   {
24.      SCON=0x00;                           //设置串行口工作于方式 0
25.      while(1)                             //无限循环
```

256

```
26.    {
27.       fa( );                              //发送数据
28.       count++; delay(1000);              //计数值加 1，延时 1s
29.       if(count==10) count=0;             //判断计数值是否超出，是则将计数值清零
30.    }
31. }
```

C 语言程序说明：

1）序号 1：在程序开头加入头文件 "regx51.h"。

2）序号 2~3：define 宏定义处理，用 uchar 和 uint 代替 unsigned char 和 unsigned int，便于后续程序书写方便简洁。

3）序号 4~5：定义数组，其数组元素为 0~9 的字符数据。

4）序号 6：定义全局变量 count，用做于计数变量。

5）序号 8~13：延时子函数，延时 kms。

6）序号 15~20：发送显示数据子函数，将显示数据 unm[count]送入 SBUF 发送出去，并等待其发送完成后将发送完成标志位清零。

7）序号 22~31：主程序，先进行串行口的方式设置，然后循环发送计数值并且每经 1s 后计数值加 1 但计数值始终保持在 0~9。

当然，以上 C 语言源程序编写与设计过程中，实际上需要借助 Keil 软件对其进行不断的调试与修改，直到调试无误后，才能将程序进行编译生成单片机可执行的二进制机器码文件。程序的 Keil 调试过程与编译等具体情况可以参考前面任务 2.1 中内容所述，在此不再讲解。

 课堂反思：如果我们要驱动的数码管有两位及以上时，那又要如何扩展使用 74lS164？如何编程实现？

7.2.5 基于 Proteus 的调试与仿真

当完成了硬件系统的分析以及控制程序的设计与编写之后，就可以进行控制程序的 Proteus 调试与仿真了。下面进行本任务中单片机应用系统汇编语言程序的 Proteus 调试与仿真，本任务的仿真系统构建过程与仿真运行等详细情况见本书附带光盘中的视频文件。

1. 创建 Proteus 仿真电路图

（1）列出元器件表

根据单片机应用电路原理图 7-7 所示，列出 Proteus 中实现该系统所需的元器件配置情况，如表 7-6 所示。

表 7-6　元器件配置表

名　称	型　号	数　量	备注（Proteus 中元器件名称）
单片机	AT89C51	1	AT89C51
陶瓷电容	30pF	2	CAP
电解电容	22μF	1	CAP-ELEC
晶振	12MHz	1	CRYSTAL
按钮		1	BUTTON

名　称	型　号	数　量	备注（Proteus 中元器件名称）
电阻	200Ω	2	RES
电阻	1kΩ	1	RES
74LS164	74LS164	1	74LS164
共阴数码管	一位	1	7SEG-COM-CAT-GRN

（2）绘制仿真电路图

用鼠标双击桌面上的图标 ![ISIS] 进入 Proteus ISIS 编辑窗口，单击菜单命令"File"→ "New Design"，新建一个 DEFAULT 模板，并保存为"串行转并行数显控制.DSN"。在元器件选择按钮 P L DEVICES 单击"P"按钮，将表 7-6 中的元器件添加至对象选择器窗口中。然后将各个元器件摆放好，最后依照图 7-7 所示的原理图将各个元器件连接起来，如图 7-11 所示。

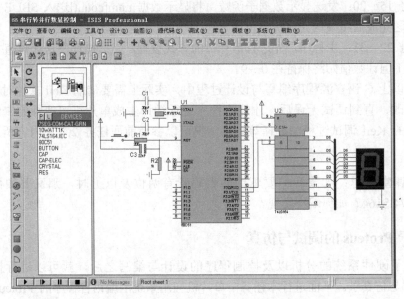

图 7-11　串行转并行数显控制仿真图

至此 Proteus 仿真图绘制完毕，下面将 Keil 与 Proteus 联合起来进行调试，使之可以像仿真器一样调试程序。

2. Proteus 与 Keil 联调

1）按照前面任务 2.1 中 Proteus 与 Keil 联调的步骤完成基本的软件设置。如果前面已经设置过一次，在此可以跳过忽略。

2）用 Proteus 打开已绘制好的"串行转并行数显控制.DSN"文件，在 Proteus 的 "Debug"菜单中选中"Use Remote Debug Monitor（远程监控）"。同时，右键选中 STC89C51 单片机，在弹出对话框"Program File"项中，导入在 Keil 中生成的十六进制 HEX 文件"串行转并行数显控制.HEX"。

3）用 Keil 打开刚才创建好的"串行转并行数显控制.UV2"文件，打开窗口"Option for Target'工程名'"。在 Debug 选项中右栏上部的下拉菜单选中 Proteus VSM Simulator。接着再单击进入 Settings 窗口，设置 IP 为 127.0.0.1，端口号为 8000。

4）在 Keil 中单击，使用单步执行来调试程序，同时在 Proteus 中查看直观的仿真结果。这样就可以像使用仿真器一样调试程序了，如图 7-12 所示。

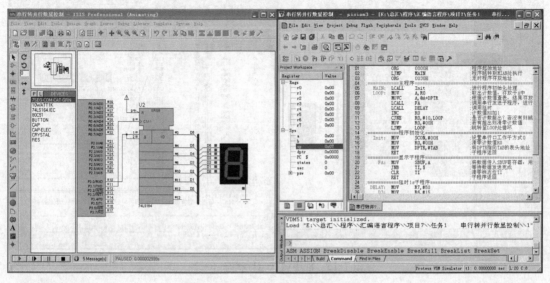

图 7-12   Proteus 与 Keil 联调界面

在联调时，单击菜单 Peripherals，选中 Serial 选项，将弹出串行数据窗口，如图 7-13 所示。

当程序执行完程序处理程序段，串行数据窗口会显示出当前串行口各个寄存器状态，如图 7-14 所示。

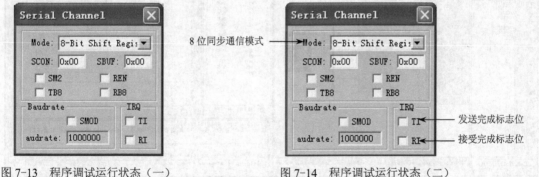

图 7-13   程序调试运行状态（一）   图 7-14   程序调试运行状态（二）

当执行完语句"MOV SBUF,A"后，并不是一下子将 8 位数据同时发出，而是一位一位的将数据发出。例如，要显示数字 0，则由于数据一位一位发送，则会先显示其他数字等到发送完毕后再显示数字 0，如图 7-15 所示。

当数据发送完毕后标志位 TI 置位，数码管显示 0，如图 7-16 所示。清零标志位后程序继续运行，计数值增加循环显示数字 0～9。

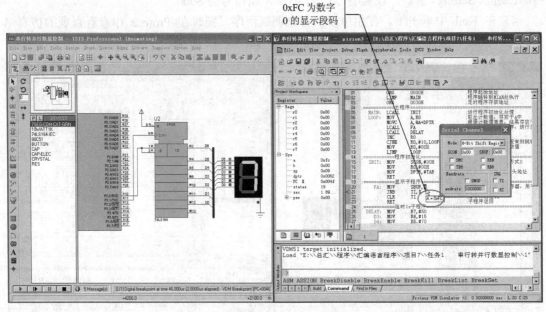

图 7-15　程序调试运行状态（三）

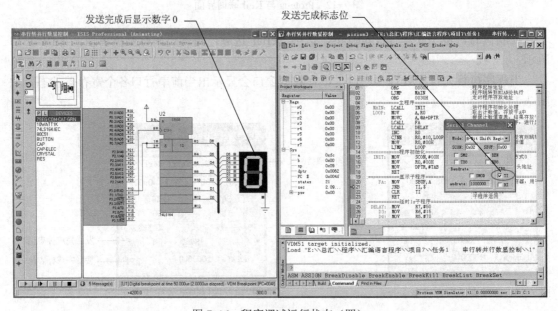

图 7-16　程序调试运行状态（四）

3．Proteus 仿真运行

用 Proteus 打开已绘制好的"串行转并行数显控制.DSN"，并将最后调试完成的程序重新编译生成新".HEX"文件导入 Proteus 中。

在 Protues ISIS 编辑窗口中单击 ▶ 或在"Debug"菜单中选择" Execute "，运行时，通过串口发送数据后经串行转并行芯片 74LS164，使数码管循环显示数字 0~9，如图 7-17所示。

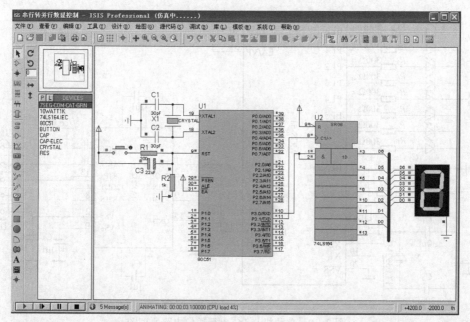

图 7-17 仿真运行界面

任务 7.3 单片机与 PC 串行通信

7.3.1 控制要求与功能展示

图 7-18 所示为单片机与计算机实现串行通信的实物装置，其电路原理图如图 7-19 所示。该装置在单片机的控制作用下，通过串口实现与 PC 通信，将 PC 传输过来的数据加 1 处理后再传回给 PC，同时将其 PC 发送的数据以 ASCII 码的形式在 LED 发光管上显示。

图 7-18 单片机与 PC 串行通信实物装置

其具体的工作运行情况见本书附带光盘中的视频文件。

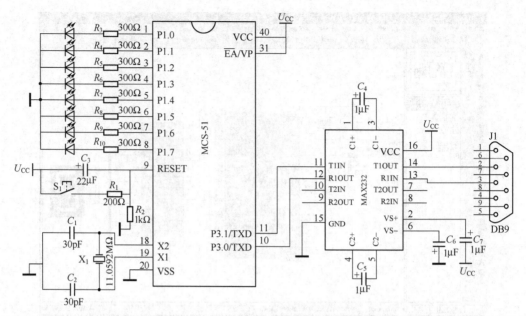

图 7-19　单片机与 PC 串行通信电路原理图

7.3.2　硬件系统与控制流程分析

1. 任务硬件系统分析

电路原理图如图 7-19 所示，该电路实际上是由 LED 发光管显示电路和电平转换电路组成。其中 LED 发光管显示电路在之前的项目中已经学习过了。因此，要分析理解以上的电路设计，须要先学习电平转换电路的部分知识。

（1）RS-232 电平转换电路

RS-232 主要用来定义计算机系统的一些数据终端设备（DTE）和数据电路终端设备（DCE）之间的电气性能。例如 CRT、打印机与 CPU 的通信大都采用 RS-232 接口，MSC-51 单片机与 PC 的通信也是采用该种类型的接口。由于 MCS-51 系列单片机本身有一个全双工的串行接口，因此该系列单片机用 RS-232 串行接口总线非常方便。

当单片机与 PC 通信时，常常需要采用 RS-232 的接口，RS-232 标准规定发送数据线 TXD 和接收数据线 RXD 均采用 EIA 电平，即传送数字"1"时，传输在线上的电平在-15～-3V，而传送数字"0"时，传输在线上的电平在+3～+15V。因此单片机不能直接与 PC 串口相连，必须经过电平转换电路进行逻辑转换。

RS-232 接口与 TTL 之间常用的电平转换芯片是 MAX232，MAX232 引脚图如图 7-20 所示。MAX232 内部有两套独立的电平转换电路，7，8，9，10 为一路，11，12，13，14 为一路。

（2）单片机与 PC 的接口电路

MAX232 内置了电压倍增电路及负电源电路，使用单+5V 电源工作，只需外接 4 个容量为 0.1～1μf 的小电容即可完成两路 RS-232 与 TTL 电平之间转换。MAX232 典型应用电路如图 7-21 所示。

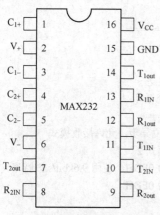
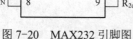

图 7-20 MAX232 引脚图

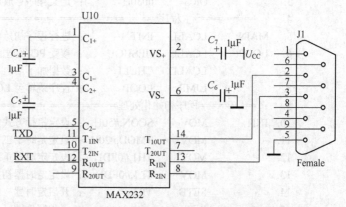

图 7-21 单片机与 PC 串口的接口电路

如果图中 MCS-51 单片机为 STC89C51 芯片时，上图所示的电路除了进行单片机与 PC 之间进行串行通信外，还具有一个重要的功能，这个功能就是单片机芯片程序的下载，焊接出此板既能实现与 PC 的通信，也能实现程序的下载。

2．任务控制流程分析

根据电路原理图和任务控制功能要求可知，本任务功能上主要是将计算机传输过来的信息在 LED 发光管上显示，并加 1 重新传送回去。图 7-22 所示为本任务程序设计的程序控制流程图。

> **知识链接**
>
> 在单片机中，所有的数据在存储和运算时都要使用二进制数表示，而像 a、b、c、d 这样的 52 个字母（包括大写）以及 0、1 等数字还有一些常用的符号（例如*、#、@等）在计算机中存储时也要使用二进制数来表示，均按照标准的 ASCⅡ码来表示。在本任务中要求将加 1 后的数据在 LED 发光管上表示，即将该数据的 ASCⅡ输出即可。

7.3.3 汇编语言程序分析与设计

在分析完硬件系统与控制流程之后，通过之前所学到的汇编知识，来完成本任务汇编控制程序的编写。根据图 7-22 所示的控制流程分析图，结合汇编语言指令编写出汇编语言控制程序如下。

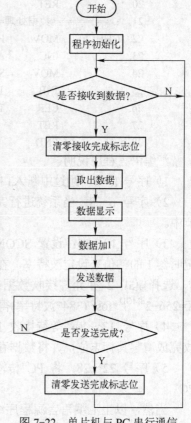

图 7-22 单片机与 PC 串行通信
程序控制流程图

汇编语言程序代码：

```
1.          ORG      0000H       ；程序初始化地址
2.          LJMP     MAIN        ；程序跳转至 MAIN 处运行
```

```
3.              ORG     0030H        ; 定义程序存放地址
4.  ; ===============主程序===============
5.  MAIN:   LCALL   INIT        ; 进行程序初始化处理
6.  LOOP:   LCALL   JIESHOU     ; 接受 PC 发送的数据
7.          LCALL   CHULI       ; 数据加 1 后显示并发送
8.          LJMP    LOOP        ; 程序跳转至 LOOP 处循环
9.  ; ===========程序初始化处理===========
10. INIT:   MOV     SCON,#50H   ; 设定串行方式为 10 位异步,允许接收模式
11.         MOV     TMOD,#20H   ; 设定定时 1 工作于模式 2
12.         MOV     TH1,#0FDH   ; 设定定时器重装值为 0FDH,使用 9.6kbit/s 波特率
13.         MOV     TL1,#0FDH   ; 设定定时器初始值为 0FDH
14.         SETB    TR1         ; 开启定时器
15.         RET                 ; 子程序返回
16. ; ===========接收数据===============
17. JIESHOU: JNB    RI,$        ; 等待接收完成
18.         CLR     RI          ; 清零接收完成标志位
19.         MOV     A,SBUF      ; 接收到的数据存放到 A 中
20.         RET                 ; 子程序返回
21. ; ===========数据处理===============
22. CHULI:  MOV     P1,A        ; 将数据在 P1 口显示
23.         INC     A           ; 将接受到的数据加 1
24.         MOV     SBUF,A      ; 发送接加 1 后的数据
25.         JNB     TI,$        ; 等待发送完成
26.         CLR     TI          ; 清零发送完成标志位
27.         RET                 ; 子程序返回
28.         END                 ; 结束程序
```

汇编语言程序说明。

1）序号 1～3：跳过中断入口，将程序保存在 0030H 以后的地址单元中。

2）序号 6～8：当系统进行完程序初始化后，一直处于接收数据环节和发送处理数据环节中。

3）序号 10～15：设置 SCON 寄存器，将串行口设为 10 位异步允许接收模式，并设置定时器 1 的初值来设定波特率。在程序中 SCON 设置为 01010000B，将 SM1 位与 REN 位置 1，选择模式 2 并允许接收数据；由于在本程序中使用的波特率为 9.6kbit/s，则依据公式 $X=256-2^{SMOD}*fosc/(384*$波特率$)$ 得出 X=0FDH、SMOD=0。

4）序号 17～20：等待接收 PC 所发送数据，若没有传输信息，则一直等待。当数据接收完成清零其标志位，并将数据存入 A 中退出子程序。

5）序号 22～28：将 PC 传输来的数据经 P1 口 LED 发光管显示，并加 1 后重新发回 PC。

当然，以上汇编语言源程序编写与设计过程中，实际上需要借助 Keil 软件对其进行不断的调试与修改，直到调试无误后，才能将程序进行编译生成单片机可执行的二进制机器码文件。程序的 Keil 调试过程与编译等具体情况可以参考前面任务 2.1 中内容所述，在此不再讲解。

7.3.4 C 语言程序分析与设计

在完成以上任务的汇编语言程序设计之后，接下来运用所学习的 C 语言相关知识，完成本任务的 C 控制程序设计。由于电路硬件和控制任务要求都是一样，所以 C 语言和汇编语言分析与设计本任务的控制流程都是一样的。根据图 7-22 所示的控制流程分析图，结合 C 语言的基本知识，我们来分析设计本任务的 C 语言控制程序。

C 语言程序代码：

```
1.   #include <regx51.h>          //加入头文件
2.   #define uint unsigned int    //宏定义
3.   #define uchar unsigned char
4.   //=====接收数据函数=================================
5.   uchar jieshou()
6.   {
7.       uchar a;                 //定义局部变量，用于返回值
8.       while(RI==0);            //等待接收数据完成
9.        a=SBUF;                 //移出接收到的数据
10.       RI=0;                   //清零接收完成标志位 RI
11.      return a;                //返回接收数据
12.  }
13.  //=====发送字符函数=================================
14.  void fasong(uchar c)
15.  {
16.      SBUF=c;                  //装入数据并发送
17.      while(TI==0);            //等待发送结束
18.      TI=0;                    //清零发送标志位 TI
19.  }
20.  //=====程序初始化函数===============================
21.  void Init()
22.  {
23.      SCON=0x50;               //设置串口工作于方式 1 并允许接收数据
24.      TMOD=0x20;               //设置定时器 1 工作在方式 2
25.      TH1=0xFD;                //设置定时器 1 的重装值
26.      TL1=0xFD;                //设置定时器 1 的初始值
27.      TR1=1;                   //开启定时器 1
28.  }
29.  //=====主程序===================================
30.  void main()
31.  {
32.      uchar x;                 //定义局部变量，用于处理接收数据
33.      Init();                  //进行程序初始化处理
34.      while(1)                 //无限循环
35.      {
36.        x=jieshou();           //将接收到的数据传给变量 x
37.        P1=x;                  //将数据传给 P1 口，用于显示
38.        x=x+1;                 //变量 x 值加 1
39.        fasong(x);             //发送处理后的数据
```

40.　　｝

41.　｝

C 语言程序说明如下。

1）序号 1：在程序开头加入头文件 "regx51.h"。

2）序号 2~3：define 宏定义处理，用 uchar 和 uint 代替 unsigned char 和 unsigned int，便于后续程序书写方便简洁。

3）序号 5~12：接收数据处理子函数，接收 PC 传输来的数据。

4）序号 14~19：发送数据给 PC，等待发送完成并清零标志位后才返回主程序。

5）序号 21~28：程序初始化处理函数，设置 SCON 寄存器，将串行口设为 10 位异步允许接收模式，并设置定时器 1 的初值来设定波特率。在程序中 SCON 设置为 01010000B，将 SM1 位与 REN 位置 1，选择模式 2 并允许接收数据；由于在本程序中使用的波特率为 9.6kbit/s，则依据公式 $X=256-2^{SMOD}*fosc/（384*$波特率）得出 X=0X0FD、SMOD=0。

6）序号 30~41：当系统进行完程序初始化后，等待 PC 发送数据，当 PC 发送来数据后将该数据显示在 LED 灯上，并加 1 后发回 PC。

当然，以上 C 语言源程序编写与设计过程中，实际上需要借助 Keil 软件对其进行不断的调试与修改，直到调试无误后，才能将程序进行编译生成单片机可执行的二进制机器码文件。程序的 Keil 调试过程与编译等具体情况可以参考前面任务 2.1 中内容所述，在此不再讲解。

 课堂反思：单片机串口与定时/计数器在硬件资源配置与使用上有何不同？在具体的编程中有何要点需要考虑？

7.3.5　基于 Proteus 的调试与仿真

当完成了硬件系统的分析以及控制程序的设计与编写之后，就可以进行控制程序的 Proteus 调试与仿真了。下面进行本任务中单片机应用系统 C 语言程序的 Proteus 调试与仿真，本任务的仿真系统构建过程与仿真运行等详细情况见本书附带光盘中的视频文件。

1. 创建 Proteus 仿真电路图

（1）列出元器件表

根据单片机应用电路原理图 7-19 所示，列出 Proteus 中实现该系统所需的元器件配置情况，如表 7-7 所示。

表 7-7　元器件配置表

名　　称	型　　号	数　　量	备注（Proteus 中元器件名称）
单片机	AT89C51	1	AT89C51
陶瓷电容	30pF	2	CAP
电解电容	1μF	4	CAP-ELEC
电解电容	22μF	1	CAP-ELEC
晶振	11.0592MHz	1	CRYSTAL
按钮		1	BUTTON
电阻	200Ω	1	RES
发光二极管	黄色	8	LED_YELLOW

名　　称	型　　号	数　量	备注（Proteus 中元器件名称）
电阻	300Ω	8	RES
电阻	1kΩ	1	RES
MAX232	MAX232	1	MAX232
串口母头		1	COMPIM
虚拟终端		4	VIRTUAL TERMINAL

（2）绘制仿真电路图

用鼠标双击桌面上的图标进入 Proteus ISIS 编辑窗口，单击菜单命令"File"→"New Design"，新建一个 DEFAULT 模板，并保存为"单片机与 PC 串行通信.DSN"。在元器件选择按钮 P L DEVICES 单击"P"按钮，将表 7-7 中的元器件添加至对象选择器窗口中。然后将各个元器件摆放好，最后依照图 7-19 所示的原理图将各个元器件连接起来，如图 7-23 所示，其中虚拟终端元器件在工具箱中单击"虚拟仪器"按钮，在弹出的"Instruments"窗口中，单击"VIRTUAL TERMINAL"，再在原理图编辑窗口中单击，添加虚拟终端，并将虚拟终端与相应引脚相连。

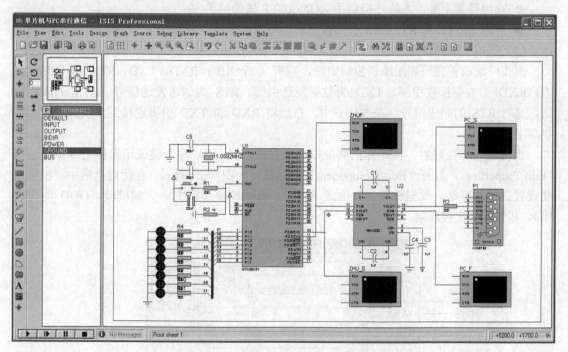

图 7-23　单片机与 PC 串行通信仿真图

经验之谈

由于进行 Proteus 仿真运行时，如果不在 T1OUT 与 RXD 之间添加一个限流电阻那么将无法接收到单片机发回的数据，而实际硬件电路中不加也可以接收到，仿真与实际两者间有一定区别。所以本任务仿真中均在 T1OUT 与 RXD 之间添加一个限流电阻。

至此 Proteus 仿真图绘制完毕，下面先讲解 VIRTUAL TERMINAL（虚拟终端）的使用方法，再将 Keil 与 Proteus 联合起来进行调试，使之可以像仿真器一样调试程序。

2．VIRTUAL TERMINAL（虚拟终端）的使用

（1）虚拟终端的功能

将虚拟终端与相应引脚相连，并单击"运行"按钮后，将弹出虚拟终端界面，如图 7-24 所示，其主要功能如下：

◆ 全双工，可同时接收和发送 ASCII 码数据。

◆ 简单二线串行数据接口，RXD 用于接收数据，TXD 用于发送数据。

◆ 简单的双线硬件握手方式，RTS 用于准备发送，CTS 用于清除发送。

◆ 传输波特率为 300～57600bit/s。

◆ 7 或 8 个数据位。

◆ 包含奇校验、偶校验和无校验。

◆ 具有 0、1 或 2 位停止位。

◆ 除硬件握手外，系统还提供了 XON/XOFF 软件握手方式。

◆ 可对 RX/TX 和 RTS/CTS 引脚输出极性不变或极性反向的信号。

图 7-24　虚拟终端界面

（2）虚拟终端的使用

虚拟终端放置在原理图编辑窗口中时，它有 4 个引脚：RXD、TXD、RTS 和 CTS。其中，RXD 为数据接收引脚、TXD 为数据发送引脚、RTS 为请求发送信号、CTS 为清除传送，是对 RTS 的响应信号。在本任务中，直接将 RXD 和 TXD 引脚连接到系统的发送和接收线上。

虚拟终端连接好后，将光标指向虚拟终端并按〈Ctrl+E〉组合键或用鼠标右键单击选择"Edit Properties"，打开"Edit Component"对话框，如图 7-25 所示。在此对话框中，根据需要设置传输波特率、数据长度（7 位或 8 位）、奇偶校验（EVEN 为偶校验，ODD 为奇校验）、极性和溢出控制等。

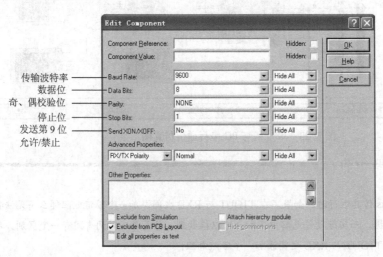

图 7-25　编辑虚拟终端

3．Proteus 与 Keil 联调

1）按照前面任务 2.1 中 Proteus 与 Keil 联调的步骤完成基本的软件设置。如果前面已经设置过一次，在此可以跳过忽略。

2）用 Proteus 打开已绘制好的"单片机与 PC 串行通信.DSN"文件，在 Proteus 的"Debug"菜单中选中"Use Remote Debug Monitor（远程监控）"。同时，右键选中STC89C51 单片机，在弹出对话框"Program File"项中，导入在 Keil 中生成的十六进制HEX 文件"单片机与 PC 串行通信.HEX"。

3）用 Keil 打开刚才创建好的"单片机与 PC 串行通信.UV2"文件，打开窗口"Option for Target‘工程名’"。在 Debug 选项中右栏上部的下拉菜单选中 Proteus VSM Simulator。接着再单击进入 Settings 窗口，设置 IP 为 127.0.0.1，端口号为 8000。

4）在 Keil 中单击 ⑨，使用单步执行来调试程序，同时在 Proteus 中查看直观的仿真结果。这样就可以像使用仿真器一样调试程序了，如图 7-26 所示。

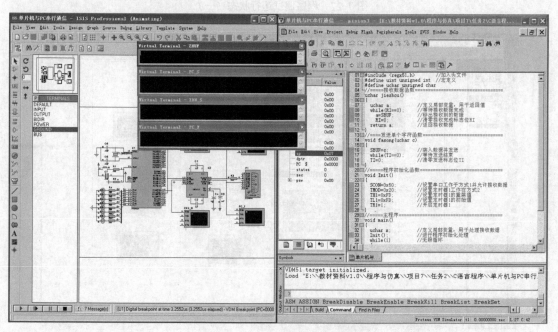

图 7-26　Proteus 与 Keil 联调界面

在联调时，需要对虚拟终端进行相关设置，其设置如下。

◆ 先用鼠标右键单击选中虚拟终端，然后再用鼠标左键单击该虚拟终端，在弹出的属性窗口中，设置其波特率与程序中设定的波特率相同（Baud Rate 为 9600）。

◆ 由于经过 MAX232 芯片后信号取反，所以在 PC 的两个串行发送/接收器的属性窗口中设置 Advanced Properties 选项的第二个设置项，选择 inverted（反向），如图 7-27所示。

其次 PC 发送（PC_F）需要设置输入设置，其设置如下。

在 PC 发送（PC_F）的虚拟终端界面中用鼠标右键单击弹出一个设置选项列表，选择"Echo Typed Characters"选项，如图 7-28 所示，如此才能在该虚拟终端界面中输入发送数据。

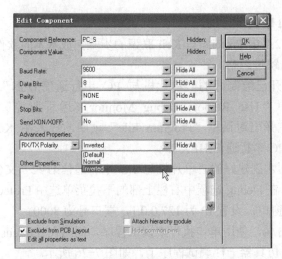

图 7-27　程序调试运行状态（一）

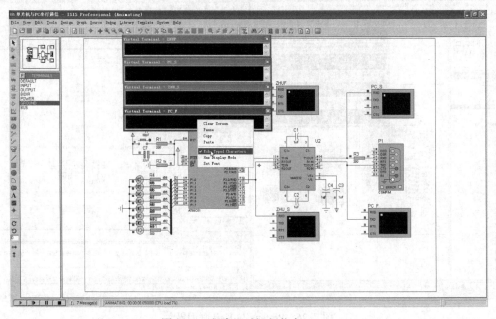

图 7-28　程序调试运行状态（二）

依照上述设置后，按〈F5〉键将其设置成全速运行状态，然后在 PC_F 窗口中输入字符，可以看到在 ZHU_S 中接收到相同的字符，而 ZHU_F 和 PC_S 收到的是加 1 后的字符，并且 P1 口的 LED 灯也随之亮灭，如图 7-29 所示。

如需要实物测试，可购买或从网站上下载串口调试助手工具作为 PC 的收发工具。PC 运行串口调试工具，单片机运行程序，可方便地观察单片机与 PC 的通信，串口调试助手的界面窗口如图 7-30 所示。

其中端口号要与通信线与计算机所插的端口号一致，可在设备管理中查看所接端口是多少。同时界面窗口的波特率要和程序中设定的一致。打开串口后，在串口调试工件的发送区中输入字符，单击发送后，在接收区中就会显示出加 1 后的字符，如图 7-30 所示。

PC_F 发送数据为 A   ZHU_F 发送数据为 B

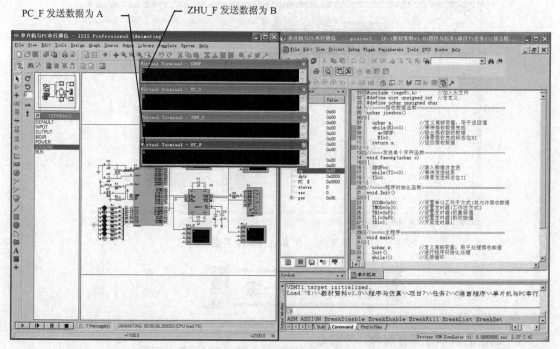

图 7-29　程序调试运行状态（三）

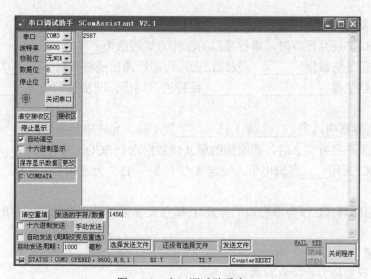

图 7-30　串口调试助手窗口

4．Proteus 仿真运行

用 Proteus 打开已绘制好的"单片机与 PC 串行通信.DSN"，并将最后调试完成的程序重新编译生成新".HEX"文件导入 Proteus 中。

在 Proteus ISIS 编辑窗口中单击 ▶ 或在"Debug"菜单中选择"▶ Execute"，运行时，将 PC 传输过来的信息在 LED 发光管上显示，并加 1 后再传输回去，如图 7-31 所示。

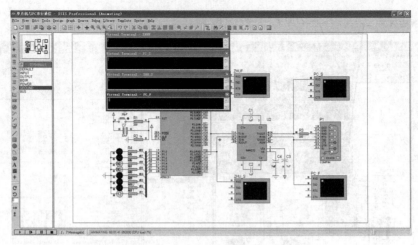

图 7-31 仿真运行结果界面

随堂一练

一、填空题

1. 通信的基本方式有两种，分别是＿＿＿＿＿＿＿＿和＿＿＿＿＿＿＿＿。

2. 串行通信中数据通信方式有＿＿＿＿＿＿、＿＿＿＿＿＿＿、＿＿＿＿＿＿＿三种传送方式。

3. 当数据发送或接收完成时，＿＿＿＿＿和＿＿＿＿＿由硬件自动置1。

4. 用串行口扩展并行口时，串行接口的工作方式应选为＿＿＿＿。

5. 并行通信是将数据＿＿＿＿＿发送出去，而串行通信是将数据＿＿＿＿＿发送出去。

6. 异步通信依靠＿＿＿＿＿、＿＿＿＿保持通信同步；同步通信依靠＿＿＿＿＿保持通信同步。

7. 在 IE 寄存器中，当＿＿＿＿置1且＿＿＿＿置1时，允许串行中断。

8. 串行口工作在方式 2 时，接收到的第 9 位数据送到 SCON 寄存器的＿＿位中保存。

9. RS-232C 采用＿＿逻辑电平，规定 DC（-3～-15）为逻辑＿＿，DC（+3～+15）为逻辑＿＿。

10. 使用定时器 T1 作为串行口的方式 1 和方式 3 的波特率发生器，定时器 T1 常工作于＿＿。

二、选择题

1. 控制串行通信方式的寄存器是哪个？（　　）
   A. TCON　　　　　B. TMOD　　　　　C. PCON　　　　　D. SCON

2. 异步串行通信的工作方式有几种？（　　）
   A. 1种　　　　　B. 两种　　　　　C. 三种　　　　　D. 四种

3. 串口工作在方式 0 时，它的工作方式处于（　　）状态。
   A. 同步半双工　　B. 异步半双工　　C. 同步全双工　　D. 异步全双工

4. 要使波特率倍增应该置位（　　）。
   A. SMOD　　　　　B. REN　　　　　C. TB8　　　　　D. RB8

5．串行口的控制寄存器 SCON 中，REN 的作用是（　　　）。

    A．接收中断请求标志位　　　　　　　B．发送中断请求标志位

    C．串行口允许接收位　　　　　　　　D．地址/数据位

6．单片机的晶振频率为 12MHz，且串行口发送数据位 8 位，波特率为 1200bit/s，则时间常数初始值为（　　　）。

    A．0E6H　　　　　B．98H　　　　　C．1DH　　　　　D．0CCH

7．在 MCS-51 单片机中 SBUF 是（　　　）。

    A．串行口数据缓冲寄存器　　　　　　B．串行控制寄存器

    C．电源控制寄存器　　　　　　　　　D．定时控制寄存器

8．串行口每一次传送（　　）字符。

    A．1 个　　　　　B．1 串　　　　　C．1 帧　　　　　D．1 波特

9．在串行通信中，51 单片机中发送和接收的寄存器是（　　　）。

    A．TMOD　　　　B．SBUF　　　　C．SCON　　　　D．DPTR

10．波特的单位是（　　　）。

    A．字符/秒　　　　B．位/秒　　　　　C．帧/秒　　　　　D．字节/秒

11．在异步通信中若每个字符由 11 位组成，串行口每秒传送 250 个字符，则对应的波特率为（　　）bit/s。

    A．2750　　　　　B．250　　　　　C．2500　　　　　D．2000

12．若要使 MCS-51 能够响应定时器 T1 中断，串行接口中断，它的中断允许寄存器 IE 的内容应是（　　　）。

    A．22H　　　　　B．84H　　　　　C．42H　　　　　D．98H

三、思考题

1．简述同步通信与异步通信的区别。

2．简述串行接口发送和接收数据的过程。

3．串行通信和并行通信有什么不同？各自有什么优点？

4．串行通信常用的通信中有几种检验数据是否正确的方法？举例说明。

5．在串行通信中为什么要有通信的基本协议？主要有哪几个？

6．简述串行通信的 4 种工作方式。

7．MCS-51 单片机的串行口设为方式 1，并且波特率为 9600bit/s 的时候，每两分钟可以传送多少字节？

8．简述在 Proteus 软件中使用虚拟终端进行仿真调试的设置过程及使用方法。

技能训练 1：串口控制跑马灯

一、训练目的

1．熟悉单片机串行通信接口结构与功能；

2. 掌握串行接口的编程与控制方法；

3. 掌握单片机串转并接口电路的分析与设计；

4. 学会单片机串转并应用程序的分析与设计；

5. 熟练使用 Proteus 进行单片机应用程序开发与调试。

二、训练任务

图 7-32 所示为单片机通过两片 74LS164 芯片来扩展 I/O 口的电路原理图，其具体的功能要求如下：当单片机一上电开始运行工作时，16 个 LED 灯快速左移点亮，形成一种简易的跑马灯；其具体的工作运行情况见本书附带光盘中的仿真运行视频文件。

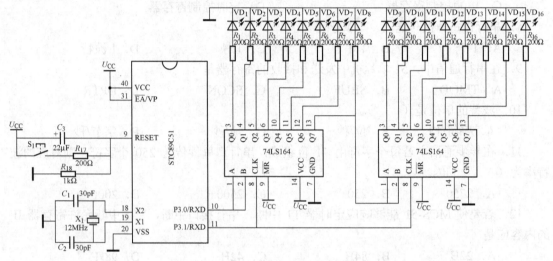

图 7-32　串口控制跑马灯

三、训练要求

训练任务要求如下：

1. 进行单片机应用电路分析，并完成 Proteus 仿真电路图的绘制。

2. 根据任务要求进行单片机控制程序流程和程序设计思路分析，画出程序流程图。

3. 依据程序流程图在 Keil 中进行源程序的编写与编译工作。

4. 在 Proteus 中进行程序的调试与仿真工作，最终完成实现任务要求的程序。

5. 完成单片机应用系统实物装置的焊接制作，并下载程序实现正常运行。

技能训练 2：双机通信控制

一、训练目的

1. 熟悉单片机串行通信接口结构与功能；

2. 掌握串行接口的编程与控制方法；

3．理解单片机双机通信原理及实现方法；

4．学会单片机双机通信应用程序的分析与设计；

5．熟练使用 Proteus 进行单片机应用程序开发与调试。

二、训练任务

图 7-33 所示为两单片机之间通过串口通信实现相互信息交流功能的电路原理图，其具体的功能要求如下：当单片机上电开始运行工作时，两单片机将各自 P1 口的开关状态传输给对方，并通过对方的 LED 显示出相应的开关状态（断开时灯灭、闭合时灯亮）；其具体的工作运行情况见本书附带光盘中的仿真运行视频文件。

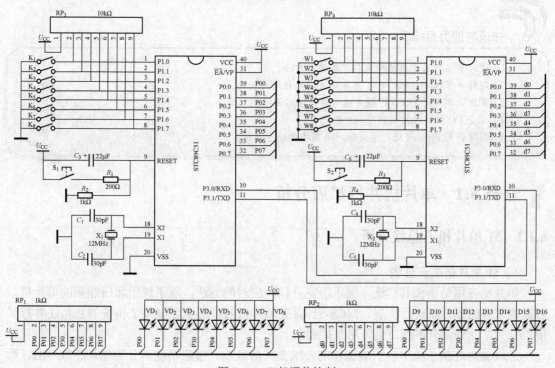

图 7-33　双机通信控制

三、训练要求

训练任务要求如下：

1．进行单片机应用电路分析，并完成 Proteus 仿真电路图的绘制。

2．根据任务要求进行单片机控制程序流程和程序设计思路分析，画出程序流程图。

3．依据程序流程图在 Keil 中进行源程序的编写与编译工作。

4．在 Proteus 中进行程序的调试与仿真工作，最终完成实现任务要求的程序。

5．完成单片机应用系统实物装置的焊接制作，并下载程序实现正常运行。

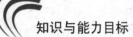

项目 8　并行 I/O 口扩展控制

知识与能力目标

1）理解单片机三总线结构及其扩展使用方法。
2）理解并掌握单片机外部扩展单元地址的分析与确定。
3）掌握简单并行 I/O 口扩展方法及接口电路设计。
4）学会 I/O 口扩展控制程序的分析与设计。
5）熟练使用 Proteus 进行单片机应用程序开发与调试。

任务 8.1　单片机并行扩展分析

8.1.1　51 单片机三总线分析

1. 51 单片机的三总线

单片机应用范围极其广泛，需求五花八门。应对的方法，除了选用和研制新的单片机，就是对现有的单片机进行扩展。MCS-51 系列单片机的扩展主要提供了传统的三总线并行扩展的能力，此外还有串行口也可用来扩展。

总线就是连接系统中各扩展部件的一组公共信号线。按照功能可分为地址总线 AB、数据总线 DB 和控制总线 CB。

整个扩展系统以单片机为核心，通过总线把各扩展部件连接起来，各扩展部件"挂"在总线之上。扩展内容包括 ROM、RAM 和 I/O 接口电路等。因为扩展部件是在单片机芯片之外进行的，通常称扩展的 ROM 为外部 ROM，称扩展 RAM 为外部 RAM。必须指出：MCS-51 系列单片机外部扩展 I/O 接口时，其地址是与外部 RAM 统一编址的。换句话说，外部扩展的 I/O 接口要占用外部 RAM 的地址。典型的单片机系统扩展结构见图 8-1。

（1）地址总线 AB（Address Bus）

地址总线用于传送单片机送出的地址信号，以便进行存储单元和 I/O 端口的选择。地址总线是单向的，只能由单片机向外发出。地址总线的数目决定着可以直接访问的存储单元的数目。N 位地址可以产生 2^N 个连续地址编码，可访问 2^N 个存储单元。通常也说寻址范围为 2^N 个地址单元。MCS-51 单元有 16 根地址线，存储器或 I/O 接口扩展最多可达 64KB，即 2^{16} 个地址单元。

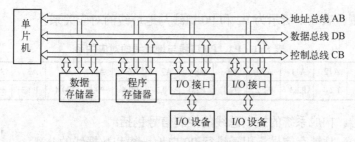

图 8-1　利用三总线对单片机进行扩展

（2）数据总线 DB（Data Bus）

数据总线用于在单片机与存储器之间或单片机与 I/O 端口之间传送数据。数据总线是双向的，可以进行两个方向的数据传送。单片机系统数据总线的位数与单片机处理数据的字长一致。MCS-51 单片机字长 8 位，所以它的数据总线位数也是 8 位。

（3）控制总线 CB（Control Bus）

控制总线实际上就是一组控制信号线，包括由单片机发出的控制信号以及从其他部件送给单片机的请求信号和状态信号。每一条控制信号线的传送方向是单向的固定的，但由不同方向的控制信号线组合的控制总线则表示为双向。

总线结构形式大大减少了单片机系统中传输的数目，提高了系统的可靠性，增加了系统的灵活性。另外，总线结构也使扩展易于实现，只要符合总线规范的各功能部件都可以很方便地接入系统，实现单片机的扩展。

2. MCS-51 系列单片机三总线的形成

MCS-51 系列单片机可以利用 P0 口、P2 口和 P3 口的部分口线的第二功能形成三总线，如图 8-2 所示。

1）P0 口线用做数据线/低 8 位地址线。P0 口线的第二功能是地址线/数据线分时复用功能。在访问片外存储器时，自动进入第二功能，不需要进行设置。在一个片外存储器读写周期

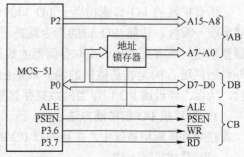

图 8-2　MCS-51 系列单片机的三总线

中，首先 P0 口输出低 8 位地址（A0～A7），然后以 ALE 为所锁存控制信号，选择高电平或下降沿触发的 8D 触发器作为地址锁存器（通常使用的锁存器是 74LS373 或 Intel 的 8282），确保低 8 位地址信息在消失前被送入锁存器暂存起来并输出，作为地址总线的低 8 位（A0～A7），直到访问周期结束。地址信号被锁存之后，P0 口转换为数据线，以便传输数据，直到访问周期结束。从而实现了对地址和数据的分离。

经验之谈

P0 口线经过锁存器作低 8 位地址线，不经过锁存器作 8 位数据线。

2）P2 口线第二功能用于进行高 8 位地址线的扩展。在访问片外存储器时，自动进入第二功能，不需要进行设置。由于 P2 口的第二功能只具有地址线扩展的功能，在一个片外存储器读写周期中，P2 口线始终输出地址总线的高 8 位，可直接与存储器或接口芯片的地址线相连，无需锁存。P2 与 P0 共同提供了 16 根地址线，实现了 MCS-51 单片机系统 64KB

（2^{16}）的寻址范围。表 8-1 所示为 P2 和 P0 口线与地址线的对应关系。

表 8-1　P2、P0 口线与地址线的对应关系

A15	A14	A13	A12	A11	A10	A9	A8	A7	A6	A5	A4	A3	A2	A1	A0
P2.7	P2.6	P2.5	P2.4	P2.3	P2.2	P2.1	P2.0	P0.7	P0.6	P0.5	P0.4	P0.3	P0.2	P0.1	P0.0

3）控制信号。构成系统的控制总线的控制信号包括：

① ALE（30）是锁存信号，用于进行 P0 口地址线和数据线的分离。

② $\overline{PSEN}$（29）是程序存储器读选通控制信号。

③ $\overline{RD}$（17）、$\overline{WR}$（16）分别是外部数据存储器的读、写选通控制信号。

④ $\overline{EA}$（31）是程序存储器访问控制信号。当它为低电平时，对程序存储器的访问仅限于外部存储器；为高电平时，对程序存储器的访问从单片机的内部存储器开始，超过片内存储器地址时自动转向外部存储器。

8.1.2　并行 I/O 接口扩展认知

MCS-51 系列单片机共有 4 个 8 位并行的 I/O 口，但这些 I/O 口有时候不能完全提供给用户。只有片内资源够用，不需要使用这 4 个并行口的第二功能时，才允许全部使用这 4 个 I/O 口。然而对于需要外部扩展存储器的用户来说，能够使用的 I/O 口只有 P1 口和部分 P3 口。或者需要使用特别多的 I/O 口时，都需要进行 I/O 口的扩展。

所有扩展的 I/O 口或相当于 I/O 口的外设以及通过 I/O 口连接的外设，均与片外数据存储器统一编址，访问 I/O 口的指令就是访问外部数据存储器的指令（MOVX）。对于数据存储器来说，或者是单片机读取存储器的数据，或者是单片机将数据写入存储器，而单片机与外设所能进行的无非是数据的输入或输出，也就是说，单片机与外设进行的只是数据的传输，所以，外设或 I/O 口可当做数据存储器进行扩展。

1．单片机 I/O 口扩展方法

在单片机应用系统中，扩展并行 I/O 的方法主要有以下两种。

（1）总线扩展方法

总线扩展的方法是将扩展的并行 I/O 口芯片连接到 MCS-51 单片机的总线上，即数据总线使用 P0 口，地址总线使用 P2 和 P0 口，控制总线使用部分 P3 口。这种扩展方法基本上不影响总线上其他扩展芯片的连接，在 MCS-51 系列单片机应用系统的 I/O 扩展中被广泛应用。

（2）串行口扩展方法

MCS-51 单片机串行口工作方式 0 时，提供一种 I/O 扩展方法。串行口方式 0 是移位寄存器工作方式，可借助外接串入并出的移位寄存器扩展并行输出口，也可通过外接并入串出的移位寄存器扩展并行输入口。这种扩展方法不占用并行总线且可以通过多个并行 I/O 扩展，本书项目 7 的任务 1 中串行口的扩展就是采用了这种方法，具体内容见前项目所述。由于采用串行输入输出的方法，所以数据传输速度较慢。

2．并行 I/O 扩展常用芯片

MCS-51 单片机应用系统中 I/O 扩展芯片主要有 TTL/CMOS 锁存器/缓冲器芯片、通用可编程 I/O 接口芯片和可编程门阵列等。

1）TTL/CMOS 锁存器/缓冲器芯片：如 74LS377、74LS374、74LS373、74LS273、74LS244 和 74LS245 等。

2）通用可编程 I/O 接口芯片：如 8255、8279 等。

3）可编程阵列：如 GAL16V8、GAL20V8 等。

3．I/O 扩展中应注意的几个问题

1）访问扩展 I/O 的方法与访问外部数据存储器完全相同，使用相同的指令。所有扩展的 I/O 与片外数据存储器统一编址，分配给 I/O 端口的地址不能再分配给片外数据存储单元，且与程序存储器无关。

2）扩展多片 I/O 芯片或多个 I/O 设备时，注意总线驱动器的能力问题。

3）扩展 I/O 口的目的是为了让单片机与外部设备进行信息交换而设置的一个输入输出通道，I/O 口最终与外设相连，I/O 扩展时必须考虑与之相连的外设硬件特性，如驱动器功率、电平、干扰抑制及隔离等。

4）在软件设计时，I/O 口对应初始状态设置、工作方式选择要与外接设备相匹配。

任务 8.2　简单并行 I/O 口扩展控制

8.2.1　控制要求与功能展示

图 8-3 所示为单片机通过 74LS245、74LS374 等芯片进行简单 I/O 扩展的实物装置，其电路原理如图 8-4 所示。本任务的具体控制要求为当单片机上电开始运行时，该装置在程序的控制作用下，通过 74LS254 所扩展的 I/O 口按键来控制 74LS374 所扩展的 LED 发光管亮灭。其具体的工作运行情况见本书附带光盘中的视频文件。

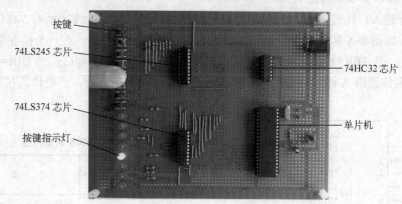

图 8-3　简单并行 I/O 口扩展控制实物装置

8.2.2　硬件系统与控制流程分析

1．任务硬件系统分析

电路原理图如图 8-4 所示，该电路实际上是通过单片机的三总线结构，外扩单片机的输入输出接口电路。输入采用三态门 74LS245，输出采用 8D 触发器（锁存器）74LS374，因此，要分析理解以上的电路设计，必须先学习 74LS245 与 74LS374 芯片的部分知识。

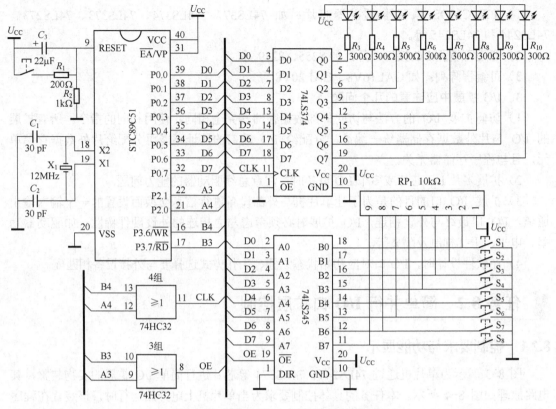

图 8-4　简单并行 I/O 口扩展电路原理图

（1）74LS245 扩展芯片的介绍

扩展并行输入口比较简单，只需采用 8 位缓冲器即可。常用的缓冲器有 74LS245，其引脚和功能特性如图 8-5 和表 8-2 所示。74LS245 为双向总线缓冲器，有一个控制端 DIR 选择数据传送方向，当 DIR=1 时，是将芯片的 A 端口的数据传递给 B 端口；当 DIR=0 时，是将端口 B 的数据传递给 A 端口。$\overline{OE}$ 端为输出允许信号，低电平有效，一般作为扩展芯片片选信号输入端。

图 8-5　74LS245 引脚

表 8-2　74LS245 功能特性

输　入		功　能
$\overline{OE}$	DIR	
0	0	B 端数据→A 端数据
0	1	A 端数据→B 端数据
1	×	高阻

（2）74LS374 扩展芯片的介绍

74LS374 是带有输出允许的 8D 锁存器，有 8 个输入端口、8 个输出端口、1 个时钟输入端 CLK（上升沿有效）和 1 个输出允许控制端 $\overline{OE}$，其引脚和功能特性如图 8-6 和表 8-3 所示。在 $\overline{OE}$ =0 时，通过 CLK 端上升沿信号将数据从输入端 D 打入锁存器，Q 端保持 D 端的 8 位数据。应注意 74LS374 具有三态输出功能，当控制端 $\overline{OE}$ 为高电平时，输出为高阻态，将失去锁存器中缓存的数据。

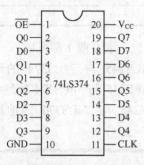

图 8-6   74LS374 引脚

表 8-3   74LS374 功能特性

Dn	CLK	$\overline{OE}$	Qn
H	↑	L	H
L	↑	L	L
×	×	H	Z

（3）单片机的片选方法

"片选"保证每次读或写时，只选中某一片存储器芯片或 I/O 接口芯片。常用的方法有两种："线选法"和"地址译码法"。

◆ 线选法

线选法：一般是利用单片机的最高几位空余的地址线中一根作为某一片存储器芯片或 I/O 接口芯片的"片选"控制线。线选法常用于应用系统中扩展芯片较少的场合。

地址译码法：当应用系统中扩展芯片较多时，单片机空余的高位地址线不够用。这时常用译码器对空余的高位地址线进行译码，而译码器的输出作为"片选"控制线。常用的译码器有 3/8 译码器 74LS138、4/16 译码器 74LS154 等。

例如：单片机剩余地址线数为 3 根，如果采用线选法，只能做三个片选信号线；但如果改用译码器，3 条线译码后 可以译出 8 种状态线即可以当做 8 条片选线使用。

（4）并行扩展输入/输出口电路地址的确定及使用

◆ 扩展芯片地址的确定

图 8-4 所示为单片机与 74LS245、74LS374 接口电路，该电路采用线选法进行 I/O 口扩展。其中单片机的 P2.0 与 $\overline{WR}$（P3.6 引脚）信号经过或门处理后产生片选信号输送给 74LS374 的时钟端 CLK；P2.1 与 $\overline{RD}$（P3.7 引脚）信号经过或门处理后产生片选信号输送给 74LS245 的片选端 $\overline{OE}$；74LS245 的 A0～A7 与 74LS374 的 D0～D7 一起连接到单片机的 P0 口，74LS245 的方向控制端 DIR 和 74LS374 的片选端 $\overline{OE}$ 接地。

当执行外部扩展 I/O（片外数据存储器）操作操作指令 MOVX 时，将会自动生成 $\overline{WR}$、$\overline{RD}$ 控制信号。即当使用 MOVX A,@DPTR 时，产生 $\overline{RD}$ 信号（P3.7 引脚低电平）；即当使用 MOVX @DPTR, A 时，产生 $\overline{WR}$ 信号（P3.6 引脚低电平）。对于外部 I/O 接口扩展芯片，在对其读取数据时，是由单片机的 P2 口提供高 8 位的地址，P0 口提供低 8 位的地址。若要进行读外部扩展 I/O（读片外数据存储器）操作时，选通 74LS254 则不仅需要 $\overline{RD}$ 信号还需要 P2.1 引脚为低电平；若要进行写外部扩展 I/O（写片外数据存储器）操作时，选通 74LS374 则不仅需要 $\overline{WR}$ 信号还需要 P2.0 引脚为低电平，其地址确定如表 8-4 所示。

表 8-4　74LS245 与 74LS374 的片地址

芯片型号	P2.7～P2.2	P2.1	P2.0	P0.7～P0.0
74LS245	X	0	X	X
74LS374	X	X	0	X

其中"X"表示与芯片地址无关的地址位，简称为无关位，取 0 或 1 都可以。

如果与芯片地址无关的地址线引脚都取 0，那么 74LS245 与 74LS374 的地址都是 0000H。如果与芯片地址无关的地址线引脚都取 1，那么 74LS245 与 74LS374 的地址分别是 FDFFH、FEFFH。本任务中取无关位均为 1，所以 74LS245 与 74LS374 的地址分别是 FDFFH、FEFFH。

经验之谈

在本任务中只扩展 8 位输入和 8 位输出，因此在本任务中可以不使用 P2.0、P2.1 以及或门，而是直接通过 $\overline{RD}$ 和 $\overline{WR}$ 信号控制。但由于直接占用 $\overline{RD}$、$\overline{WR}$ 控制信号而没有地址信号参与控制不利于系统的再次扩展，因此加上门电路后更利于系统的再次扩展。

◆ 扩展芯片地址的使用

在确定好每片芯片的地址后，单片机就可对其进行读写操作，读写时先发送芯片地址，选通芯片，接着进行读写数据。

如图 8-4 所示，对第一片扩展芯片 74LS245 进行读数据，方向是 B 至 A；对第二片扩展芯片 74LS374 进行写数据，方向是 D 至 Q，则可进行如下设置：

```
MOV     DPTR，#0FDFFH    ；74LS245 扩展芯片地址送入 DPTR
MOVX    A，@DPTR         ；RD、P2.1 为低电平，数据经 74LS245 送入单片机
MOV     DPTR，#0FEFFH    ；74LS374 扩展芯片地址送入 DPTR
MOVX    @DPTR，A         ；WR、P2.0 为低电平，数据经 74LS374 传出
```

2．任务控制流程分析

根据电路原理图和任务控制功能要求可知，本任务功能上主要是在单片机的控制作用下，当单片机上电开始运行时，一直循环执行操作：选通 74LS245 芯片将按键状态读入单片机中，再选通 74LS374 芯片将按键状态输出。图 8-7 所示为本任务程序设计的程序控制流程图。

8.2.3 汇编语言程序分析与设计

在分析完硬件系统与控制流程之后，进一步进行单片机汇编语言相关知识的学习，来完成本任务汇编控制程序的编写。

1．任务中相关的汇编指令

为了完成本任务控制程序的编写，我们再进一步学习掌握一些常用的汇编指令，主要有：MOVX。

累加器 A 与外部 RAM（或外部接口）数据传送指令：MOVX

使用格式：MOVX　A,@DPTR　或　　MOVX　@DPTR,A

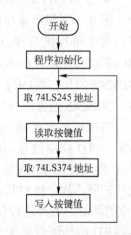

图 8-7　简单并行 I/O 口
扩展控制流程

```
            MOVX    A,@Ri      或      MOVX    @Ri,A
```

使用说明：MOVX 是 CPU 与外部数据存储器的数据传送操作指令，其中 x 为 external（外部）的第二字母。这组指令的功能是外部数据存储器或扩展 I/O 口与累加器 A 之间的数据传送。

1）在以上 4 条格式指令中，DPTR 的取值范围是：0000H～0FFFFH；Ri 的取值范围是 XX00H～XXFFH。

2）由于 MOVX 类指令是专访外部数据存储器和外部接口的指令，因此它的操作数地址（DPTR 或 Ri 的值），即外部数据存储器 16 位地址是由 P0 口和 P2 口向外部地址总线发出的。

3）当执行指令 MOVX A,@DPTR 和 MOVX @DPTR,A 时，寄存器 DPH（DPTR 的高 8 位）的内容自动写入 P2 口，寄存器 DPL（DPTR 的低 8 位）的内容自动写入 P0 口并锁存。

4）当执行指令 MOVX A,@Ri 和 MOVX @Ri,A 时，寄存器 Ri 的内容操作数地址的低 8 位，将自动写入 P0 口并锁存，操作数地址的高 8 位必须事先通过 MOV P2,#data 指令写入 P2 口。

使用示例：用两种方法将外部数据寄存器 7E02H 单元的内容送入内部数据存储器 35H 单元。

方法一：
```
    MOV     DPTR, #7E02H        ; 建立外部地址指针 7E02H
    MOVX    A, @DPTR            ; 外存 7E02H 单元内容送累加器 A
    MOV     35H, A             ; 累加器 A 内容送内部存储单元 35H
```
方法二：
```
    MOV     P2, #7EH
    MOV     R1, #02H
    MOVX    A, @R1
    MOV     35H, A
```

2．汇编程序设计

学习完以上任务所需的汇编知识之后，即可开始进行本任务的汇编程序的分析与设计工作。根据图 8-7 所示的控制流程分析图，结合汇编语言指令编写出汇编语言控制程序如下：

汇编语言程序代码：
```
            ORG     0000H          ; 程序入口地址
            LJMP    MAIN           ; 程序跳转到 MAIN 处执行
            ORG     0030H          ; 主程序存放地址
    MAIN:   MOV     DPTR,#0FDFFH   ; 74LS245 扩展芯片地址送入 DPTR
            MOVX    A,@DPTR        ; RD、P2.1 为低电平，数据经 74LS245 送入单片机
            MOV     DPTR,#0FEFFH   ; 74LS374 扩展芯片地址送入 DPTR
            MOVX    @DPTR,A        ; WR、P2.0 为低电平，数据经 74LS374 传出
            SJMP    MAIN           ; 跳转到 MAIN
            END                    ; 结束
```

汇编语言程序说明：

1）序号 1～3：跳过中断入口，将程序保存在 0030H 以后的地址单元中。

2）序号 4：将 74LS245 地址，赋值给 DPTR。

3）序号 5：选通 74LS245 将按键状态读入，存在 A 中。

4）序号 6：将 74LS374 地址，赋值给 DPTR。

5）序号 7：选通 74LS374 将按键状态输出，点亮 LED 发光管。

6）序号 8：程序返回 MAIN 处执行。

当然，以上汇编语言源程序编写与设计过程中，实际上需要借助 Keil 软件对其进行不断的调试与修改，直到调试无误后，才能将程序进行编译生成单片机可执行的二进制机器码文件。程序的 Keil 调试过程与编译等具体情况可以参考前面任务 2.1 中内容所述，在此不再讲解。

8.2.4　C 语言程序分析与设计

在完成以上任务的汇编语言程序设计之后，接下来继续学习 C 语言相关知识，来完成本任务的 C 控制程序设计。

1．绝对地址访问宏定义头文件 absacc.h

absacc.h 包含了几个宏，以确定各存储空间的绝对地址。通过包含此头文件，可以定义直接访问扩展存储器的变量。

XBYTE 的作用，可以用做定义绝对地址，其中 P2 为定义地址的高 8 位，P0 为定义地址的低 8 位。

例如：　　　　XBYTE[0XFD3F]

在上述例子中 XBYTE 是一个地址指针，它在文件 absacc.h 中由系统定义，指向外部 RAM 的 0000H 单元，XBYTE 后面中括号[]中的数值是指偏离 0000H 的偏移量，在上例中 XBYTE[0XFD3F]表明访问外部地址为 0XFD3F 的外部 RAM。

当 XBYTE[0XFD3F]应用于 P0、P2 口做外部扩展时，P2 对应高 8 位地址，P0 对应低 8 位地址。例如：XBYTE[0X0400]，其中除了 P2.2 为高电平其余全为低电平。

当执行 XBYTE[0X0400]=0X77 时，将 0X77 写入外部 RAM 的 0X0400 单元中。

事实上 " XBYTE[0X0400]=0X77 " 等价于汇编语言 " MOV DPTR,#0400H，MOVX @DPTR,#77H"。

2．C 语言程序设计

由于电路硬件和控制任务要求都是一样，所以 C 语言和汇编语言分析与设计本任务的控制流程都是一样的。根据图 8-7 所示的控制流程分析图，结合 C 语言的基本知识，我们来分析设计本任务的 C 语言控制程序。

C 语言程序代码：

```
1. #include<reg51.h>                    //头文件
2. #include<absacc.h>                   //加入绝对地址访问头文件
3. #define uchar unsigned char          //定义宏
4. #define D1 XBYTE[0XFDFF]             //设置外部地址 D1
5. #define D2 XBYTE[0XFEFF]             //设置外部地址 D2
6. //=======主函数==============
7. void main()
8. {
9.     uchar i;                         //定义局部变量
```

284

10.	while(1)	//无限循环
11.	{	
12.	i=D1;	//将 D1 地址中的数据读入,存放于变量 i 中
13.	D2=i;	//将变量 i 中的数据写入地址为 D2 的芯片中
14.	}	
15.	}	

C 语言程序说明:

1)序号 1～2:在程序开头加入头文件 "regx51.h"、"absacc.h"。absacc.h 文件中含有 XBYTE[]定义绝对访问地址的语句,加入该文件后即可直接调用。

2)序号 3:define 宏定义处理,用 uchar 代替 unsigned char,便于后续程序书写方便简洁。

3)序号 4～5:设置外部地址 0XFDFF 和 0XFEFF,并用 D1、D2 来表示。下面程序中的 D1、D2 就代表外部数据地址 0XFEFF 和 0XFDFF。

4)序号 7～15:先将外部地址为 0XFDFF 的 I/O 口按键信息传入变量 i 中,再将其送给外部地址为 0XFEFF 的 I/O 口控制 LED 发光管显示。

当然,以上 C 语言源程序编写与设计过程中,实际上需要借助 Keil 软件对其进行不断的调试与修改,直到调试无误后,才能将程序进行编译生成单片机可执行的二进制机器码文件。程序的 Keil 调试过程与编译等具体情况可以参考前面任务 2.1 中内容所述,在此不再讲解。

 课堂反思:在进行单片机外部扩展时,提供片选信号的方法有线选法和地址译码法两种,分析说明此两种方法在使用上各有何特点?

8.2.5 基于 Proteus 的调试与仿真

当完成了硬件系统的分析以及控制程序的设计与编写之后,就可以进行控制程序的 Proteus 调试与仿真了。下面进行本任务中单片机应用系统汇编语言程序的 Proteus 调试与仿真,本任务的仿真系统构建过程与仿真运行等详细情况见本书附带光盘中的视频文件。

1. 创建 Proteus 仿真电路图

(1)列出元器件表

根据单片机应用电路原理图 8-4 所示,列出 Proteus 中实现该系统所需的元器件配置情况,如表 8-5 所示。

表 8-5 元器件配置表

名　称	型　号	数　量	备注(Proteus 中元器件名称)
单片机	AT89C51	1	AT89C51
陶瓷电容	30pF	2	CAP
电解电容	22μF	1	CAP-ELEC
晶振	12MHz	1	CRYSTAL
发光二极管	黄色	8	LED-YELLOW
按钮		9	BUTTON
电阻	200Ω	1	RES

名　　称	型　　号	数　量	备注（Proteus 中元器件名称）
电阻	300Ω	8	RES
电阻	1kΩ	1	RES
排阻	10kΩ	1	RX8
74LS245	74LS245	1	74LS245
74LS374	74LS374	1	74LS374
74HC32	74HC32	1	74HC32

（2）绘制仿真电路图

用鼠标双击桌面上的图标 ISIS 进入 Proteus ISIS 编辑窗口，单击菜单命令"File"→"New Design"，新建一个 DEFAULT 模板，并保存为"简单并行 I/O 口扩展控制.DSN"。在元器件选择按钮 P L DEVICES 单击"P"按钮，将表 8-5 中的元器件添加至对象选择器窗口中。然后将各个元器件摆放好，最后依照图 8-4 所示的原理图将各个元器件连接起来，如图 8-8 所示。

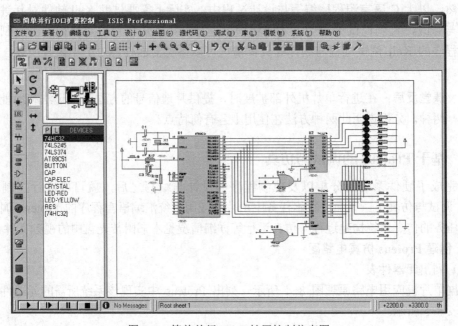

图 8-8　简单并行 I/O 口扩展控制仿真图

2. Proteus 与 Keil 联调

1）按照前面任务 2.1 中 Proteus 与 Keil 联调的步骤完成基本的软件设置。如果前面已经设置过一次，在此可以跳过忽略。

2）用 Proteus 打开已绘制好的"简单并行 I/O 口扩展控制.DSN"文件，在 Proteus 的"Debug"菜单中选中"Use Remote Debug Monitor（远程监控）"。同时，右键选中STC89C51 单片机，在弹出对话框"Program File"项中，导入在 Keil 中生成的十六进制HEX 文件"简单并行 I/O 口扩展控制.HEX"。

3）用 Keil 打开刚才创建好的"简单并行 I/O 口扩展控制.UV2"文件，打开窗口

"Option for Target'工程名'"。在 Debug 选项中右栏上部的下拉菜单选中 Proteus VSM Simulator。接着再单击进入 Settings 窗口，设置 IP 为 127.0.0.1，端口号为 8000。

4）在 Keil 中单击，使用单步执行来调试程序，同时在 Proteus 中查看直观的仿真结果。这样就可以像使用仿真器一样调试程序了，如图 8-9 所示。

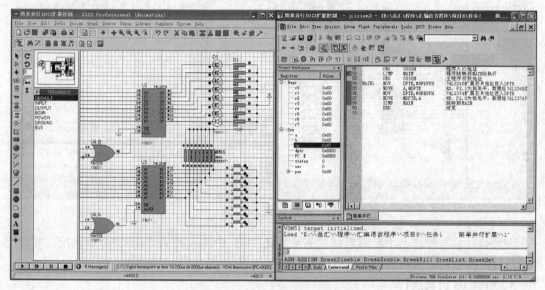

图 8-9　Proteus 与 Keil 联调界面

在联调时，依照任务 3.2 的方法，模拟按键按下，当程序执行完"MOVX A,@DPTR"后，发现按键的状态值已存入 A 中，如图 8-10 所示。

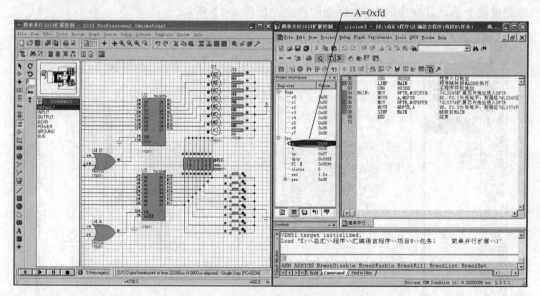

图 8-10　程序调试运行状态（一）

而当程序执行完"MOVX @DPTR,A"后，按键的状态值从 74LS374 输出到 LED 灯，控制对应 LED 亮灭，如图 8-11 所示。

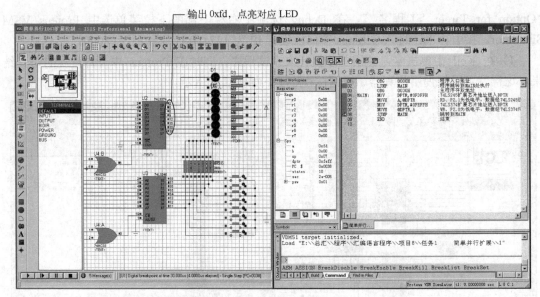

图 8-11　程序调试运行状态（二）

循环执行读写操作，不断将按键状态从 74LS245 中读入又从 74LS374 中输出，实现当对应按键被按下后，其对应的 LED 灯会被点亮。

3．Proteus 仿真运行

用 Proteus 打开已绘制好的"简单并行 I/O 口扩展控制.DSN"，并将最后调试完成的程序重新编译生成新".HEX"文件导入 Proteus 中。

在 Proteus ISIS 编辑窗口中单击 ▶ 或在"Debug"菜单中选择"Execute"，运行时，当按键被按下后，其对应的 LED 灯会被点亮，如图 8-12 所示。

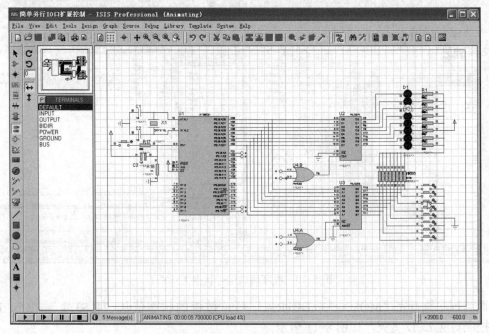

图 8-12　仿真运行结果界面

随堂一练

一、填空题

1. 在 MCS-51 单片机内若不使用内部 ROM，则 $\overline{EA}$ 引脚要接_____。

2. 在 MCS-51 单片机应用系统中三总线分为_____、_____和_____。

3. 访问外部存储器或其他接口芯片时，作数据线和低 8 位地址线的是_____口。MCS-51 单片机访问外部存储器时，需由____和____口组成输出 16 位地址。

4. 在使用 MOVX 指令时，DPTR 的取值范围是：_____，Ri 的取值范围是_____。

5. 74LS245 中的使能端口是_____、方向控制端口是_____。

二、选择题

1. 在 MCS-51 单片机中要访问外部数据要用到哪条指令？（   ）
   A. MOVX　　　　B. MOVC　　　　C. MOV　　　　D. 以上都行

2. 属于可编程接口的芯片是（   ）。
   A. 74LS373　　　B. 74LS245　　　C. 8255A　　　　D. 89C51

3. 当使用外部存储器时，MCS-51 的 P0 口是一个（   ）。
   A. 高 8 位地址口　　　　　　　　　B. 低 8 位地址口
   C. 低 8 位数据口　　　　　　　　　D. 低 8 位地址/数据总线口

4. 在扩展系统中，能够提供地址信号的高 8 位的端口是（   ）。
   A. P0 口　　　　B. P1 口　　　　C. P2 口　　　　D. P3 口

5. 下面哪条指令能产生 $\overline{WR}$ 信号？（   ）
   A. MOVX　A,@DPTR　　　　　　　B. MOVC　A,@A+PC
   C. MOVC　A,@A+DPTR　　　　　　D. MOVX　@DPTR,A

三、思考题

1. 在 MCS-51 单片机系统中，外部程序存储器和外部数据存储器共用 16 位地址总线和 8 位数据总线，为什么它们不会发生冲突？

2. 如何构造 MCS-51 单片机的并行扩展的系统总线？

技能训练：简单 I/O 口扩展控制

一、训练目的

1. 进一步理解单片机三总线结构及其扩展使用方法；

2. 进一步掌握单片机外部扩展单元地址的分析与确定；

3. 学会单片机简单 I/O 口扩展应用电路分析与设计；

4. 学会进行单片机简单 I/O 口扩展应用程序分析与编写；

5. 熟练使用 Proteus 进行单片机应用程序开发与调试。

二、训练任务

图 8-13 所示电路为一个 89C51 单片机使用一片 74LS138 芯片和两片 74LS374 芯片通过译码法来扩展 I/O 口，实现含有 3 种花样的花样流水灯的功能。

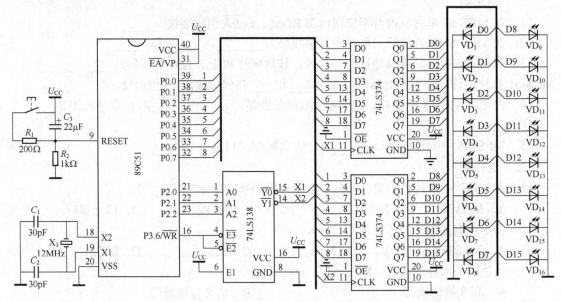

图 8-13　简单 I/O 口扩展控制

第一种花样：VD0～VD7 灯中奇数灯点亮同时 VD8～VD15 中偶数灯点亮，而后延时400ms 灭掉。换 VD0～VD7 中偶数灯点亮同时 VD8～VD15 中奇数灯点亮，然后延时 400ms灭掉。重复 5 次。转换到第二种花样。

第二种花样：VD0～VD15 以亮 400ms 灭 400ms 重复 3 次。转换到第三种花样。

第三种花样：VD0～VD15 以每 5ms 的速度依次点亮，当 16 个 LED 全亮后，全亮 3s。然后 VD15～VD0 以每 5ms 的速度依次熄灭，重复两次。转换到第一种花样。

其具体的工作运行情况见本书附带光盘中的仿真运行视频文件。

三、训练要求

训练任务要求如下：

1．进行单片机应用电路分析，并完成 Proteus 仿真电路图的绘制。

2．根据任务要求进行单片机控制程序流程和程序设计思路分析，画出程序流程图。

3．依据程序流程图在 Keil 中进行源程序的编写与编译工作。

4．在 Proteus 中进行程序的调试与仿真工作，最终完成实现任务要求的程序。

5．完成单片机应用系统实物装置的焊接制作，并下载程序实现正常运行。

项目9　A-D 转换控制及应用

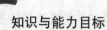

知识与能力目标

1）熟悉 A-D 转换及其转换器的基本知识。
2）理解并掌握 A-D 转换器的控制方法。
3）学会单片机与 ADC0809 的接口电路分析与设计。
4）初步学会 A-D 转换应用程序的分析与设计。
5）熟练使用 Proteus 进行单片机应用程序开发与调试。

任务 9.1　A-D 转换认知与分析

9.1.1　A-D 转换的初步认知

在单片机应用系统中，经常需要将其检测到的模拟量如电压、温度、压力和流量等转换成单片机可以接受的数字信号，才能输入到单片机中处理，此过程称为 A-D 转换。

随着单片机技术的发展，有许多新一代的单片机已经在片内集成了多路 A-D 转换通道，大大简化了连接电路和编程工作，但这类 CPU 芯片大多价格较贵。本任务主要是介绍内部不带有 A-D 转换电路的 MSC-51 单片机与 A-D 芯片 ADC0809 的硬件连接及软件编程。

1. A-D 转换器的主要性能指针

1）分辨率：分辨率$=U_{REF}/2^N$，它表示输出数字量变化一个相邻数码所需输入模拟电压的变化量，其中 N 为 A-D 转换的位数，N 越大，分辨率越高，习惯上分辨率常以 A-D 转换位数表示。例如一个 8 位 A-D 转换器的分辨率为满刻度电压的 $1/2^8=1/256$，若满刻度为电压（基准电压）为 5V，则该 A-D 转换器能分辨 5V/256≈20mV 的电压变化。

2）量化误差：量化误差是指零点和满度校准后，在整个转换范围内的最大误差。通常以相对误差形式出现，并以 LSB（Least Significant Bit，数字量最小有效位所表示的模拟量）为单位。如上述 8 位 A-D 转换器基准电压为 5V 时，1LSB≈20mV，其量化误差为±1LSB/2≈±10mV。

3）转换时间：指 A-D 转换器完成一次 A-D 转换所需的时间。转换时间越短，适应输入信号快速变化能力越强。当 A-D 转换的模拟量变化较快时就需要选择转换时间短的 A-D 转换器，否则会引起较大误差。

2. A-D 转换器分类

A-D 转换器的种类很多，按转换原理可分为逐次逼近式，双积分式和 V/F 转换式，按信号传输形式可分为并行 A-D 和串行 A-D。

1）逐次逼近式。逐次逼近式属直接式 A-D 转换器，其原理可理解为将输入模拟量逐次与 UREF/2、UREF/4、UREF/8、…、UREF/2^{N-1} 比较，模拟量大于比较值取 1（并减去比较值），否则取 0。逐次逼近式 A-D 转换器转换精度较高，速度较快，是目前种类最多、应用最广的 A-D 转换器，典型的 8 位逐次逼近式 A-D 转换芯片有 ADC0809。

2）双积分式。双积分式是一种间接式 A-D 转换器，其原理是将输入模拟量和基准量通过积分器积分，转换为时间，再对时间计数，计数值即为数字量。转换精度高，但转换时间较长，一般要 40～50ms，使用于转换速度不快的场合。典型芯片有 MC14433 和 ICL7109。

3）V/F 变换式。V/F 变换器也是一种间接式 A-D 转换器，其原理是将模拟量转换为频率信号，再对频率信号计数，转换为数字量。其特点是转换精度高、抗干扰性强，便于长距离传送，但转换速度偏低。

本项目主要讲解在单片机应用系统中应用较广泛的 8 位并行 A-D 芯片 ADC0809。

9.1.2 ADC0809 及其接口电路分析

ADC0809 是 8 通道 8 位 COMS 逐次逼近式 A-D 转换器，是目前国内应用最广泛的 8 位通用并行 A-D 芯片。图 9-1 为该芯片内部原理结构框图。

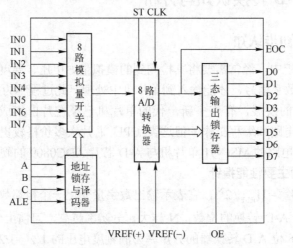

图 9-1 ADC0809 内部原理结构框图

1. ADC0809 主要性能指标

1）分辨率为 8 位。

2）最大不可调误差：±1LSB。

3）单相电+5V 供电，参考电压由外部提供，典型值为+5V。

4）具有锁存控制的 8 位模拟选通开关。

5）具有可锁存三态输出，输出电平与 TTL 电平兼容。

6）功耗为 15mW。

7）转换速度取决于芯片的时钟频率，是芯片时钟周期的 64 倍。时钟频率范围为 10～1280kHz，当 CLK=500kHz 时，转换时间为 128μs。

2．ADC0809 引脚功能

图 9-2 所示为 ADC0809 引脚图，其时序图如图 9-3 所示，芯片各引脚功能如下所示。

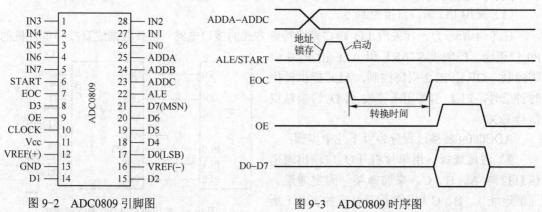

图 9-2　ADC0809 引脚图　　　　　图 9-3　ADC0809 时序图

1）IN0～IN7：8 路模拟信号输入端。ADC0809 对输入模拟量的要求主要有：信号单极性，电压范围 0～5V，若信号过小还需进行放大。另外，输入的模拟量在 A-D 转换过程中，其值不应变化太快，因此对变化速度快的模拟量，在输入前应增加采样保持电路。

2）ADDA、ADDB、ADDC：三位地址输入端。8 路模拟信号的选择由 A、B、C 决定。A 为低位，C 为高位，与单片机的 I/O 口相连，单片机通过 I/O 口输出 000～111 来选择 INT0～INT7 中某一路信道的模拟信号进行转换。

3）CLOCK：时钟输入端：这是 A-D 转换器的工作基准，时钟频率高，转换的速度就快。时钟频率范围 10～1280kHz，通常由单片机的 ALE 端直接或者经分频后提供。

4）D0～D7：数据输出端，为三态缓冲输出形式，可以和单片机的数据线直接相连。其中 D7 为高位输出，D0 为低位输出。

5）OE：A-D 转换结果输出允许控制端。当 OE 端为高电平时，允许将 A-D 转换结果从 D0～D7 端输出；当 OE 端为低电平时，输出数据端呈高阻。通常由单片机的某一 I/O 口直接控制。

6）ALE：地址锁存允许信号输入端。对应 ALE 上升沿，ADDA、ADDB、ADDC 地址状态送入地址锁存器中，经译码后输出选择模拟信号输入通道。

7）START：启动 A-D 转换信号输入端。对应 START 上升沿时，所有内部寄存器清零；对应 START 下降沿时，开始进行 A-D 转换期间，START 应保持低电平。

8）EOC：A-D 转换结束信号输出端。当启动 A-D 转换后，EOC 输出低电平；转换结束后，EOC 输出高电平，表示可以读取 A-D 转换结果。该信号取反后，若与单片机的 $\overline{INT0}$ 或 $\overline{INT1}$ 连接，可发生 CPU 中断，在中断服务程序中读取 A-D 转换的数字信号。若单片机两个中断源已用完，则 EOC 也可以与 P1 口或 P3 口的其他端口相连，采用查询方式，查得 EOC 为高电平后，再读取 A-D 转换值。

9）VREF(+)、VREF(−)：正负参考电压输入端。参考电压用来与输入的模拟信号进行比较，作为逐次逼近的基准，其典型值为+5V，即 VREF(+)接电源（+5V），VREF(−)接地（GND）。

10）VCC：芯片电源正端（+5V）。GND：芯片电源负端，接地。

3．ADC0809 与单片机接口电路

ADC0809 与单片机接口电路一般有两种方式：

（1）采用 I/O 端口直接控制方式

图 9-4 所示为一种采用 I/O 端口直接控制方式的接口电路，8 条数据线直接与单片机的 P0 口相连。控制线 START 和 ALE 由 P1.0 引脚控制，OE 由 P1.2 引脚控制，ALE 提供转换时钟信号，P1.1 引脚用于接收 A-D 转换结束信号 EOC。

ADC0809 转换过程分为以下几个步骤：

1）通道选择：用单片机 I/O 口输出通道信息控制 A、B、C，来选择某一固定通道。通道地址 A、B、C 与通道选择情况如表 9-1 所示。例如图 9-4 中所示 A、B、C 三个引脚直接接地，转换通道选择通道 0。

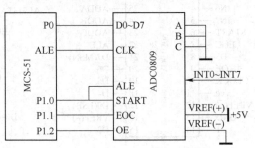

图 9-4 单片机与 ADC0809 连接图

表 9-1 通道选择表

C	B	A	通道口	C	B	A	通道口
0	0	0	INT0	1	0	0	INT 4
0	0	1	INT 1	1	0	1	INT 5
0	1	0	INT 2	1	1	0	INT 6
0	1	1	INT 3	1	1	1	INT 7

2）锁存通道（ALE）和启动 A-D 转换开始（START）：根据工作时序图 9-3 所示，先控制地址锁存，后启动转换；也可以用同一个信号控制地址锁存和启动转换。

3）检测 A-D 转换是否结束：根据工作时序图 9-3 所示，A-D 开始转换后约 $1\mu s$，EOC 信号变为低电平，直到转换结束再变为高电平。可以通过检测 EOC 的高低电平，判断转换是否结束，也可利用 EOC 的信号触发中断。

4）读 A-D 转换结果：当检测到转换结束后，使能 OE 有效，并通过 D0～D7 将数据读入单片机内部。

知识链接：读入转换数据的 3 种方法

1）延时方式：EOC 悬空，启动转换后，延时 $100\mu s$ 读入转换结果。

2）查询方式：EOC 接单片机端口线，查得 EOC 变高，读入转换结果，作为查询信号。

3）中断方式：EOC 经非门接单片机的中断请求端，转换结束作为中断请求信号向单片机提出中断申请，在中断服务中读入转换结果。

（2）采用系统扩展方式

采用系统扩展方式来实现单片机与 ADC0809 相接，需要使用到前面所说的三总线。由于 MCS-51 系列单片机受引脚的限制，数据线与地址线是复用的。为了将它们分离开来，必须在单片机外部增加地址锁存器，构成与一般 CPU 相类似的三总线结构，如前述项目中

图 8-2 所示。

由于单片机的数据线与地址线的低 8 位共用 P0 口，因此必须用地址锁存器将地址信号和数据信号区分开。系统扩展中常用的控制线有以下 3 条。

1）$\overline{\text{PSEN}}$：控制程序存储器的读操作，在执行指令的取指令阶段和从程序存储器中取数据时有效。

2）$\overline{\text{RD}}$：控制数据存储器的读操作，从外部数据存储器或 I/O 端口中读取数据时有效。

3）$\overline{\text{WR}}$：控制数据存储器的写操作，从外部数据存储器或 I/O 端口中写取数据时有效。

任务 9.2　单通道电压采集控制

9.2.1　控制要求与功能展示

图 9-5 所示为单片机外扩一个模数转换芯片实现单通道电压采集的实物装置，其电路原理如图 9-6 所示。本任务的具体控制要求为：当单片机上电开始运行时，该装置在程序的控制作用下，采集可调电位器模拟电压，将其转换为数字电压，并将转换后的数字电压值显示在数码管上，其转换显示范围为 0.00～5.00V，形成一个简易数字电压表。其具体的工作运行情况见教材附带光盘中的视频文件。

图 9-5　单通道电压采集控制实物装置

9.2.2　硬件系统与控制流程分析

1. 任务硬件系统分析

电路原理图如图 9-6 所示，该电路实际上是单片机采用 I/O 端口直接控制方式来控制 ADC0809 模数转换芯片工作，实现单通道电压采集显示。

由图可知，A-D 转换完成后数据由 P3 口读入单片机；P1 口的低三位分别控制 ADDA、ADDB、ADDC 来选择转换通道，也可采用将 ADDA、ADDB 接高电平而 ADDC 接低电平将转换通道固定为 IN3 以节省 I/O 口；P1.3～P1.7 接 ADC0809 芯片的控制引脚；P0 口接 4 位数码管的段码引脚，而 P2 口低 3 位接 4 位数码管（本任务中只用到 3 位）的位选引脚。

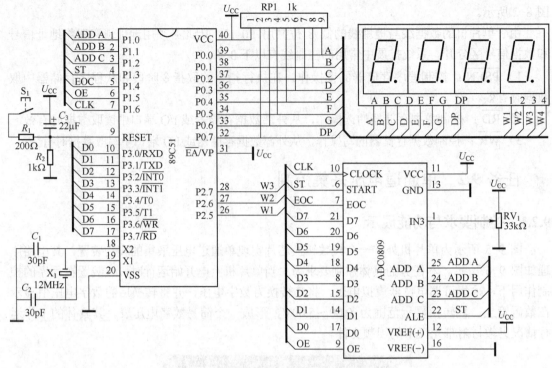

图 9-6 单通道电压采集控制电路原理图

2. 任务控制流程分析

根据电路原理图和任务控制功能要求可得本任务的程序控制流程图，如图 9-7 所示。左图为主程序流程图，当程序初始化完成后就进入 A-D 转换和数据处理与显示的循环中；右图为定时器 T0 中断流程图，通过 T0 的中断产生 A-D 转换所需的时钟 CLK 信号。

9.2.3 汇编语言程序分析与设计

在分析完硬件系统与控制流程之后，进一步进行单片机汇编语言相关知识的学习，来完成本任务汇编控制程序的编写。

1. 任务中相关的汇编指令

为了完成本任务控制程序的编写，我们再进一步学习掌握一些常用的汇编指令，其主要有：DA、SWAP、JC、JNC、XCH、XCHD。

（1）十进制调整指令：DA

使用格式：DA A

使用说明：

MCS-51 系列单片机指令系统中有一条专用

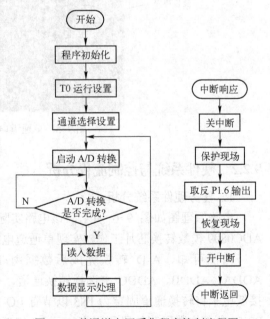

图 9-7 单通道电压采集程序控制流程图

于 BCD 码加法的指令，即十进制调整指令。该指令的功能是在两个压缩型 BCD 码数据按二进制数相加存入累加器 A 后，根据 PSW 中标志位 AC、Cy 的状态以及 A 中的结果，将 A 的内容进行 "加 6 调整"，使其转换为 BCD 码形式。指令具体操作过程是：

若累加器 A 的低 4 位大于 9 或 AC 等于 1，则指令对累加器 A 的低 4 位加 6，产生低 4 位正确的 BCD 码。在加 6 调整后，如果低 4 位向高 4 位产生进位，并且高 4 位均为 1，则进位标志 Cy=1；反之，它不能使 Cy=0。

若累加器 A 的高 4 位大于 9 或 Cy 等于 1，则指令对累加器 A 的高 4 位加 6，产生高 4 位正确的 BCD 码。在加 6 调整后，如果最高位产生进位，则进位标志 Cy=1；反之，它不能使 Cy=0。Cy=1 表示两个 BCD 码数相加后，和大于或等于 100，这对于多字节加法有用，但不影响 OV 位。其指令占字节数为 1 个字节，占周期数为 1 个周期。

（2）半字节交换指令：SWAP

使用格式：SWAP　A

使用说明：SWAP 指令的功能是将累加器 A 的低 4 位与其高 4 位相互交换，主要用于有关 BCD 码数的转换操作中。

（3）字节交换指令：XCH

使用格式：XCH　A，<源操作数>

使用说明：字节交换指令的功能是将累加器 A 与内部 RAM 中某一个单元的内容相互交换。

使用示例：

```
XCH   A, R1        ；将 R1 的内容与累加器 A 的内容交换
XCH   A,40H        ；将地址 40H 的内容与累加器 A 的内容交换
XCH   A,@R1        ；将 R1 所指出的内部存储单元的内容与累加器 A 的内容交换
```

（4）半字节交换指令：XCHD

使用格式：XCHD　A，@Ri

使用说明：半字节交换指令的功能是将累加器 A 的低 4 位与 Ri 所指出的内部存储单元的低 4 位相互交换。

（5）位控制转移指令：JC、JNC

使用格式：JC　rel 或 JNC　rel

使用说明：上述两个位控制指令是根据进位位的值来决定是否转移的指令，也是一种条件转移指令，条件是进位位的值。其转移过程属于相对转移，与 SJMP 指令基本相同，包括位值为 1 转移和位值为 0 转移两种指令形式。这两条指令常与 CJNE 指令一起使用，可以判断两数的大小，形成大于、等于、小于三个分支。指令的转移范围以当前地址为准，向前 128 字节，向后 127 字节。

知识链接：

在本项目中除了运用到上述指令外，还运用到一些位数据传送指令和位逻辑操作指令。

（1）位逻辑操作指令

使用格式：ANL C，bit、ANL C，/bit、ORL C，bit、ORL C，/bit

使用说明：位逻辑操作指令有逻辑 "或" 和逻辑 "与" 两种操作，以位累加器 Cy 和位地址为操作数，运算结果存入 Cy 中。除影响进位标志外，指令执行后对其他标志位无

影响。位逻辑运算指令中没有逻辑异或指令，但可以由若干条位操作指令来实现异或操作。指令中源操作数上的"/"表示将该位内容取反后再参与操作，但该位内容不变。

（2）位数据传送指令

使用格式：MOV C, bit、MOV bit,C

使用说明：MCS-51 指令系统不提供在可寻址位之间直接进行传送的指令。故位数据传送必须通过位累加器 Cy 进行，其中仅以位累加器 Cy 为目的操作数的指令影响 Cy 标志位。

2. 汇编程序设计

学习完以上任务所需的汇编知识之后，可开始进行本任务的汇编程序的分析与设计工作。根据图 9-7 所示的控制流程分析图，结合汇编语言指令即可编写出汇编语言控制程序。

由于 A-D 转换最终单片机采集到的是 8 位的二进制数，而外部的模拟电压输入范围为 0～5V，采集的转换结果为 00H～0FFH（相应的十进制数为 0～255），数码管显示的采集数据有两种表示形式。其一不进行标度变换等数据处理而直接显示对应的 0～255 值，程序编写简单但是显示结果不直观；其二进行标度变换等数据处理，将采集数据变换成与之模拟电压大小一致的数据，程序编写复杂但是能直观显示输入电压的大小。

汇编语言程序代码（不进行标度变换）：

```
1.          ST      EQU     P1^3        ; 用 ST 来代替 P1.3，方便程序书写与阅读
2.          EOC     EQU     P1^4        ; 用 EOC 来代替 P1.4，方便程序书写与阅读
3.          OE      EQU     P1^5        ; 用 OE 来代替 P1.5，方便程序书写与阅读
4.          CLK     EQU     P1^6        ; 用 CLK 来代替 P1.6，方便程序书写与阅读
5.          ORG     0000H               ; 程序开始地址
6.          LJMP    MAIN                ; 跳转到 MAIN 处执行
7.          ORG     000BH               ; 定时器 0 中断入口地址
8.          LJMP    T_0                 ; 跳转到 T_0 处执行
9.          ORG     0030H               ; 主程序存放地址
10. ;================主程序================
11. MAIN:   LCALL   INIT                ; 进行程序初始化处理
12. LOOP:   LCALL   QIDONG              ; 发送启动信号，开始转换
13.         JNB     EOC,$               ; 等待转换，转换结束 EOC=1
14.         SETB    OE                  ; 允许芯片输出转换数据
15.         NOP                         ; 输出缓冲延时
16.         NOP
17.         MOV     A,P3                ; 将转换后的数据传送给 A
18.         CLR     OE                  ; 关闭转换数据输出
19.         LCALL   XIANSHI             ; 调用显示程序
20.         LJMP    LOOP                ; 无限循环
21. ;================发送启动信号================
22. QIDONG: CLR     ST                  ; 关断开始信号
23.         SETB    ST                  ; 锁存地址信息
24.         CLR     ST                  ; 再次关断信号，启动芯片
25.         RET                         ; 子程序返回
26. ;================程序初始化================
27. INIT:   MOV     DPTR,#TAB           ; 将 DPTR 指向表头地址
```

28.		MOV	TMOD,#02H	；设置定时器工作于方式 2
29.		MOV	TH0,#00H	；设定定时器 0 重装值
30.		MOV	TL0,#00H	；设定定时器 0 初始值
31.		MOV	IE,#82H	；打开总中断、定时器中断
32.		SETB	TR0	；开始定时
33.		MOV	P1,#0FBH	；设置芯片的工作通道为通道 3
34.		RET		
35.	；==================显示子程序==================			
36.	XIANSHI:	MOV	B,#100	；把 100 赋值给 B
37.		DIV	AB	；A 除 B，A 存放百位数据，B 存放十位个位数据
38.		MOVC	A,@A+DPTR	；查出百位数据的显示字符
39.		MOV	P2,#0DFH	；选通百位
40.		MOV	P0,A	；输出百位数据
41.		MOV	A,#15	；赋值 A 为 15，用于延时时间传递
42.		LCALL	DELAY	；延时
43.		MOV	A,#10	；把 10 赋值给 A
44.		XCH	A,B	；A 与 B 的值调换
45.		DIV	AB	；A 除 B，A 存放十位数据，B 存放个位数据
46.		MOVC	A,@A+DPTR	；查出十位数据的显示字符
47.		MOV	P2,#0BFH	；选通十位
48.		MOV	P0,A	；输出十位数据
49.		MOV	A,#15	；赋值 A 为 15，用于延时时间传递
50.		LCALL	DELAY	；延时
51.		MOV	A,B	；将 B 的值给 A
52.		MOVC	A,@A+DPTR	；查出个位数据的显示字符
53.		MOV	P2,#7FH	；选通个位
54.		MOV	P0,A	；输出个位数据
55.		MOV	A,#1	；赋值 A 为 1，用于延时时间传递
56.		LCALL	DELAY	；延时
57.		RET		；子程序返回
58.	；==================定时器 0 中断子程序==================			
59.	T_0:	CPL	CLK	；取反时钟信号
60.		RETI		；中断子程序返回
61.	；==================延时子程序==================			
62.	DELAY:	MOV	R7,A	；延时子程序
63.	D1:	MOV	R6,#120	
64.		DJNZ	R6,$	
65.		DJNZ	R7,D1	
66.		RET		
67.	TAB:	DB	3FH,06H,5BH,4FH,66H	；0~4 的显示字符
68.		DB	6DH,7DH,07H,7FH,6FH	；5~9 的显示字符
69.		END		；程序结束

汇编语言程序说明：

1）序号 1~4：分别使用 ST、EOC、OE、CLK 来代替 P1.3~P1.6，方便后续程序的书写。

2）序号 5~9：使程序复位或上电后，直接跳到 MAIN 主程序处执行程序，当发生定时

T0 中断时又直接跳转至 T_0 处执行程序。

3）序号 11～20：主程序，先进行程序初始化处理，然后发送开始转换信号并等待转换结束，当转换结束后发送允许输出转换结果信号，读入数据，最后再停止允许输出转换结果显示数据。其中允许输出转换结果发送后，需延时等待一段时间再读入结果，否则可能会导致读取失败。

4）序号 22～25：依照 ADC0809 的工作时序图，先发送 ALE 上升沿信号锁存地址信息，再发送 START 下降沿信号启动转换。

> **经验之谈**
>
> 在使用 ADC0809 进行模数转换时应严格按照其工作时序图进行操作，否则会导致转换失败。
>
> 例如：应当等待一轮转换结束后，再发送下一轮的转换开始信号，否则会使转换失败。

5）序号 27～34：进行程序初始化，包括设置定时器的工作方式、定时初值以及打开总中断、定时中断，最后打开定时器以及使 P1 口输出#11111011，使 ADDA、ADDB 为高电平而 ADDC 为低电平，选择通道 3。其中定时器 T0 设定时值为 00H，功能为发送频率约为 2K 的时钟脉冲。

6）序号 36～42：将转换后的数值除以 100 取出百位数据显示在 4 位数码管的百位上，其余数存放在 B 中。

7）序号 43～50：将除 100 后的余数再除以 10 取出十位数据显示在 4 位数码管的十位上，其余数存放在 B 中。

8）序号 51～57：将个位数据显示在 4 位数码管的十位上。

> **经验之谈**
>
> 一般来讲，显示延时时间的长短要根据具体的硬件电路而定，不同的硬件电路其显示延时时间不一样需要调试。

9）序号 59～60：定时器取反脉冲信号，用于 ADC0809 的工作时钟基准。

10）序号 62～66：延时子程序用于数码管延时显示。

11）序号 67～68：数字 0～9 的字符数据。

当然，以上汇编语言源程序编写与设计过程中，实际上需要借助 Keil 软件对其进行不断的调试与修改，直到调试无误后，才能将程序进行编译生成单片机可执行的二进制机器码文件。程序的 Keil 调试过程与编译等具体情况可以参考前面任务 2.1 中内容所述，在此不再讲解。

由于以上程序段没有进行标度变换处理，装置输出显示的内容与输入的模拟电压大小数据不相同，若要直接显示出模拟电压值，则需要对采集的数据进行标度变换处理，变换因子 K=(500-0)/(255-0)。在上述程序段的基础上增加相应的乘法、除法以及 BCD 转换等程序段，再作适当的修改即可完成具有标度变换功能的程序设计，具体见本书附带光盘中的源程序文件。

9.2.4 C 语言程序分析与设计

由于电路硬件和控制任务要求都是一样，所以 C 语言和汇编语言分析与设计本任务的控制流程都是一样的。根据图 9-7 所示的控制流程分析图，结合 C 语言的基本知识，我们来分析设计本任务的 C 语言控制程序。由于 C 语言进行标度变换时编程比较容易，所以以下程序段直接为具有标度变换功能的程序，其中标度变换因子 K=（500-0）/（255-0）。

C 语言程序代码：

```
1.   #include<reg51.h>                              //包含头文件
2.   #define uchar unsigned char
3.   #define uint unsigned int                      //定义宏方便以后使用
4.   uchar code tab[10]={0xc0,0xf9,0xa4,0xb0,0x99,  //字符 0～4
5.   0x92,0x82,0xf8,0x80,0x90}；                    //字符 5～9
6.   sbit ST= P1^3;                                 //定义芯片的开始控制信号
7.   sbit EOC=P1^4;                                 //定义芯片完成信号
8.   sbit OE= P1^5;                                 //定义芯片允许输出信号
9.   sbit CLK=P1^6;                                 //定义芯片脉冲给定信号
10.  /**************延时子函数*********************/
11.  //函数名：delay(uint a)
12.  //说明：实现 ams 的延时
13.  /*********************************************/
14.  void delay(uint a)
15.  {
16.      uchar i;                                   //定义局部变量
17.      while(a--)
18.      for(i=0；i<120；i++);
19.  }
20.  /**************显示子函数*********************/
21.  //函数名：display(uint c)
22.  //调用函数：delay(uint a)
23.  //输入参数：uint c
24.  //说明：将显示数据的个十百位提取出来分别显示在数码管从左到右的第 4、3、2 位上
25.  /*********************************************/
26.  void display(uint c)
27.  {
28.      c=c*(500.0/255);                           //将采集的数据乘以标度因子
29.      P2=0X7F;                                   //选通数码管第一位
30.      P0=~tab[c%10];                             //用于显示个位数
31.      delay(8);                                  //延时
32.      P2=0XBF;                                   //选通数码管第二位
33.      P0=~tab[c%100/10];                         //用于显示十位
34.      delay(8);                                  //延时
35.      P2=0XDF;                                   //选通数码管第三位
36.      P0=~tab[c/100]+0x80;                       //用于显示百位，再加 0x80 显示小数点
37.      delay(1);                                  //延时
38.  }
39.  /**************中断初始化程序*****************/
40.  //函数名：Init()
41.  //说明：进行各中断寄存器的初始化设置
42.  /*********************************************/
```

```
43.  void Init()
44.  {
45.          TMOD=0X02;                              //设置定时器工作为方式 2
46.          TH0=0X14;                               //定时器初值设置
47.          TL0=0X00;                               //定时器初值设置
48.          IE=0X82;                                //打开全局中断、中断 0、定时器中断
49.          TR0=1;                                  //打开定时器
50.  }
51.  //=====================主函数=====================
52.  void main()
53.  {
54.          Init();                                 //调用程序初始化
55.          P1=0xfb;                                //设置芯片的工作通道为通道 3
56.          while(1)                                //无限循环
57.          {
58.            ST=0;                                 //关断开始信号
59.            ST=1;                                 //锁存地址信息
60.            ST=0;                                 //再次关断信号,启动芯片
61.            while(EOC==0);                        //等待转换,转换结束 EOC=1
62.            OE=1;                                 //运行芯片发送数据
63.            display(P3);                          //调用显示程序
64.            OE=0;                                 //关闭数据发送
65.          }
66.  }
67.  /**************定时器 0 中断处理程序***************/
68.  //函数名:  timer0()
69.  //说明:给 CLK 取反实现 ADC0809 时钟信号的发送
70.  /**********************************************/
71.  void timer0( ) interrupt 1
72.  {
73.          CLK=~CLK;                               //CLK 取反,给芯片发脉冲
74.  }
```

C 语言程序说明:

1)序号 1:在程序开头加入头文件"regx51.h"。

2)序号 2~3:define 宏定义处理,用 uchar 和 uint 代替 unsigned char 和 unsigned int,便于后续程序书写方便简洁。

3)序号 4~5:定义数组,其数组元素为 0~9 的字符数据。

4)序号 6~9:分别使用 ST、EOC、OE、CLK 来代替 P1.3~P1.6,方便后续程序的书写。

5)序号 14~19:带参数的延时子函数,用于数码管显示延时显示。

6)序号 26~38:将采集到的数据乘以变换因子,然后通过数码管显示出来。其中数据处理的表达式 C=C*(500.0/255),先将 500.0/255 按浮点型进行运算,最后再将结果乘以转换数据,其得到的结果也是属于浮点型,如不加.0 则在换算过程中将丢失精度使运算结果出现偏差,然后再提取其百、十、个位数据并在数码管上显示。

7）序号 43～50：设置定时器的工作方式、定时初值以及打开总中断、定时中断，最后打开定时器，其中定时器 T0 设置为 00H，功能为发送 2K 频率的脉冲。

8）序号 54：在主程序中调用初始化子函数，进行定时器 T0 的初始化。

9）序号 55：P1 口输出#11111011，使 ADDA、ADDB 为高电平而 ADDC 为低电平，选择通道 3。

10）序号 58～60：依照 ADC0809 的工作时序图，先发送 ALE 上升沿信号锁存地址信息，再发送 START 下降沿信号启动转换。

11）序号 61：等待转换结束，当转换结束后 EOC 信号为 1。

12）序号 62～64：当转换结束后，发送允许输出转换结果信号，并将结果保存加以显示，最后关闭允许输出转换结果信号。

13）序号 73：定时器取反脉冲信号，用于 ADC0809 的工作基准。

当然，以上 C 语言源程序编写与设计过程中，实际上需要借助 Keil 软件对其进行不断的调试与修改，直到调试无误后，才能将程序进行编译生成单片机可执行的二进制机器码文件。程序的 Keil 调试过程与编译等具体情况可以参考前面任务 2.1 中内容所述，在此不再讲解。

课堂反思：A-D 转换芯片的工作时序脉冲除了可以由定时器产生提供外，还可由单片机的哪项功能直接提供？任务中 ADC0809 与单片机接口电路若改为系统扩展方式，则它们的接口电路与控制程序又该如何？

9.2.5 基于 Proteus 的调试与仿真

当完成了硬件系统的分析以及控制程序的设计与编写之后，就可以进行控制程序的 Proteus 调试与仿真了。下面进行本任务中单片机应用系统汇编语言程序的 Proteus 调试与仿真，本任务的仿真系统构建过程与仿真运行等详细情况见本书附带光盘中的视频文件。

1. 创建 Proteus 仿真电路图

（1）列出元器件表

根据单片机应用电路原理图 9-6 所示，列出 Proteus 中实现该系统所需的元器件配置情况，如表 9-2 所示。

表 9-2　元器件配置表

名　称	型　号	数　量	备注（Proteus 中元器件名称）
单片机	AT89C51	1	AT89C51
陶瓷电容	30pF	2	CAP
电解电容	22μF	1	CAP-ELEC
晶振	12MHz	1	CRYSTAL

名　称	型　号	数　量	备注（Proteus 中元器件名称）
按钮		1	BUTTON
电阻	200Ω	1	RES
电阻	1kΩ	1	RES
排阻	1kΩ	1	RX8
共阴数码管	四位	1	7SEG-MPX4-CC
模数转换芯片	ADC0809	1	ADC0809
电位器	33k	1	POT-HG

（2）绘制仿真电路图

用鼠标双击桌面上的图标 ISIS 进入 Proteus ISIS 编辑窗口，单击菜单命令"File"→"New Design"，新建一个 DEFAULT 模板，并保存为"单通道电压采集控制.DSN"。在元器件选择按钮 P L DEVICES 单击"P"按钮，将表 9-2 中的元器件添加至对象选择器窗口中。其中电压表在工具箱中单击"虚拟仪器"按钮，在弹出的"Instruments"窗口中，单击"DC VOLTMETER"，再在原理图编辑窗口中单击，将电压表添加到编辑窗口中。然后将各个元器件摆放好，最后依照图 9-6 所示的原理图将各个元器件连接起来，其中 OUT1～OUT8 分别对应原理图中 D7～D0，如图 9-8 所示。

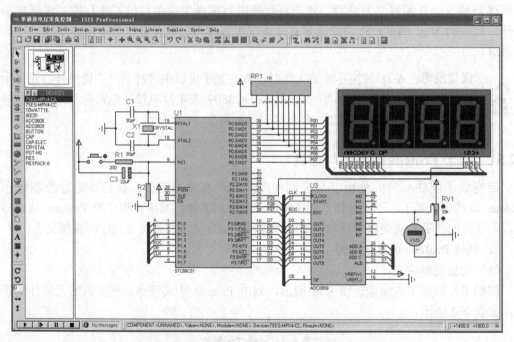

图 9-8　单通道电压采集控制仿真图

至此 Proteus 仿真图绘制完毕，下面先讲解 DC VOLTMETER（电压表）的使用方法，再将 Keil 与 Proteus 联合起来进行调试，使之可以像仿真器一样调试程序。

2. 数字电压表与电流表的使用

1）在工具箱中单击"虚拟仪器"按钮，在弹出的"Instruments"窗口中，单击"DC

VOLTMETER"、"DC AMMETER"、"AC VOLTMETER"或"AC AMMETER"再在原理图编辑窗口中单击，将电压表或电流表添加到编辑窗口中，如图 9-9 所示，根据需要将电压表或电流表与被测电路连接。

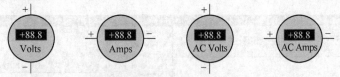

图 9-9　虚拟交、直流电压表与电流表

2）单击电压表或电流表，按〈Ctrl+E〉组合键，弹出图 9-10 所示的对话框。此对话框中为直流电压设置对话框，根据测量要求，设置相应选项。

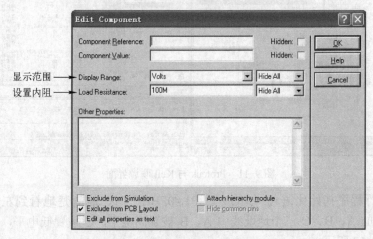

图 9-10　编辑直流电压表

选择不同的电压表或电流表时，其对话框也有所不同。编辑直流电流表的对话框与编辑直流电压表的对话框相比，就没有设置内阻这一项；编辑交流电压表的对话框比编辑直流电压表的对话框多了时间常数（Time Constant）这一项；电压表的显示范围有伏特（Volts）、毫伏（Millivolts）和微伏（Microvolts），电流表的显示范围有安培（Amps）、毫安（Milliamps）和微安（Microamps）。

3）当编辑完成对话框后，按确定退出对话框，单击运行按键，即可进行电压或电流的测量。

3. Proteus 与 Keil 联调

1）按照前面任务 2.1 中 Proteus 与 Keil 联调的步骤完成基本的软件设置。如果前面已经设置过一次，在此可以跳过忽略。

2）用 Proteus 打开已绘制好的"单通道电压采集控制.DSN"文件，在 Proteus 的"Debug"菜单中选中"Use Remote Debug Monitor（远程监控）"。同时，右键选中 STC89C51 单片机，在弹出对话框"Program File"项中，导入在 Keil 中生成的十六进制 HEX 文件"单通道电压采集控制.HEX"。

3）用 Keil 打开刚才创建好的"单通道电压采集控制.UV2"文件，打开窗口"Option for Target'工程名'"。在 Debug 选项中右栏上部的下拉菜单选中 Proteus VSM Simulator。接着再单击进入 Settings 窗口，设置 IP 为 127.0.0.1，端口号为 8000。

4）在 Keil 中单击 [@]，使用单步执行来调试程序，同时在 Proteus 中查看直观的仿真结果。这样就可以像使用仿真器一样调试程序了，如图 9-11 所示。

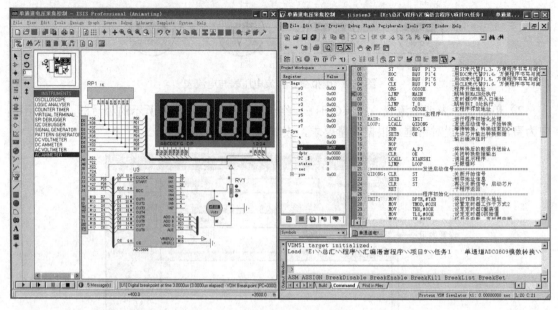

图 9-11　Proteus 与 Keil 联调界面

当程序执行程序初始化语句"MOV　P1,#0FBH"时，能清楚地看到左侧 Proteus 中 ADC0809 芯片的 A、B、C 三个地址线中 A、B 被置高电平，C 被置低电平，选择转换通道为 IN3，如图 9-12 所示。

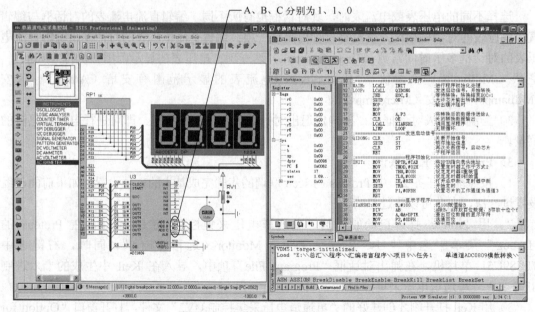

图 9-12　程序调试运行状态（一）

同理，在发送启动信号时，也能看见 ST 信号高低变化情况。

由于在 Proteus 中单步运行程序无法使 ADC0809 按照正常的工作时序工作，所以使用单步运行无法转换出数据。在此我们使用设置断点全速运行的方式，不打断 ADC0809 转换过程中的时序使 ADC0809 转换完成后停下，如图 9-13 所示。

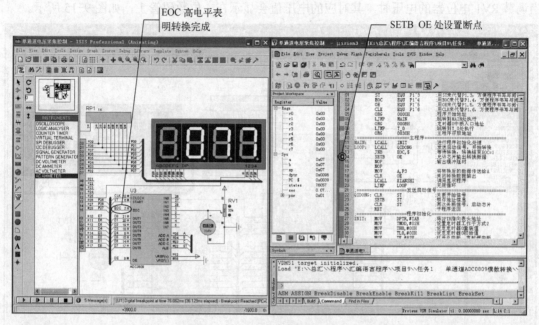

图 9-13　程序调试运行状态（二）

单步运行程序，允许输出数据并从 P3 口将数据读入，存放于 A 中，最后关闭允许输出结果，如图 9-14 所示。

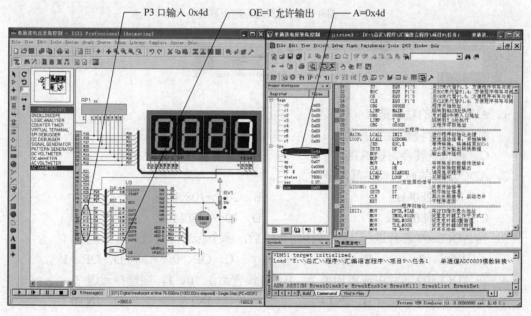

图 9-14　程序调试运行状态（三）

4．Proteus 仿真运行

用 Proteus 打开已绘制好的"单通道电压采集控制.DSN"，并将最后调试完成并带有标度变换的程序重新编译生成新".HEX"文件导入 Proteus 中。

在 Proteus ISIS 编辑窗口中单击 ▶ 或在"Debug"菜单中选择"🏃Execute"，运行时，当调节 RV1 电位器的电压时，其对应的电压值会显示在 4 位数码管上，如图 9-15 所示。

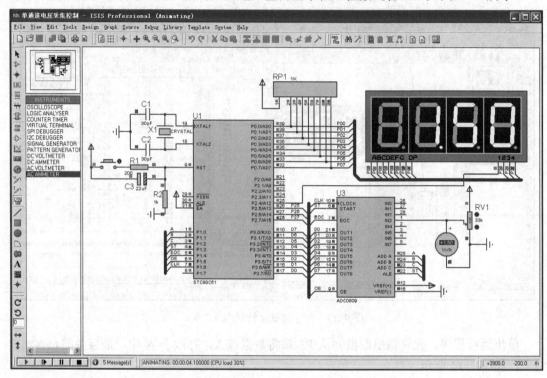

图 9-15　仿真运行结果界面

随堂一练

一、选择题

1．ADC0809 的功能是（　　）。

 A．模拟量转换为数字量　　　　　　　B．数字量转换为模拟量

 C．模拟量转换为模拟量　　　　　　　D．数字量转换为数字量

2．ADC0809 的时钟频率范围是（　　）。

 A．10～1280kHz　　　　　　　　　　B．200～1080kHz

 C．10～1080MHz　　　　　　　　　　D．10～1280MHz

3．当 ADC0809 芯片进行 A-D 转换结束以后，哪个标志位有效？有效值是（　　）。

 A．EOC、0　　　　　B．EOC、1　　　　　C．OE、0　　　　　D．OE、1

4．在 ADC0809 芯片中通道地址 A、B、C 设置为 1、0、1，则选择通道（　　）。

 A．INT3　　　　　　B．INT4　　　　　　C．INT5　　　　　D．INT6

5．数模转换的主要性能指标是（　　）。

A．建立时间、量化误差、转换时间　　　B．转换精度、建立时间、量化误差

C．分辨率、量化误差、转换时间　　　　D．分辨率、量化误差、转换精度

6．ADC0809 是一片常用的 A-D 转换芯片，它的分辨率位数是（　　　）。

A．8　　　　　　　B．10　　　　　　　C．12　　　　　　　D．14

二、思考题

1．A-D 是什么？A-D 的衡量指标是哪些？

2．在单片机系统中数模转换的作用是什么？

3．常见的 ADC 有哪几种类型？

4．在启动 A-D 转换后，有几种判断 A-D 转换是否完成的方法，每一种方法的特点是什么？

5．简述 ADC0809 的内部结构和工作原理。

6．如果单片机的时钟频率为 12MHz，请问能否直接用单片机的 ALE 信号作为转换时钟？如果不行要如何处理？

技能训练 1：可调 PWM 输出控制

一、训练目的

1．熟悉 A-D 转换及其转换器的基本知识；

2．掌握 I/O 端口直接控制 ADC0809 的接口电路分析与设计；

3．学会进行 A-D 转换简单应用程序的分析与设计。

4．熟练使用 Proteus 进行单片机应用程序开发与调试。

二、训练任务

图 9-16 所示电路为一个 89C51 单片机通过 ADC0809 模数转换芯片，将 RV1 电位器的模拟输出电压转换成数字量，用于控制调节单片机 P3.0 口输出 PWM 脉宽，形成一个简易的外接压控可调 PWM 输出控制装置。电位器的模拟电压输出范围为 0～5V 时，单片机输出 PWM 的对应的占空比为 0～100%；其具体的工作运行情况见本书附带光盘中的仿真运行视频文件。

三、训练要求

训练任务要求如下：

1．进行单片机应用电路分析，并完成 Proteus 仿真电路图的绘制。

2．根据任务要求进行单片机控制程序流程和程序设计思路分析，画出程序流程图。

3．依据程序流程图在 Keil 中进行源程序的编写与编译工作。

4．在 Proteus 中进行程序的调试与仿真工作，最终完成实现任务要求的程序。

5．完成单片机应用系统实物装置的焊接制作，并下载程序实现正常运行。

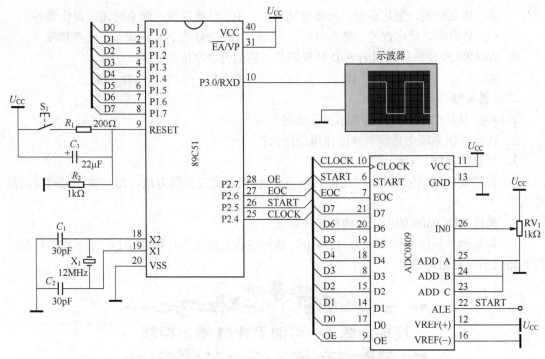

图 9-16   可调 PWM 输出控制

技能训练 2：单通道电压采集显示控制

一、训练目的

1. 熟悉 A-D 转换及其转换器的基本知识；
2. 掌握总线扩展控制 ADC0809 的接口电路分析与设计；
3. 学会进行 A-D 转换较复杂应用程序的分析与设计；
4. 熟练使用 Proteus 进行单片机应用程序开发与调试。

二、训练任务

图 9-17 所示为一个 89C51 单片机通过系统总线方式扩展一片 ADC0809 模数转换芯片，实现单通道电压采集显示的实物装置。具体功能要求为：当单片机上电开始运行时，该装置在程序的控制作用下，采集外接的可调电位器模拟电压，实现模拟电压 A-D 转换并显示于数码管上。采集值的显示形式为 1.0.00～1.5.00，其中最高位数码管显示通道编号，而低 3 位显示电压值，形成一个简易的数字电压表；其具体的工作运行情况见本书附带光盘中的仿真运行视频文件。

在 Proteus 仿真过程中若要使用 ALE 引脚，应开打单片机属性设置窗口进行如图 9-18 所示的设置。

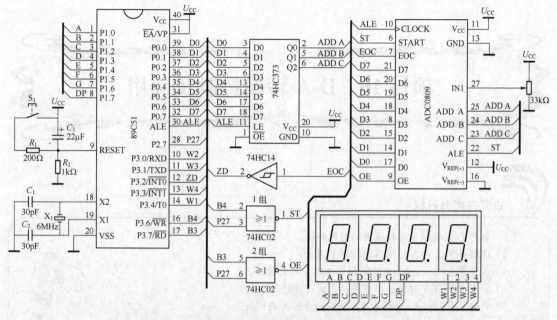

图 9-17 单通道电压采集显示控制

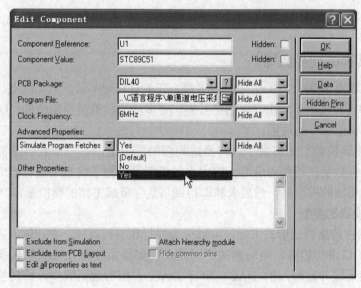

图 9-18 Proteus 仿真设置窗口

三、训练要求

训练任务要求如下：

1. 进行单片机应用电路分析，并完成 Proteus 仿真电路图的绘制。
2. 根据任务要求进行单片机控制程序流程和程序设计思路分析，画出程序流程图。
3. 依据程序流程图在 Keil 中进行源程序的编写与编译工作。
4. 在 Proteus 中进行程序的调试与仿真工作，最终完成实现任务要求的程序。
5. 完成单片机应用系统实物装置的焊接制作，并下载程序实现正常运行。

项目 10 D-A 转换控制及应用

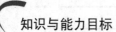

知识与能力目标

1）熟悉 D-A 转换及其转换器的基本知识。
2）理解并掌握 D-A 转换器的控制方法。
3）学会单片机与 DAC0832 的接口电路分析与设计。
4）初步学会 D-A 转换应用程序的分析与设计。
5）熟练使用 Proteus 进行单片机应用程序开发与调试。

 任务 10.1 D-A 转换认知与分析

10.1.1 D-A 转换的初步认知

单片机主要输出 3 种形态的信号：数字量、开关量和频率量。但实际上，被控制对象的信号除上述 3 种可直接由单片机产生的信号外，更多的为模拟量控制信号。D-A 转换即是将数字信号转换为模拟信号的过程。

DAC（数/模转换器）是将数字量转换成相应的模拟量，每一个数字量都是二进制代码按位组合，每一位数字代码都对应着一定大小的模拟量。为了将数字量转换成模拟量，应将其每一位转换成相应的模拟量，然后求和即得到与数字量成正比的模拟量。

1. D-A 转换器的类型

D-A 转换器按数据传送形式来分，可以分为并行和串行两种。并行输入方式的 DAC 占用的单片机 I/O 口资源较多，但转换的时间较快，如果系统对 DAC 的转换速度要求很高时，一般可直接采用并行输入的 DAC。串行 DAC 占用的数据线少，待转换的数据逐位输入，影响转换速度，但在转换位数较多时，在转换位数较多时，有较高的性价比。

2. D-A 转换器的主要性能指标

1）分辨率：其定义是当输入数字量发生单位数码变化（即 1LSB）时，所对应的输出模拟量的变化量。即：分辨率=模拟输出满量程值/2^N，其中 N 是数字量位数。在实际使用中，也常用数字输入信号的有效位数给出分辨率。例如 DAC0832 的分辨率为 8 位。

2）线性度：通常用非线性误差的大小表示 D-A 转换的线性度。

3）转换精度：转换精度以最大静态误差的形式给出。这个转换误差应该包含非线性、比例系数误差以及漂移误差等综合误差。

精度与分辨率是两个不同的概念。精度是指转换后所得的实际值对于理想值的接近程度；而分辨率是指能够对转换结果发生影响的最小输入量。对于分辨率很高的 D-A 转换器并不一定具有很高的精度。

4）建立时间：指当 D-A 转换器的输入数据发生变化后，输出模拟量达到稳定数值（即进入规定的精度范围内）所需的时间。该指标表明了 D-A 转换器转换速度的快慢。

5）温度系数：在满刻度输出的条件下，温度每升高一度，输出变化的百分数。该项指标表明了温度变化对 D-A 转换精度的影响。

10.1.2　DAC0832 及其接口电路分析

1. DAC0832 主要性能指标

1）8 位并行 D-A 转换；

2）片内二级数据锁存，提供数据输入双缓冲、单缓冲和直通 3 种工作方式；

3）电流输出型的芯片，通过外接一个运算放大器，可以很方便地提供电压输出；

4）DIP20 封装，单电源（+5～15V，典型值为 5V）；

5）uP 兼容，可以很方便地与 MCS-51 连接；

6）建立时间 1 微秒。

2. DAC0832 芯片内部原理结构

DAC0832 是 8 位 D-A 转换器，是 NS 公司生产的 DAC0830 系列（DAC0830/32）产品中的一种，图 10-1 为该芯片内部原理结构框图。

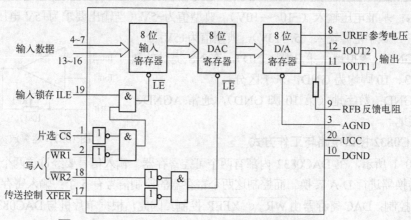

注：$\overline{LE}$="1" 时，寄存器有输出；$\overline{LE}$="0" 时，寄存器输入数据被锁存

图 10-1　DAC0832 片内部原理结构框图

DAC0832 由输入寄存器和 DAC 寄存器构成两级数据输入锁存。使用时数据输入可以采用两级锁存（双锁存）形式或单级锁存（一级锁存，另一级直通）形式，或直接输入（两级直通）形式。

此外，由 3 个与门电路可组成寄存器输出控制逻辑电路，该逻辑电路的功能是进行数据锁存控制。当 ILE=0 时，输入数据被锁存；当 ILE=1 时，锁存器的输出跟随输入的数据。

3. DAC0832 引脚功能

图 10-2 所示为 DAC0832 引脚图，其各引脚功能如下所示：

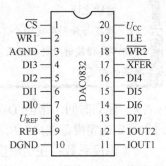

图 10-2　DAC0832 外部引脚图

1）DI0~DI7：并行数据输入，其中 DI7 为高位，DI0 为低位；

2）ILE：数据锁存允许输入，高电平有效；

3）$\overline{CS}$：片选输入，低电平选中；

4）$\overline{WR1}$：写 1 信号输入，低电平有效。当 $\overline{CS}$、ILE、$\overline{WR1}$ 为 010 时，数据写入 DAC0832 的第一级锁存；

5）$\overline{WR2}$：写 2 信号输入，低电平有效；

6）$\overline{XFER}$：数据传输信号输入，当 $\overline{WR2}$、$\overline{XFER}$ 为 00 时，数据由第一级锁存进入第二级锁存，并开始进行 D-A 转换；

7）Iout1、Iout2：电流输出端。当输入数据为全 0 时，Iout1=0；当输入数据为全 1 时，Iout1 为最大值，Iout1+Iout2=常数；

8）RFB：反馈信号输入。当需要电压输出时，Iout1 接运算放大器"－"端，Iout2 接运算放大器"＋"端，RFB 接运算放大器输出端；

知识链接

DAC0832 是电流输出，为了取得电压输出，需在电流输出端连接运算放大器，RFB 即为运算放大器的反馈电阻端，运算放大器的接法如图 10-3 所示。

9）U_{REF}：基准电压输入（-10~+10V），典型值为-5V（当输出要求为+5V 电压时）；

10）U_{CC}：数字电源输入（5~15V），典型值为+5V；

11）AGND：模拟地（第 3 脚 GND），在 NS 提供的数据手册中，3、10 脚均为 GND，未予区分；

12）DGND：数字地（第 10 脚 GND），通常 AGND、DGND 都接地。

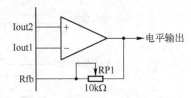

图 10-3　运算放大器接法

4. DAC0832 接口电路与工作方式

如图 10-1 所示，在 DAC0832 内部有两个可控寄存器。输入信号要经过这两个寄存器才能进入 D-A 转换器进行 D-A 转换。而控制这两个寄存器的控制信号有 5 个：输入寄存器由 ILE、$\overline{CS}$、$\overline{WR_1}$ 控制；DAC 寄存器由 $\overline{WR_2}$、$\overline{XFER}$ 控制。因此，根据单片机与 DAC0832 芯片接口电路的不同，对这两个可控寄存器的控制方式不同，DAC0832 的工作方式可分为 3 种。

（1）直通工作方式

直通工作方式是将这两个寄存器的 5 个控制信号预先均设置为有效，两个寄存器都开通，处于数据接收状态，只要数字信号送到数据输入端 DI0~DI7，就立即进入 D-A 转换器进行转换。

（2）单缓冲工作方式

单缓冲方式就是使 DAC0832 的两个输入寄存器中有一个处于直通方式，而另一个处于受控的锁存方式，或者使两个输入寄存器同时处于受控的方式。在实际应用中，如果只有一路模拟量输出或虽有几路模拟量但并不要求同步输出的情况，就可采用单缓冲方式。

图 10-4 所示为 DAC0832 工作在单缓冲工作方式时的接口电路，其中 LIE 接正电源，始终有效，$\overline{CS}$、$\overline{XFER}$ 接 P2.7，$\overline{WR1}$、$\overline{WR2}$ 接单片机的 $\overline{WR}$，5 个控制端由 CPU 同时选通。

图 10-4 所示 DAC0832 作为单片机
的一个扩展，其地址为 7FFFH。单片机
输出的数字量从 P0 口输出送到
DAC0832 的 DI0~DI7。UREF 直接与
工作电源电压相连，若要提高基准电压
精度，可另接高精度稳定电源电压。
uA741 运放是将电流信号转换为电压信
号，其中 RP1 调零，RP2 调满度。

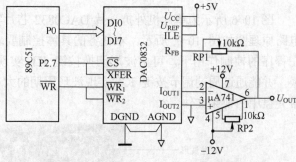

图 10-4　单缓冲工作方式时的接口电路

（3）双缓冲工作方式

双缓冲方式就是把 DAC0832 的两个锁存器都连接成受控锁存方式，同时为了实现寄存器的可控，应当给每个寄存器分配一个地址，以便能按地址进行操作。

在多路 D-A 转换情况下，若要求模拟信号同步输出，则必须采用双缓冲工作方式。例如在智能示波器中，要求同步输出 X 轴信号和 Y 轴信号，若采用单缓冲方式，X 轴信号和 Y 轴信号只能先后输出，不能同步，会形成光点偏移，其双缓冲 DAC0832 连接电路如图 10-5 所示。

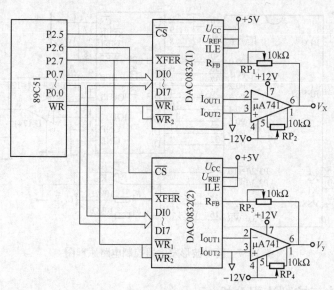

图 10-5　双缓冲工作方式接口电路

单片机的 P2.5 引脚主要控制 DAC0832(1)的输入寄存器，而 P2.6 引脚主要控制 DAC0832(2)的输入寄存器，P2.7 同时控制两片 DAC0832 的 DAC 寄存器。工作时 CPU 先向 DAC0832(1)输出 X 轴信号，后向 DAC0832(2)输出 Y 轴信号，使两信号均只能锁存在各自的

输入寄存器内,而不能进入 D-A 转换器进行转换。只有当 CPU 通过 P2.7 将两片 DAC0832 的 DAC 寄存器选通时,X,Y 信号才能分别地通过各自的 DAC 寄存器进入 D-A 转换。

任务 10.2 简易波形发生器控制

10.2.1 控制要求与功能展示

图 10-6 所示为单片机外扩一片 DAC0832 芯片实现一个简易波形发生器的实物装置,其电路原理图如图 10-7 所示。本任务的具体控制要求为:当单片机上电开始运行时,该装置在程序的控制作用下,可由波形切换按键 K1 实现输出波形在正弦波与锯齿波之间相互切换,并能通过周期调节按键 K2 实现波形周期的大小调节,其具体的工作运行情况见本书附带光盘中的视频文件。

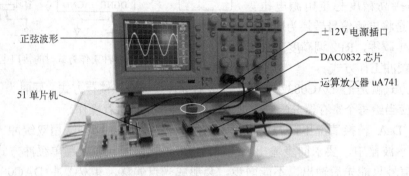

图 10-6 简易波形发生器控制实物装置

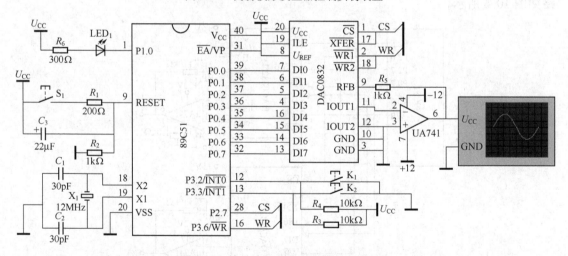

图 10-7 简易波形发生器控制电路原理图

10.2.2 硬件系统与控制流程分析

1.任务硬件系统分析

电路原理图如图 10-7 所示,该电路实际上是单片机采用单缓冲的工作方式驱动 DAC0832 数模转换芯片,实现数模转换输出。由于 DAC0832 是模拟电流输出,为了取得电压输出，在电流输出端连接有运算放大器 uA741，将电流信号转换为电压信号。同时两个控制按键 K1 和 K2 分别连接于单片机的外部中断引脚 P3.2 与 P3.3 上，通过按键外部中断来实现波形变化的控制。

2. 任务控制流程分析

根据电路原理图和任务控制功能要求可知本任务程序设计的程序控制流程图如图 10-8 所示。图 10-8a 为主程序流程图，当程序完成初始化以后，一直处于波形控制标志位的判断和周期波形的输出循环中，其中波形的输出类型由标志位的值决定；图 10-8b 为外部中断 0 服务子程序流程图，实现按键 K1 输入改变输出波形类型的处理功能；图 10-8c 为外部中断 1 服务子程序流程图，实现按键 K2 输入改变输出波形周期的处理功能。

10.2.3　汇编语言程序分析与设计

在分析完硬件系统与控制流程之后，通过之前所学到的汇编知识，来完成本任务汇编控制程序的编写。根据图 10-8 所示的控制流程分析图，结合汇编语言指令编写出汇编语言控制程序如下：

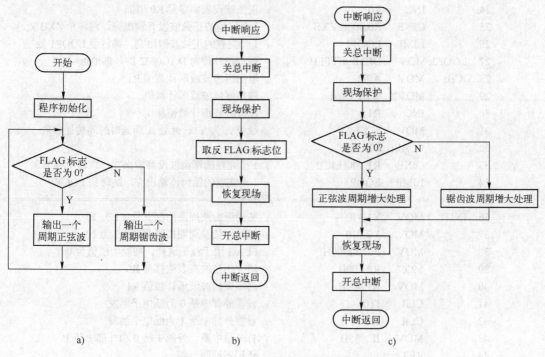

图 10-8　简易波形发生器控制流程图

汇编语言程序代码：

1.	FLAG	EQU	60H	; 使用 FLAG 字符串替换 60H 地址
2.	Y1	EQU	61H	; 使用 Y1 字符串替换 61H 地址
3.	Y2	EQU	62H	; 使用 Y2 字符串替换 62H 地址
4.	ORG	0000H		; 程序开始地址
5.	LJMP	MAIN		; 跳转到 MAIN 处执行
6.	ORG	0003H		; 外部中断 0 中断入口地址

7.		LJMP	INT_0	; 跳转到 INT_0 处执行
8.		ORG	0013H	; 外部中断 1 中断入口地址
9.		LJMP	INT_1	; 跳转到 INT_1 处执行
10.		ORG	0030H	; 程序存放地址
11.	; ================主程序================			
12.	MAIN:	MOV	A,#06H	; 赋值 A 为 06H，此处 A 为延时时间传递参数
13.		LCALL	DELAY_AX500	; 系统刚上电时，延时 3s 等待初始化
14.		LCALL	INIT	; 进行系统初始化操作
15.	LOOP1:	MOV	A,FLAG	; 取出 FLAG 输出波形标志位
16.		CJNE	A,#00,LOOP2	; A=00H，输出正弦波；A=0FFH，输出锯齿波
17.	ZXB:	MOV	A,R0	; 取出正弦波查表偏移量 R0
18.		MOV	DPTR,#TAB	; DPTR 指向 TAB 表的表头地址
19.		MOVC	A,@A+DPTR	; 进行查表处理，将正弦波数据存放至 A 中
20.		MOV	DPTR,#7FFFH	; 数据指针指向 DAC0832 的外部地址
21.		MOVX	@DPTR,A	; 输出所得查表数据
22.		MOV	A,Y2	; 赋值 A 为 Y2，此处 A 为延时时间传递参数
23.		LCALL	DELAY	; 延时
24.		INC	R0	; 正弦波查表偏移量 R0 值加 1
25.		CJNE	R0,#00H,ZXB	; 1 个完整的正弦波没有输出完，跳转至 ZXB 处
26.		LJMP	LOOP1	; 1 个完整的正弦波输出完，跳转至 LOOP1 处
27.	LOOP2:	MOV	DPTR,#7FFFH	; 数据指针指向 DAC0832 的外部地址
28.	JCB:	MOV	A,R1	; 取出锯齿波波形计数值 R1
29.		MOVX	@DPTR,A	; 输出锯齿波波形计数值
30.		INC	R1	; 锯齿波波形计数值加 1
31.		MOV	A,Y1	; 赋值 A 为 Y1，此处 A 为延时时间传递参数
32.		LCALL	DELAY	; 延时
33.		CJNE	R1,#00H,JCB	; 1 个完整的锯齿波没有输出完，跳转至 JCB 处
34.		LJMP	LOOP1	; 1 个完整的锯齿波输出完，跳转到 LOOP1
35.	; ================程序初始化================			
36.	INIT:	MOV	Y1,#10	; 初始锯齿波周期控制变量 Y1 为 10
37.		MOV	Y2,#10	; 初始正弦波周期控制变量 Y2 为 10
38.		MOV	FLAG,#00H	; FLAG 用于波形选择，初始值赋值为 0
39.		MOV	R0,#00H	; 清零正弦波查表偏移量 R0
40.		MOV	R1,#00H	; 清零锯齿波波形计数值 R1
41.		CLR	IT0	; 设置外部中断 0 为低电平触发
42.		CLR	IT1	; 设置外部中断 1 为低电平触发
43.		MOV	IE,#85H	; 打开总中断、外部中断 0 和外部中断 1
44.		RET		; 子程序返回
45.	; ================Aus 延时子程序================			
46.	DELAY:	MOV	R3,A	; 取出延时时间传递参数 A
47.	D1:	DJNZ	R3,$	
48.		RET		
49.	; ================A*500ms 延时子程序================			
50.	DELAY_AX500:			
51.		MOV	R4,A	; 取出延时时间传递参数 A
52.	D2:	MOV	R7,#4	

```
53.  D3:    MOV    R6,#200
54.  D4:    MOV    R5,#250
55.         DJNZ   R5,$
56.         DJNZ   R6,D4
57.         DJNZ   R7,D3
58.         DJNZ   R4,D2
59.         RET
```

60. ; ===============外部中断 0 服务子程序（切换波形）===============

```
61.  INT_0: CLR    EA                  ; 关闭总中断
62.         PUSH   PSW                 ; 将 PSW 的值压入堆栈保护
63.         PUSH   ACC                 ; 将 ACC 的值压入堆栈保护
64.         MOV    A,#01H              ; 赋值 A 为 01H,此处 A 为延时时间传递参数
65.         LCALL  DELAY_AX500         ; 延时 500ms
66.         MOV    A,FLAG              ; 取出 FLAG 输出波形标志位
67.         CPL    A                   ; 取反 A 中的值
68.         MOV    FLAG,A              ; 将取反后的值重新赋给 FLAG 输出波形标志位
69.         POP    ACC                 ; 从堆栈弹出保护数据到 ACC
70.         POP    PSW                 ; 从堆栈弹出保护数据到 PSW
71.         SETB   EA                  ; 打开总中断
72.         RETI                       ; 中断子程序返回
```

73. ; ===============外部中断 1 子程序（调整波形周期）===============

```
74.  INT_1: CLR    EA                  ; 关闭总中断
75.         PUSH   PSW                 ; 将 PSW 的值压入堆栈保护
76.         PUSH   ACC                 ; 将 ACC 的值压入堆栈保护
77.         MOV    A,FLAG              ; 取出 FLAG 输出波形标志位
78.         CJNE   A,#00H,D5           ; A=00H,当前输出正弦波,顺序执行处理
79.                                    ; A=0FFH,当前输出锯齿波,跳转至 D5 处
80.         MOV    A,Y2                ; 取出正弦波周期控制变量 Y2
81.         SJMP   D6                  ; 跳转至 D6 处执行
82.  D5:    MOV    A,Y1                ; 取出锯齿波周期控制变量 Y1
83.  D6:    ADD    A,#10               ; 周期控制变量值加 10
84.         CJNE   A,#60,D7            ; A 不等于 60,没有超出周期范围,跳转至 D7
85.         MOV    A,#10               ; A=60,超出周期范围,重新赋值 A 为 10
86.  D7:    MOV    R2,FLAG             ; 取出 FLAG 输出波形标志位
87.         CJNE   R2,#00H,D8          ; R2=00H,当前输出正弦波,顺序执行处理
88.                                    ; R2=0FFH,当前输出锯齿波,跳转至 D8 处
89.         MOV    Y2,A                ; 将周期控制变量重新赋值给 Y2
90.         SJMP   D9                  ; 跳转至 D9 处执行
91.  D8:    MOV    Y1,A                ; 将周期控制变量重新赋值给 Y1
92.  D9:    MOV    A,#01H              ; 赋值 A 为 01H,此处 A 为延时时间传递参数
93.         LCALL  DELAY_AX500         ; 延时 500ms
94.         POP    ACC                 ; 从堆栈弹出保护数据到 ACC
95.         POP    PSW                 ; 从堆栈弹出保护数据到 PSW
96.         SETB   EA                  ; 打开总中断
97.         RETI                       ; 中断子程序返回
98.  TAB:   DB     0x80,0x83,0x86,0x89,0x8D,0x90,0x93,0x96,0x99,0x9C,0x9F,0xA2
```

99.	DB	0xA5,0xA8,0xAB,0xAE,0xB1,0xB4,0xB7,0xBA,0xBC,0xBF,0xC2,0xC5
100.	DB	0xC7,0xCA,0xCC,0xCF,0xD1,0xD4,0xD6,0xD8,0xDA,0xDD,0xDF,0xE1
101.	DB	0xE3,0xE5,0xE7,0xE9,0xEA,0xEC,0xEE,0xEF,0xF1,0xF2,0xF4,0xF5
102.	DB	0xF6,0xF7,0xF8,0xF9,0xFA,0xFB,0xFC,0xFD,0xFD,0xFE,0xFF,0xFF
103.	DB	0xFF,0xFF,0xFF,0xFF,0xFF,0xFF,0xFF,0xFF,0xFF,0xFF,0xFE,0xFD
104.	DB	0xFD,0xFC,0xFB,0xFA,0xF9,0xF8,0xF7,0xF6,0xF5,0xF4,0xF2,0xF1
105.	DB	0xEF,0xEE,0xEC,0xEA,0xE9,0xE7,0xE5,0xE3,0xE1,0xDF,0xDD,0xDA
106.	DB	0xD8,0xD6,0xD4,0xD1,0xCF,0xCC,0xCA,0xC7,0xC5,0xC2,0xBF,0xBC
107.	DB	0xBA,0xB7,0xB4,0xB1,0xAE,0xAB,0xA8,0xA5,0xA2,0x9F,0x9C,0x99
108.	DB	0x96,0x93,0x90,0x8D,0x89,0x86,0x83,0x80,0x80,0x7C,0x79,0x76
109.	DB	0x72,0x6F,0x6C,0x69,0x66,0x63,0x60,0x5D,0x5A,0x57,0x55,0x51
110.	DB	0x4E,0x4C,0x48,0x45,0x43,0x40,0x3D,0x3A,0x38,0x35,0x33,0x30
111.	DB	0x2E,0x2B,0x29,0x27,0x25,0x22,0x20,0x1E,0x1C,0x1A,0x18,0x16
112.	DB	0x15,0x13,0x11,0x10,0x0E,0x0D,0x0B,0x0A,0x09,0x08,0x07,0x06
113.	DB	0x05,0x04,0x03,0x02,0x02,0x01,0x00,0x00,0x00,0x00,0x00,0x00
114.	DB	0x00,0x00,0x00,0x00,0x00,0x00,0x01,0x02,0x02,0x03,0x04,0x05
115.	DB	0x06,0x07,0x08,0x09,0x0A,0x0B,0x0D,0x0E,0x10,0x11,0x13,0x15
116.	DB	0x16,0x18,0x1A,0x1C,0x1E,0x20,0x22,0x25,0x27,0x29,0x2B,0x2E
117.	DB	0x30,0x33,0x35,0x38,0x3A,0x3D,0x40,0x43,0x45,0x48,0x4C,0x4E
118.	DB	0x51,0x55,0x57,0x5A,0x5D,0x60,0x63,0x66,0x69,0x6C,0x6F,0x72
119.	DB	0x76,0x79,0x7C,0x80 ;正弦波波形数据表
120.	END	;程序结束

汇编语言程序说明：

1）序号 1～3：分别使用 FLAG、Y1、Y2 字符串替换 60H～62H 这三个地址，方便后续程序的阅读与编写。

2）序号 4～10：使程序复位或上电后，直接跳到 MAIN 主程序处执行程序，当发生中断时又直接跳转至中断服务子程序处执行程序。

3）序号 12～13：系统刚上电时先延时 3s，等待 DAC0832 及示波器上电初始化完成。

4）序号 14～16：先进行系统初始化操作，然后判断当前应输出波形，A=00H，输出正弦波；A=0FFH，输出锯齿波。

5）序号 17～26：该程序段用于正弦波输出，查正弦波数据表并将其数据输出，经 DAC0832 转换后输出正弦波形。其中正弦波数据表由 256 个数据组成，每间隔 $Y2$ 时间将查表数据输出形成正弦波，而更改间隔时间 $Y2$ 就能达到修改周期的功能，如图 10-9 所示。

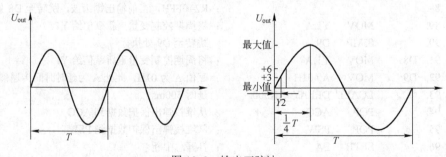

图 10-9 输出正弦波

6）序号 27～34：该程序段用于锯齿波输出，将波形控制变量 $R1$ 的值由 0 开始每间隔

$Y1$ 时间输出并加 1。当 $R1$ 加到 0FFH 时，又重新由 0 开始加，形成锯齿波。同理，通过修改间隔时间 $Y1$ 就能达到修改周期的功能，如图 10-10 所示。

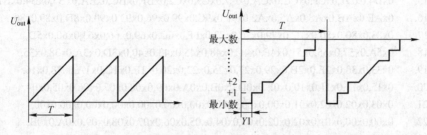

图 10-10　输出锯齿波

7）序号 36～44：程序初始化程序段，进行各个寄存器的初始赋值与打开外部中断操作。

8）序号 46～48：波形周期延时子程序。

9）序号 50～59：延时时间为 A*500ms 的延时子程序

10）序号 61～72：外部中断 0 服务子程序，用于改变波形输出，即先进行关中断和现场保护后将 FLAG 变量取反，最后打开总中断以及恢复现场。

11）序号 74～97：外部中断 1 服务子程序，用于输出波形的周期变换，进入中断后先进行保护现场，然后判断此时输出波形，改变控制该波形输出延时的变量 $Y1$ 或 $Y2$，进而改变该波形的周期，最后恢复现场并退出中断。

12）序号 98～120：正弦波波形数据表。

当然，以上汇编语言源程序编写与设计过程中，实际上需要借助 Keil 软件对其进行不断的调试与修改，直到调试无误后，才能将程序进行编译生成单片机可执行的二进制机器码文件。程序的 Keil 调试过程与编译等具体情况可以参考前面任务 2.1 中内容所述，在此不再讲解。

10.2.4　C 语言程序分析与设计

由于电路硬件和控制任务要求都是一样，所以 C 语言和汇编语言分析与设计本任务的控制流程都是一样的。根据图 10-8 所示的控制流程分析图，结合 C 语言的基本知识，我们来分析设计本任务的 C 语言控制程序。

C 语言程序代码：

```
1.   #include<reg51.h>
2.   #include<absacc.h>                       //包含 reg51.h、absacc.h 头文件
3.   #define DAC0832 XBYTE[0x7FFF]            //定义 DAC0832 的外部地址
4.   #define uint unsigned int                //定义宏，方便程序编写
5.   #define uchar unsigned char
6.   uchar code sin[]=                        // 正弦波波形数据数组
7.   {
8.      0x80,0x83,0x86,0x89,0x8D,0x90,0x93,0x96,0x99,0x9C,0x9F,0xA2,0xA5,0xA8,
9.      0xAB,0xAE,0xB1,0xB4,0xB7,0xBA,0xBC,0xBF,0xC2,0xC5,0xC7,0xCA,0xCC,0xCF,
10.     0xD1,0xD4,0xD6,0xD8,0xDA,0xDD,0xDF,0xE1,0xE3,0xE5,0xE7,0xE9,0xEA,0xEC,
11.     0xEE,0xEF,0xF1,0xF2,0xF4,0xF5,0xF6,0xF7,0xF8,0xF9,0xFA,0xFB,0xFC,0xFD,
12.     0xFD,0xFE,0xFF,0xFF,0xFF,0xFF,0xFF,0xFF,0xFF,0xFF,0xFF,0xFF,0xFF,0xFF,
```

```
13.    0xFE,0xFD,0xFD,0xFC,0xFB,0xFA,0xF9,0xF8,0xF7,0xF6,0xF5,0xF4,0xF2,0xF1,
14.    0xEF,0xEE,0xEC,0xEA,0xE9,0xE7,0xE5,0xE3,0xE1,0xDF,0xDD,0xDA,0xD8,0xD6,
15.    0xD4,0xD1,0xCF,0xCC,0xCA,0xC7,0xC5,0xC2,0xBF,0xBC,0xBA,0xB7,0xB4,0xB1,
16.    0xAE,0xAB,0xA8,0xA5,0xA2,0x9F,0x9C,0x99,0x96,0x93,0x90,0x8D,0x89,0x86,
17.    0x83,0x80,0x80,0x7C,0x79,0x76,0x72,0x6F,0x6C,0x69,0x66,0x63,0x60,0x5D,
18.    0x5A,0x57,0x55,0x51,0x4E,0x4C,0x48,0x45,0x43,0x40,0x3D,0x3A,0x38,0x35,
19.    0x33,0x30,0x2E,0x2B,0x29,0x27,0x25,0x22,0x20,0x1E,0x1C,0x1A,0x18,0x16,
20.    0x15,0x13,0x11,0x10,0x0E,0x0D,0x0B,0x0A,0x09,0x08,0x07,0x06,0x05,0x04,
21.    0x03,0x02,0x02,0x01,0x00,0x00,0x00,0x00,0x00,0x00,0x00,0x00,0x00,0x00,
22.    0x00,0x00,0x01,0x02,0x02,0x03,0x04,0x05,0x06,0x07,0x08,0x09,0x0A,0x0B,
23.    0x0D,0x0E,0x10,0x11,0x13,0x15,0x16,0x18,0x1A,0x1C,0x1E,0x20,0x22,0x25,
24.    0x27,0x29,0x2B,0x2E,0x30,0x33,0x35,0x38,0x3A,0x3D,0x40,0x43,0x45,0x48,
25.    0x4C,0x4E,0x51,0x55,0x57,0x5A,0x5D,0x60,0x63,0x66,0x69,0x6C,0x6F,0x72,
26.    0x76,0x79,0x7C,0x80 };
27.    uchar   y1=0,y2=0;                    //定义锯齿、正弦波周期控制变量 y1、y2
28.    bit     flag=0;                       //定义输出波形标志位 flag
29.    //=================================================/
30.    //函数名：DelayUS()
31.    //说明：延时的时间为 A us 的子函数
32.    //=================================================/
33.    void DelayUS(uchar A)
34.    {
35.        while(A--);                       //循环 A 次
36.    }
37.    //=================================================/
38.    //函数名：DelayMS( )
39.    //说明：延时的时间为 B ms 的子函数
40.    //=================================================/
41.    void DelayMS(uint B)
42.    {
43.        uchar j;                          //定义局部变量
44.        while(B--)                        //循环 B 次
45.        {
46.        for(j=0；j<120；j++);              //变量 j 自增延时
47.        }
48.    }
49.    //=======主程序==============================
50.    void main()
51.    {
52.        uint k;
53.        DelayMS(3000);                    //延时 3s 等待初始化
54.        IT0=IT1=0;                        //设置外部中断 0、1 的处罚方式为低电平触发
55.        IE=0X85;                          //打开总中断、外部中断 0 和外部中断 1
56.        while(1)                          //无限循环
57.        {
58.            if(flag==0)                   // flag=0，输出为正弦波；flag=1，输出为锯齿波
```

```
59.             {
60.                 for(k=0；k<=255；k++)      //输出正弦波，k 增加到最大值为 255
61.                 {
62.                     DAC0832=sin[k];        //输出正弦波波形数据
63.                     DelayUS(y2);           //延时 y2μs
64.                 }
65.             }
66.         else
67.             {
68.                 for(k=0；k<=255；k++)      //输出锯齿波，k 增加到最大值为 255
69.                 {
70.                     DAC0832=k;             //输出锯齿波波形数据
71.                     DelayUS(y1);           //延时 y1μs
72.                 }
73.             }
74.     }
75. }
76. //=====================================================/
77. //函数名：int0()
78. //功能：进入该中断一次，变换一次波形
79. //调用函数：DelayMS()
80. //说明：外部中断 0 服务子函数
81. //=====================================================/
82. void int0() interrupt 0
83. {
84.     EA=0;
85.     flag=~flag;
86.     DelayMS(500);                          //延时 500ms
87.     EA=1;
88. }
89. //=====================================================/
90. //函数名：int1()
91. //功能：调整波形周期
92. //调用函数：DelayMS()
93. //说明：外部中断 1 服务子函数
94. //=====================================================/
95. void int1() interrupt 2
96. {
97.     EA=0;
98.     if(flag==0)                            // flag=0，输出为正弦波；flag=1，输出为锯齿波
99.     {
100.        y2++;                              //周期控制变量 y2 值加 1
101.        if(y2==5)
102.            y2=0;                          //当 y2 值累加至 5 时，清零 y2 的值
103.    }
104.    else
```

323

```
105.        {
106.            y1++;                          //周期控制变量 y1 值加 1
107.            if(y1==5)
108.                y1=0;                      //当 y1 值累加至 5 时，清零 y1 的值
109.        }
110.        DelayMS(500);                      //延时 500ms
111.        EA=1;
112. }
```

C 语言程序说明：

1）序号 1～2：在程序开头加入头文件"regx51.h""absacc.h"。

2）序号 3：定义 DAC0832 的外部地址，通过三总线输出 DAC0832 的地址，其中高 8 位地址由 P2 口输出，低 8 位地址由 P0 口输出。

3）序号 4～5：define 宏定义处理，用 uchar 和 uint 代替 unsigned char 和 unsigned int，便于后续程序书写方便简洁。

4）序号 6～26：定义数组 sin，其数组元素为 256 个正弦波波形数据。

5）序号 27～28：定义字符型全局变量 y1、y2 分别用于两种波形的周期控制调节，定义位变量 flag 用于波形切换控制。

6）序号 33～46：延时的时间约为 A us 的延时子函数。

7）序号 41～58：延时的时间约为 B ms 的延时子函数。

8）序号 53：当系统上电后先延时 3s，等待 DAC0832 芯片及示波器上电初始化完成。

9）序号 54～55：设置外部中断 0、1 的触发方式，接着开启外部中断 0、1 和总中断。

10）序号 58～65：该程序段用于正弦波输出，通过正弦波波形数据数组将其数据输出，经 DAC0832 转换后输出正弦波。其中正弦波数组由 256 个数组元素组成，每间隔 y2 时间将数组元素输出形成正弦波，而更改间隔时间 y2 就能达到修改周期的功能，如图 10-11 所示。

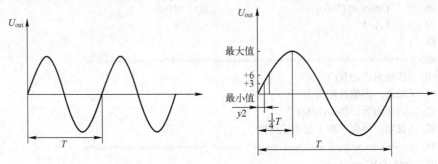

图 10-11　输出正弦波

11）序号 68～72：该程序段用于锯齿波输出，将计数值 k 的值由 0 开始每间隔 y1 时间输出并加 1，当 k 加到 255 时，又重新由 0 开始加，形成锯齿波。同理，通过修改间隔时间 y1 就能达到修改周期的功能，如图 10-12 所示。

12）序号 82～88：外部中断 0 服务子程序，用于改变波形输出，即先进行关中断后将 flag 变量取反，最后打开总中断。

13）序号 95～112：外部中断 1 服务子程序，用于输出波形的周期变换，进入中断后先关总中断，然后判断此时输出波形，改变控制该波形输出延时的变量 y1 或 y2，进而改变该

波形的周期，最后打开总中断。

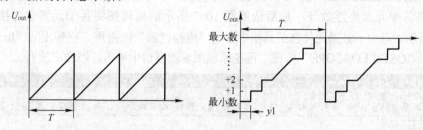

图 10-12　输出锯齿波

当然，以上 C 语言源程序编写与设计过程中，实际上需要借助 Keil 软件对其进行不断的调试与修改，直到调试无误后，才能将程序进行编译生成单片机可执行的二进制机器码文件。程序的 Keil 调试过程与编译等具体情况可以参考前面任务 2.1 中内容所述，在此不再讲解。

　课堂反思：在本任务 C 语言程序中，除了使用数组查表方式输出正弦波，还可以直接调用数学函数库中的正弦函数来计算输出正弦波，那又该如何编写程序？

10.2.5　基于 Proteus 的调试与仿真

当完成了硬件系统的分析以及控制程序的设计与编写之后，就可以进行控制程序的 Proteus 调试与仿真了。下面进行本任务中单片机应用系统 C 语言程序的 Proteus 调试与仿真，本任务的仿真系统构建过程与仿真运行等详细情况见本书附带光盘中的视频文件。

1．创建 Proteus 仿真电路图

（1）列出元器件表

根据单片机应用电路原理图 10-7 所示，列出 Proteus 中实现该系统所需的元器件配置情况，如表 10-1 所示。

表 10-1　元器件配置表

名　称	型　号	数　量	备注（Proteus 中元器件名称）
单片机	AT89C51	1	AT89C51
陶瓷电容	30pF	2	CAP
电解电容	22μF	1	CAP-ELEC
晶振	12MHz	1	CRYSTAL
按钮		3	BUTTON
电阻	200Ω	1	RES
电阻	1kΩ	2	RES
电阻	10kΩ	2	RES
数模转换芯片	DAC0832	1	DAC0832
运算放大器		1	OPAMP
示波器		1	OSCILLOSCOPE

（2）绘制仿真电路图

用鼠标双击桌面上的图标 🖲🖲 进入 Proteus ISIS 编辑窗口，单击菜单命令"File"→"New Design"，新建一个 DEFAULT 模板，并保存为"简易波形发生器控制.DSN"。在元器

件选择按钮 ![P][L][DEVICES] 单击 "P" 按钮, 将表 10-1 中的元器件添加至对象选择器窗口中。然后将各个元器件摆放好, 最后依照图 10-7 所示的原理图将各个元器件连接起来, 如图 10-13 所示。其中示波器元件在工具箱中单击 "虚拟仪器" 按钮 📷, 在弹出的 "Instruments" 窗口中单击 "OSCILLOSCOPE" 按钮, 再在原理图编辑窗口中单击, 添加示波器。

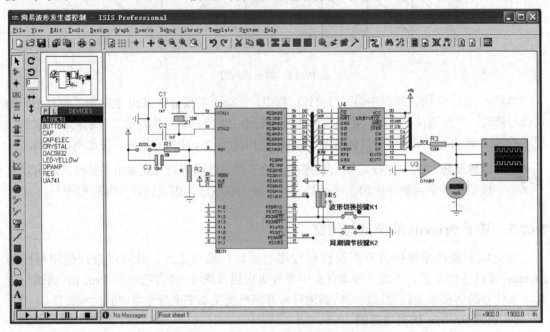

图 10-13   简易波形发生器控制仿真图

至此 Proteus 仿真图绘制完毕, 下面先讲解 OSCILLOSCOPE(示波器)的使用方法, 再将 Keil 与 Proteus 联合起来进行调试, 使之可以像仿真器一样调试程序。

2. OSCILLOSCOPE(示波器)的使用

(1) 示波器的功能

将示波器与被测点连接好, 并单击 "运行" 按钮后, 将弹出虚拟示波器界面, 如图 10-14 所示, 其主要功能如下。

◆ 4 通道 A、B、C、D, 波形分别用黄色、蓝色、红色和绿色表示。

◆ 20～2mV/div 的可调增益。

◆ 扫描速度为 200～0.5μs/div。

◆ 可选择 4 个通道中的任一通道作为同步源。

◆ 交流或直流输入。

(2) 示波器的使用

虚拟示波器与真实示波器的使用方法类似。

◆ 依照电路的属性设置扫描速度, 用户可看到所测量的信号波形。

◆ 如果被测信号有直流分量, 则在相应的信号输入通道选择 AC(交流)工作方式。

◆ 调整增益, 以便在示波器中可以显示适当大小的波形。

◆ 调节垂直位移滑轮, 以便在示波器中可以显示适当位置的波形。

◆ 波动相应的通道定位选择按钮, 再调节水平定位和垂直定位, 以便观测波形。

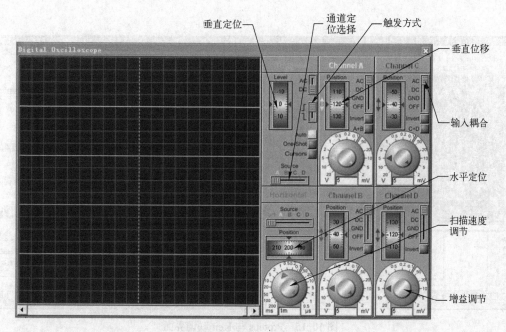

图 10-14　虚拟示波器界面

◆ 如果在大的直流电压波形中含有小的交流信号,需要在连接的测试点和示波器之间加一个电容器。

3. Proteus 与 Keil 联调

1) 按照前面任务 2.1 中 Proteus 与 Keil 联调的步骤完成基本的软件设置。如果前面已经设置过一次,在此可以跳过忽略。

2) 用 Proteus 打开已绘制好的"简易波形发生器控制.DSN"文件,在 Proteus 的"Debug"菜单中选中"Use Remote Debug Monitor(远程监控)"。同时,右键选中 STC89C51 单片机,在弹出对话框"Program File"项中,导入在 Keil 中生成的十六进制 HEX 文件"简易波形发生器控制.HEX"。

3) 用 Keil 打开刚才创建好的"简易波形发生器控制.UV2"文件,打开窗口"Option for Target'工程名'"。在 Debug 选项中右栏上部的下拉菜单选中 Proteus VSM Simulator。接着再单击进入 Settings 窗口,设置 IP 为 127.0.0.1,端口号为 8000。

4) 在 Keil 中单击^Q,使用单步执行来调试程序,同时在 Proteus 中查看直观的仿真结果。这样就可以像使用仿真器一样调试程序了,如图 10-15 所示。

DAC0832 在上电运行前有一个上电初始化的过程,因此在编程时,一上电后先进行延时等待,所以在调试时先按 F10 跳过延时等待,如图 10-16 所示。

当进行完程序初始化后,将示波器调整到能看见当前输出波形位置,接着运行程序发现波形随程序的运行而逐渐延伸出来,如图 10-17 所示。

依照项目 3.2 中所述将波形切换按键设为闭合状态,并在外部中断 0 入口处设置一个断点,全速运行程序使之进入中断停下,然后将按键重新设为断开状态。单步运行程序,发现 flag 标志取出后放置在 A 中,经取反操作后变为 0XFF,如图 10-18 所示。

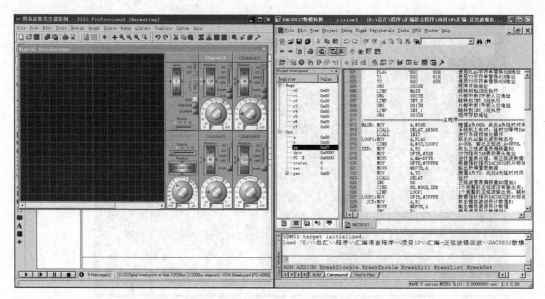

图 10-15　Proteus 与 Keil 联调界面

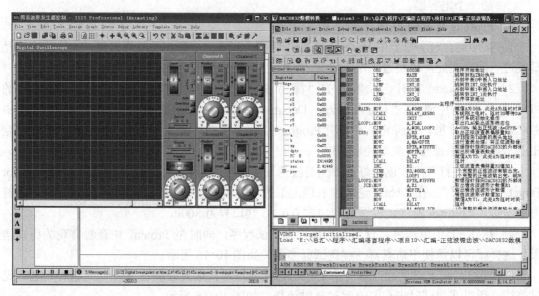

图 10-16　程序调试运行状态（一）

退出中断后，当 flag 标志变为 0xff 后，波形切换为锯齿波，如图 10-19 所示。当再次进入中断 0 后，波形又重新显示为正弦波，即每进入一次中断 0 波形切换一次。

同样的脉宽调节也可以使用同样的方法调试，在此就不再重复说明。

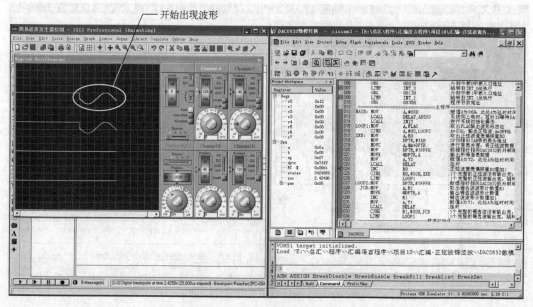

图 10-17　程序调试运行状态（二）

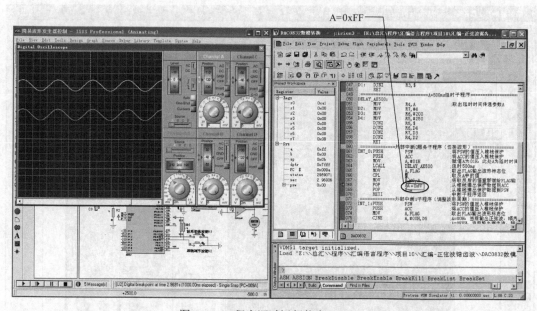

图 10-18　程序调试运行状态（三）

4．Proteus 仿真运行

用 Proteus 打开已绘制好的"简易波形发生器控制.DSN"，并将最后调试完成的程序重新编译生成新".HEX"文件导入 Proteus 中。

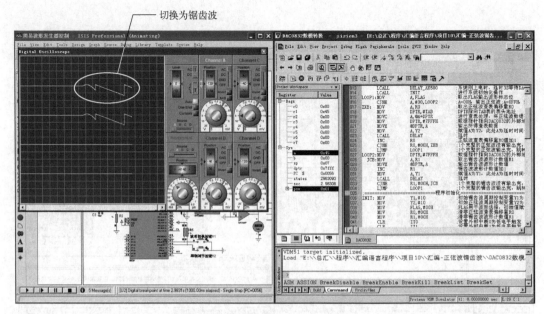

图 10-19　程序调试运行状态（四）

在 Proteus ISIS 编辑窗口中单击 ► 或在"Debug"菜单中选择" 🦷 Execute "，运行时，可通过波形切换按钮与脉宽调节按钮来改变波形形状，如图 10-20 和图 10-21 所示。

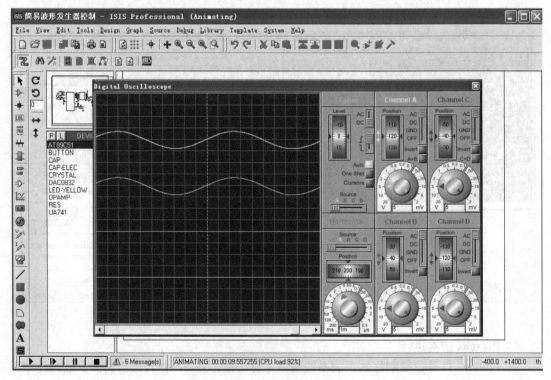

图 10-20　仿真运行结果界面（一）

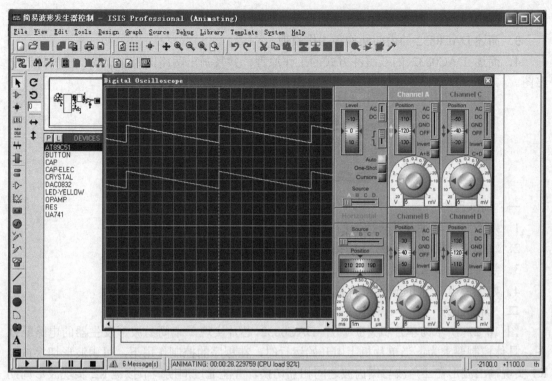

图 10-21 仿真运行结果界面（二）

随堂一练

一、选择题

1. DAC0832 的功能是（　　）。

　A. 模拟量转换为数字量　　　　　　B. 数字量转换为模拟量

　C. 模拟量转换为模拟量　　　　　　D. 数字量转换为数字量

2. 当 DAC0832 芯片进行多路同时转换输出时用哪种工作方式？（　　）

　A. 直通工作方式　　　　　　　　　B. 单缓冲工作方式

　C. 双缓冲工作方式　　　　　　　　D. 三种都行

3. 在 DAC0832 芯片进行多路转换时且要同时输出时，应该同时触发（　　）。

　A. 8 位输入寄存器　　B. $\overline{WR1}$　　　C. 8 位 DAC 寄存器　　　D. $\overline{XFER}$

4. 在 DAC0832 芯片进行直通转换时，$\overline{XFER}$、$\overline{WR2}$、$\overline{WR1}$、$\overline{CS}$ 的信号是（　　）。

　A. 1、0、0、0　　　　　　　　　　B. 0、0、0、0

　C. 0、0、0、1　　　　　　　　　　D. 1、1、0、0

5. 要想把数字送入 DAC0832 的输入缓冲器，其控制信号应满足（　　）。

　A. ILE=1，$\overline{CS}$=1，$\overline{WR1}$=0　　　B. ILE=1，$\overline{CS}$=0，$\overline{WR1}$=0

　C. ILE=0，$\overline{CS}$=1，$\overline{WR1}$=0　　　D. ILE=0，$\overline{CS}$=0，$\overline{WR1}$=0

二、思考题

1. 什么是 D-A？D-A 的衡量指标是哪些？

2．DA0832 有几种输入方式？分别是什么？

3．简述 DAC0832 的内部结构和工作原理。

4．简述 DAC0832 的双缓冲方式的工作原理，并且画出两路同时输出模拟量的控制电路图。

技能训练：波形发生器控制

一、训练目的

1．熟悉 D-A 转换及其转换器的基本知识；

2．掌握单片机与 DAC0832 的接口电路分析与设计；

3．学会进行 D-A 转换应用程序的分析与设计；

4．熟练使用 Proteus 进行单片机应用程序开发与调试。

二、训练任务

图 10-22 所示为单片机外扩一片 DAC0832 芯片实现一个简易波形发生器的电路原理图。具体控制要求为：当单片机上电开始运行时，在程序的控制作用下，可由波形切换按键 K1 实现输出波形在三角波与锯齿波之间相互切换，并能通过周期调节按键 K2 实现波形周期的大小调节，其具体的工作运行情况见本书附带光盘中的仿真运行视频文件。

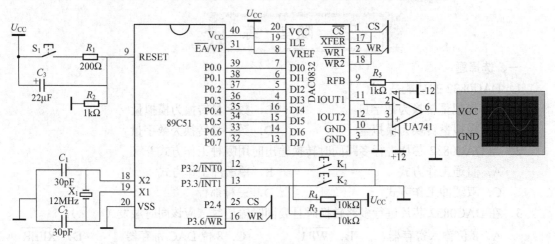

图 10-22　波形发生器控制

三、训练要求

训练任务要求如下：

1．进行单片机应用电路分析，并完成 Proteus 仿真电路图的绘制。

2．根据任务要求进行单片机控制程序流程和程序设计思路分析，画出程序流程图。

3．依据程序流程图在 Keil 中进行源程序的编写与编译工作。

4．在 Proteus 中进行程序的调试与仿真工作，最终完成实现任务要求的程序。

5．完成单片机应用系统实物装置的焊接制作，并下载程序实现正常运行。

附 录

附录 A　MCS-51 系列单片机汇编指令表

数据传送指令有 28 条，是指令系统中数量最多、使用也最频繁的一类指令。这类指令可分为三组：普通传送指令、数据交换指令、堆栈操作指令，如表 A-1 所示。

表 A-1　数据传送指令（共 28 条）

助 记 符	功　　能	P	OV	AC	Cy	字节数	周期数
		对标志位影响					
MOV　A，Rn	(Rn)→A	√	×	×	×	1	1
MOV　A，direct	(direct)→A	√	×	×	×	2	1
MOV　A，@Ri	((Ri))→A	√	×	×	×	1	1
MOV　A，#data	data→A	√	×	×	×	2	1
MOV　Rn，A	(A)→Rn	×	×	×	×	1	1
MOV　Rn，direct	(direct)→Rn	×	×	×	×	2	2
MOV　Rn，#data	data→Rn	×	×	×	×	2	1
MOV　direct，A	(A)→direct	×	×	×	×	2	1
MOV　direct，Rn	(Rn)→direct	×	×	×	×	2	2
MOV　direct 1，direct 2	(direct 2)→direct 1	×	×	×	×	3	2
MOV　direct，@Ri	((Ri))→direct	×	×	×	×	2	2
MOV　direct，data	(data)→direct	×	×	×	×	3	2
MOV　@Ri，A	(A)→(Ri)	×	×	×	×	1	1
MOV　@Ri，direct	(direct)→(Ri)	×	×	×	×	2	2
MOV　@Ri，#data	data→(Ri)	×	×	×	×	2	1
MOV　DPTR，#data16	data16→(DPTR)	×	×	×	×	3	2
MOVC　A，@A+DPTR	((A)+(DPTR))→A	√	×	×	×	1	2
MOVC　A，@A+PC	((A)+(PC))→A	√	×	×	×	1	2
MOVX　A，@Ri	((Ri)+P2)→A	√	×	×	×	1	2
MOVX　A，@DPTR	((DPTR))→A	√	×	×	×	1	2
MOVX　@Ri，A	(A)→(Ri)+(P2)	×	×	×	×	1	2
MOV　@DPTR，A	(A)→(DPTR)	×	×	×	×	1	2
PUSH　direct	(SP)+1→SP；(direct)→SP	×	×	×	×	2	2
POP　direct	((SP))→direct；(SP)-1→SP	×	×	×	×	2	2
XCH　A，Rn	(A)↔(Rn)	√	×	×	×	1	1
XCH　A，direct	(A)↔(direct)	√	×	×	×	2	1
XCH　A，@Ri	(A)↔((Ri))	√	×	×	×	1	1
XCHD　A，@Ri	$(A)_{3\sim0}↔((Ri))_{3\sim0}$	√	×	×	×	1	1

逻辑运算指令有 25 条，有逻辑与指令、或指令、异或指令、清零和求反以及循环移位指令，如表 A-2 所示。

表 A-2 逻辑运算指令（共 25 条）

助 记 符	功 能	对标志影响				字节数	周期数
		P	OV	AC	Cy		
ANL A, Rn	(A)∧(Rn)→A	√	×	×	×	1	1
ANL A, direct	(A)∧(direct)→A	√	×	×	×	2	1
ANL A, @Ri	(A)∧((Ri))→A	√	×	×	×	1	1
ANL A, #data	(A)∧data→A	√	×	×	×	2	1
ANL direct, A	(direct)∧(A)→direct	×	×	×	×	2	1
ANL direct, #data	(direct)∧data→direct	×	×	×	×	3	2
ORL A, Rn	(A)∨(Rn)→A	√	×	×	×	1	1
ORL A, direct	(A)∨(direct)→A	√	×	×	×	2	1
ORL A, @Ri	(A)∨((Ri))→A	√	×	×	×	1	1
ORL A, #data	(A)∨data→A	√	×	×	×	2	1
ORL direct, A	(direct)∨(A)→direct	×	×	×	×	2	1
ORL direct, #data	(direct)∨data→direct	×	×	×	×	3	2
XRL A, Rn	(A)⊕(Rn)→A	√	×	×	×	1	1
XRL A, direct	(A)⊕(direct)→A	√	×	×	×	2	1
XRL A, @Ri	(A)⊕((Ri))→A	√	×	×	×	1	1
XRL A, #data	(A)⊕data→A	√	×	×	×	2	1
XRL direct, A	(direct)⊕(A)→direct	×	×	×	×	2	1
XRL direct, #data	(direct)⊕data→direct	×	×	×	×	3	2
CLR A	0→A	√	×	×	×	1	1
CPL A	(⁻A)→A	×	×	×	×	1	1
RL A	A 循环左移一位	×	×	×	×	1	1
RLC A	A 带进位循环左移一位	√	×	×	√	1	1
RR A	A 循环右移一位	×	×	×	×	1	1
RRC A	A 带进位循环右移一位	√	×	×	√	1	1
SWAP A	A 半字节交换	×	×	×	×	1	1

控制转移指令有 17 条，包括子程序调用及返回指令、无条件转移指令、条件转移指令、空操作指令，如表 A-3 所示。

表 A-3 控制转移指令（共 17 条）

助 记 符	功 能	对标志影响				字节数	周期数
		P	OV	AC	Cy		
ACALL addr11	(PC)+2→PC, (SP)+1→SP, (PC)_L→SP (SP)+1→SP,(PC)_H→SP,addr11→PC_(10~0)	×	×	×	×	2	2
LCALL addr16	(PC)+3→PC, (SP)+1→SP, (PC)_L→SP (SP)+1→SP, (PC)_H→SP, addr16→PC	×	×	×	×	3	2

助 记 符	功 能	对标志影响				字节数	周期数
		P	OV	AC	Cy		
RET	$((SP))\to PC_H$, $(SP)-1\to SP$ $((SP))\to PC_L$, $(SP)-1\to SP$	×	×	×	×	1	2
RETI	$((SP))\to PC_H$, $(SP)-1\to SP$ $((SP))\to PC_L$, $(SP)-1\to SP$ 从中断返回	×	×	×	×	1	2
AJMP addr11	$(PC)+2\to PC$, $addr11\to PC_{(10\sim0)}$	×	×	×	×	2	2
LJMP addr16	$addr16\to PC$	×	×	×	×	3	2
SJMP rel	$(PC)+2\to PC$, $(PC)+rel\to PC$	×	×	×	×	2	2
JMP @A+DPTR	$(A)+(DPTR)\to PC$	×	×	×	×	1	2
JZ rel	$(PC)+2\to PC$ 若$(A)=0$, $(PC)+rel\to PC$	×	×	×	×	2	2
JNZ rel	$(PC)+2\to PC$ 若$(A)\ne0$, $(PC)+rel\to PC$	×	×	×	×	2	2
CJNE A,direct,rel	$(PC)+3\to PC$ 若(direct)<(A)则$(PC)+rel\to PC$, 且cy=0 若(direct) > (A)则$(PC)+rel\to PC$, 且cy=1, 若(direct)=(A), 则顺序执行, 且cy=0	×	×	×	√	3	2
CJNE A,#data,rel	$(PC)+3\to PC$ 若data<(A)则$(PC)+rel\to PC$, 且cy=0 若data > (A)则$(PC)+rel\to PC$, 且cy=1, 若data=(A), 则顺序执行, 且cy=0	×	×	×	√	3	2
CJNE Rn,#data,rel	$(PC)+3\to PC$ 若data<(Rn)则$(PC)+rel\to PC$, 且cy=0 若data > (Rn)则$(PC)+rel\to PC$, 且cy=1, 若data=(Rn), 则顺序执行, 且cy=0	×	×	×	√	3	2
CJNE @Ri, #data, rel	$(PC)+3\to PC$ 若data<((Ri))则$(PC)+rel\to PC$, 且cy=0 若data > ((Ri))则$(PC)+rel\to PC$, 且cy=1, 若data=((Ri)), 则顺序执行, 且cy=0	×	×	×	√	3	2
DJNZ Rn,rel	$(PC)+2\to PC$, $(Rn)-1\to PC$, 若$(Rn)\ne0$, 则$(PC)+(rel)\to PC$, 若$(Rn)=0$, 则顺序执行	×	×	×	×	2	2
DJNZ direct,rel	$(PC)+3\to PC$, $(direct)-1\to PC$, 若$(direct)\ne0$, 则$(PC)+(rel)\to PC$, 若$(direct)=0$, 则顺序执行	×	×	×	×	3	2
NOP	$(PC)+1=PC$	×	×	×	×	1	1

算术运算指令有 24 条，有加法指令、减法指令、乘法指令、除法指令和 BCD 调整指令，如表 A-4 所示。

表 A-4 算术运算指令（共 24 条）

助 记 符	功 能	对标志影响				字节数	周期数
		P	OV	AC	Cy		
ADD A,Rn	$(A)+(Rn)\to A$	√	√	√	√	1	1
ADD A,direct	$(A)+(direct)\to A$	√	√	√	√	2	1
ADD A,@Ri	$(A)+((Ri))\to A$	√	√	√	√	1	1
ADD A,#data	$(A)+ data\to A$	√	√	√	√	2	1
ADDC A,Rn	$(A)+(Rn)+Cy\to A$	√	√	√	√	1	1
ADDC A,direct	$(A)+(direct)+ Cy\to A$	√	√	√	√	2	1
ADDC A,@Ri	$(A)+((Ri))+Cy\to A$	√	√	√	√	1	1
ADDC A,#data	$(A)+ data +Cy\to A$	√	√	√	√	2	1
SUBB A,Rn	$(A)-(Rn)-Cy\to A$	√	√	√	√	1	1
SUBB A, direct	$(A)-(direct)-Cy\to A$	√	√	√	√	2	1

助 记 符	功 能	对标志影响				字节数	周期数
		P	OV	AC	Cy		
SUBB A，@Ri	(A)-((Ri))-Cy→A	√	√	√	√	1	1
SUBB A，#data	(A)- data - Cy→A	√	√	√	√	2	1
INC A	(A)+ 1→A	√	×	×	×	1	1
INC Rn	(Rn)+ 1→Rn	×	×	×	×	1	1
INC direct	(direct)+ 1→direct	×	×	×	×	2	1
INC @Ri	((Ri))+ 1→(Ri)	×	×	×	×	1	1
INC DPTR	(DPTR)+ 1→DPTR	×	×	×	×	1	2
DEC A	(A)- 1→A	√	×	×	×	1	1
DEC Rn	(Rn)- 1→Rn	×	×	×	×	1	1
DEC direct	(direct)- 1→direct	×	×	×	×	2	1
DEC @Ri	((Ri))- 1→(Ri)	×	×	×	×	1	1
MUL AB	(A)*(B)→BA	√	√	×	0	1	4
DIV AB	(A)/(B)→A(商)、B(余)	√	√	×	0	1	4
DA A	对 A 进行十进制调整	√	×	√	√	1	1

在 MCS-51 系统中，有 17 条位操作指令，包括位逻辑运算指令、位传送指令指令、位控制转移指令，如表 A-5 所示。

表 A-5 位操作指令（共 17 条）

助 记 符	功 能	对标志影响				字节数	周期数
		P	OV	AC	Cy		
CLR C	0→Cy	×	×	×	√	1	1
CLR bit	0→bit	×	×	×	×	2	1
SETB C	1→Cy	×	×	×	√	1	1
SETB bit	1→bit	×	×	×	×	2	1
CPL C	(~Cy)→Cy	×	×	×	√	1	1
CPL bit	(~bit)→bit	×	×	×	×	2	1
ANL C, bit	Cy∧(bit)→Cy	×	×	×	√	2	2
ANL C, /bit	Cy∧(~bit)→Cy	×	×	×	√	2	2
ORL C, bit	Cy∨(bit)→Cy	×	×	×	√	2	2
ORL C, /bit	Cy∨(~bit)→Cy	×	×	×	√	2	2
MOV C, bit	(bit)→Cy	×	×	×	√	2	1
MOV bit, C	Cy→bit	×	×	×	×	2	2
JC rel	(PC)+2→PC 若(Cy)=1，(PC)+rel→PC	×	×	×	×	2	2
JNC rel	(PC)+2→PC 若(Cy)=0，(PC)+rel→PC	×	×	×	×	2	2
JB bit,rel	(PC)+3→PC 若(bit)=1，(PC)+rel→PC	×	×	×	×	3	2
JNB bit,rel	(PC)+3→PC 若(bit)=0，(PC)+rel→PC	×	×	×	×	3	2
JBC bit,rel	(PC)+3→PC 若(bit)=1 则(PC)+rel→PC，0→bit	×	×	×	×	3	2

伪指令共有 7 条。伪指令是放在汇编语言源程序中用于指示汇编程序如何对源程序进行汇编的指令，伪指令在汇编程序汇编时不会产生代码，只是对汇编过程进行相应的控制和说明，如表 A-6 所示。

表 A-6　伪指令（共 7 条）

伪　指　令	功　　能	格　　式
ORG	规定本条指令下面的程序和数据的起始地址	ORG　Addr16
EQU	将一个常数或汇编符号赋给字符名	字符名 EQU 常数或汇编符号
BIT	将 BIT 之后的位地址值赋给字符名	字符名 BIT 位地址
DB	从指定的 ROM 地址单元开始存入 DB 后面的数据，这些数据可以是用逗号隔开的字节串或括在单引号中的 ASCII 字符串	DB　8 位数据表
DW	从指定的 ROM 地址开始，在连续的单元中定义双字节数据	DW　16 位数据表
DS	从指令地址开始保留 DS 之后表达式的值所规定的存储单元数，以备后用	DS　表达式
END	用来指示源程序到此全部结束	END

 附录 B　C51 关键字和常用标准库函数

一、关键字

关键字是 C51 已定义的具有固定名称和特定含义的特殊标识符，又称为保留字，用户在定义声明常数、变量以及标识符时不能使用保留字。ANSIC 标准关键字说明如表 B-1 所示，C51 扩展的关键字说明如表 B-2 所示。

表 B-1　ANSI 标准的关键字表

关　键　字	用　　途	说　　明
auto	存储种类声明	用于声明局部变量，默认值是此
break	程序语句	退出最内层循环体
case	程序语句	Switch 语句中的选择项
char	数据类型声明	单字节整型或字符型数据
continue	程序语句	退出本次循环，转向下一次
defaut	程序语句	Switch 语句中的失败选择项
do	程序语句	构成 do…while 循环结构
double	数据类型声明	双精度浮点数
else	程序语句	构成 If….else 选择结构
extern	存储类型	全局变量
float	数据类型	单精度浮点数
for	程序语句	构成 for 循环结构
goto	程序语句	构成 goto 转移结构
if	程序语句	构成 if…else 选择结构
int	数据类型	基本整型数

关 键 字	用 途	说 明
long	数据类型	长整型数
return	程序语句	函数返回
short	数据类型	短整型
signed	数据类型	有符号数
unsigned	数据类型	无符号数
switch	程序语句	构成 Switch 选择结构
while	程序语句	构成 while 和 do...while 循环结构
const	存储类型声明	在程序执行过程中不可修改的变量值
enum	数据类型	枚举
register	存储类型	CPU 内部的寄存器变量
sizeof	运算符	计算表达式或数据类型的字节数
static	存储类型	静态变量
struct	数据类型声明	结构类型
typedef	数据类型	重新进行数据类型定义
union	数据类型	联合类型数据
void	数据类型	无类型数据
volatile	数据类型	声明该变量在程序执行中可被隐含改变

表 B-2　C51 扩展的关键字

关 键 字	用 途	说 明
_at_	绝对地址定义	定义一个地址数据
bit	位标量声明	声明一个位标量或位类型的函数
sbit	位标量声明	声明一个可位寻址变量
sfr	特殊功能寄存器声明	声明一个特殊功能寄存器
sfr16	特殊功能寄存器声明	声明一个 16 位的特殊功能寄存器
data	存储类型说明	直接寻址的内部数据存储器
bdata	存储类型说明	可位寻址的内部数据寄存器
idata	存储类型说明	间接寻址的内部数据寄存器
Pdata	存储类型说明	分页寻址的外部数据寄存器
xdata	存储类型说明	外部数据存储器
code	存储类型说明	程序存储器
interrupt	中断函数说明	定义一个中断函数
reentrant	再入函数说明	定义一个再入函数
using	寄存器组定义	定义芯片的工作寄存器

二、C51 重要库函数

1．绝对地址访问函数库

绝对地址访问函数库提供了一些宏定义的函数，用于对存储空间的访问。绝对地址访问函数库的原型声明包含在头文件 absacc.h 中，常用函数如表 B-3 所示。

该文件中实际只定义几个宏，以确定各存储空间的绝对地址。

包括：CBYTE、XBYTE、PWORD、DBYTE、CWORD、XWORD、PBYTE、DWORD

例如：rval=CBYTE[0X0002];　　指向程序存储器的 0002h 地址

表 B-3　绝对地址访问函数库的常用函数表

函　　数	功　　能	函　　数	功　　能
CBYTE	对 8051 单片机的存储空间进行寻址 CODE 区	PWORD	访问 8051 的 PDATA 区存储器空间
DBYTE	对 8051 单片机的存储空间进行寻址 IDATA 区	XWORD	访问 8051 的 XDATA 区存储器空间
PBYTE	对 8051 单片机的存储空间进行寻址 PDATA 区	FVAR	访问 far 存储器区域
XBYTE	对 8051 单片机的存储空间进行寻址 XDATA 区	FARRAY	访问 far 空间的数组类型目标
CWORD	访问 8051 的 CODE 区存储器空间	FCARRAY	访问 faconst far 空间的数组类型目标
DWORD	访问 8051 的 IDATA 区存储器空间		

　　rval=XWORD[0X0002];　　指向外 RAM 的 0004h 地址

2. 内部函数库

　　内部函数库提供了循环移位和延时等操作。内部函数的原型声明包含在头文件 intrins.h 中，内部函数库的常用函数如表 B-4 所示。

表 B-4　内部函数库的常用函数

函　　数	功　　能
crol	将字符型数据按照二进制循环左移 n 位
irol	将整型数据按照二进制循环左移 n 位
lrol	将长整型数据按照二进制循环左移 n 位
cror	将字符型数据按照二进制循环右移 n 位
iror	将整型数据按照二进制循环右移 n 位
lror	将长整型数据按照二进制循环右移 n 位
nop	使单片机程序产生延时
testnit	对字节中的一位进行测试

　　原型一：

　　unsigned char _crol_(unsigned char val,unsigned char n)；字符循环左移

　　unsigned int _irol_(unsigned int val,unsigned char n)；整数循环左移

　　unsigned int _lrol_(unsigned int val ,unsigned char n)；长整数循环左移

　　原型二：

　　unsigned char _cror_(unsigned char val,unsigned char n)；字符循环右移

　　unsigned int _iror_(unsigned int val,unsigned char n)；整数循环右移

　　unsigned int _lror_(unsigned int val ,unsigned char n)；长整数循环右移

　　原型三：

　　void _nop_(void)；产生一个 NOP 指令，该函数可用做 C 程序的延时时间，延时时间为一个机器周期。

　　原型四：

　　bit _testbit_(bit x)；该函数测试一个位，当置位时返回 1，否则返回 0。如果该位置为 1，则将该位复位为 0。_testbit_只能用于可直接寻址的位；在表达式中使用是不允许的。

3. regx51.h

　　标准的 8051 头文件，定义了所有的特殊功能寄存器 SFR 名及位名定义，一般系统都必须包括头文件。

4．标准函数库

标准函数库提供了一些数据类型转换以及存储器分配等操作函数。标准函数的原型声明包含在头文件 stdlib.h 中，标准函数库的函数如表 B-5 所示。

表 B-5　常用的标准函数表

函　数	功　能	函　数	功　能
atoi	对 8051 单片机的存储空间进行寻址 CODE 区	srand	初始化随机数发生器的随机种子
atol	对 8051 单片机的存储空间进行寻址 IDATA 区	calloc	为 n 个元素的数组分配内存空间
atof	对 8051 单片机的存储空间进行寻址 PDATA 区	free	释放前面已分配的内存空间
strtod	对 8051 单片机的存储空间进行寻址 XDATA 区	init_mempool	对前面申请的内存进行初始化
strtol	访问 8051 的 CODE 区存储器空间	malloc	在内存中分配指定大小的存储空间
strtoul	访问 8051 的 IDATA 区存储器空间	realloc	调整先前分配的存储器区域大小
rand	返回一个 0～32767 的伪随机数		

5．字符串函数库

字符串函数的原型声明包含在头文件 string.h 中。在 C51 语言中，字符串应包括两个或多个字符，字符串的结尾以空字符来表示。字符串函数通过接受指针串来对字符串进行处理。常用的字符串函数如表 B-6 所示。

表 B-6　常用的字符串函数

函　数	功　能
memchr	在字符串中顺序查找字符
memcmp	按照指定的长度比较两个字符串的大小
memcpy	复制指定长度的字符串
memccpy	复制字符串，如果遇到终止字符则停止复制
memmove	复制字符串
memset	按规定的字符填充字符串
strcat	复制字符串到另一个字符串的尾部
strnccat	复制指定长度的字符串到另一个字符串的尾部
strcmp	比较两个字符串的大小
strncmp	比较两个字符串的大小，比较到字符串结束符后便停止
strcpy	将一个字符串覆盖另一个字符串
strncpy	将一个指定长度的字符串覆盖另一个字符串
strlen	返回字符串字符总数
strstr	搜索字符串出现的位置
strchr	搜索字符出现的位置
strops	搜索并返回字符出现的位置
strrchr	检查字符在指定字符串中第一次出现的位置
strrpos	检查字符串在指定字符串中最后一次出现的位置
strspn	查找不包含在指定字符集中的字符
strcspn	查找包含在指定字符集中的字符
strpbrk	查找第一个包含在指定字符集中的字符
strrpbrk	查找最后一个包含在指定字符集中的字符

6. 字符函数库

字符函数库提供了对单个字符进行判断和转换的函数。字符函数库的原型声明包含在头文件 ctype.h 中，字符函数库的常用函数如表 B-7 所示。

表 B-7　常用字符处理函数

函　数	功　能	函　数	功　能
isalpha	检查形参字符是否为英文字母	isspace	检查形参字符是否为控制字符
isalnum	检查形参字符是否为英文字母或数字字符	isxdigit	检查形参字符是否为十六进制数字
iscntrl	检查形参字符是否为控制字符	toint	转换形参字符为十六进制数字
isdigit	检查形参字符是否为十进制数字	tolower	将大写字符转换为小写字符
isgraph	检查形参字符是否为可打印字符	toupper	将小写字符转换为大写字符
isprint	检查形参字符是否为可打印字符以及表格	toascii	将任何字符型参数缩小到有效的 ASCII 范围之内
ispunct	检查形参字符是否为标点、空格或格式字符	_tolower	将大写字符转换为小写字符
islower	检查形参字符是否为小写英文字母	_toupper	将小写字符转换为大写字符
isupper	检查形参字符是否为大写英文字母		

7. 数学函数库

数学函数库提供了多个数学计算的函数，其原型声明包含在头文件 math.h 中，数学函数库的函数如表 B-8 所示。

表 B-8　数学函数库的函数

函　数	功　能	函　数	功　能
abs	计算并返回输出整型数据的绝对值	exp	计算并返回输出浮点数 x 的指数
cabs	计算并返回输出字符型数据的绝对值	log	计算并返回浮点数 x 的自然对数
fabs	计算并返回输出浮点型数据的绝对值	log10	计算并返回浮点数 x 的以 10 为底的对数值
labs	计算并返回输出长整型数据的绝对值	sqrt	计算并返回浮点数 x 的平方根
ceil	计算并返回一个不小于 x 的最小正整数	modf	将浮点型数据的整数和小数部分分开
floor	计算并返回一个不大于 x 的最小正整数	pow	进行幂指数运算
cos、sin、tan、acos、asin	计算三角函数的值	atan、atan2、cosh、sinh、tanh	计算三角函数的值

8. I/O 函数库

I/O 函数主要用于数据通过串口的输入和输出等操作，C51 的 I/O 库函数的声明包含在头文件 stdio.h 中。由于这些 I/O 函数使用了 8051 单片机的串行接口，因此在使用之前需要先进行串口的初始化。然后，才可以实现正确的数据通信。

 # 附录 C　Proteus 常用元器件符号表

元器件符号	元器件名称
7SEG-MPX4-CC	四位共阴极 7 段数码管显示器
7SEG-MPX8-CC	八位共阴 7 段数码管显示器
7SEG-MPX4-CA	四位共阳极 7 段数码管显示器

（续）

元器件符号	元器件名称
7SEG-MPX8-CA	八位共阳 7 段数码管显示器
MATRIX?	点阵发光管
LAMP	灯泡
LED-	发光二极管
LED-BI?	双色
OPTOCOUPLER?	光电隔离
TORCH-LDR	光敏传感器
HCNR200	高速线性逻辑光耦
TRAFFIC	交通灯
Resistor 各种电阻	
POT	三引线可变电阻器
POWER	电源
RESISTOR	电阻器
RX8	电阻排（无公共端）
CCR	电流控线形电阻
POT-HG	三引线高精度可变电阻器
RES	电阻
RESPACK?	电阻排（有公共端）
VARISTOR	变阻器
Capacitors 电容集合	
CAP	电容
CAP-POL	有极性电容
CAP-PRE	可预置电容
Cap-ELEC	电解电容
CAP-VAR	可调电容
INDUCTORS 电感	
INDUCTOR	电感
INDUCTOR IRON	带铁心电感
DIODE 二极管	
DIODE	VARACTOR
GBPC800	整流桥堆
DIODE	SCHOTTKY
ZENER?	齐纳二极管
DF005M	整流桥堆
Switches & Relays 开关，继电器，键盘	
SW-?	开关
SWITCH	按钮
GQ5-?	直流继电器

元器件符号	元器件名称
Switches & Relays 开关，继电器，键盘	
BUTTON	按键
KEYPAD	矩阵按键
Switching　Devices 晶闸管	
TRIAC?	三段三向晶闸管
Transistors 晶体管（晶体管，场效应晶体管）	
JFET N N	沟通场效应晶体管
NPN	NPN 晶体管
NPN DAR	NPN 晶体管
SCR	晶闸管
JFET P P	沟通场效应晶体管
PNP	PNP 晶体管
PNP DAR	PNP 晶体管
MOSFET	MOS 管
Analog　Ics 模拟电路集成芯片	
OPAMP	运放
Electromechanical 电动机	
MOTOR	AC
MOTOR	SERVO
MOTOR	电动机
MOTORDC	直流电动机
ALTERNATOR	交流发电机
TTL　74 series	
74LS00	与非门
74LS08	与门
74LS04	非门
74LS390	TTL
Connectors 排座，排插	
SOCKET?	插座
CONN	插口
Simulator　Primitives 常用的器件	
AND	与门
NAND	与非门
NOT	非门
BATTERY	直流电源
SOURCE	VOLTAGE
AMMETER	安培计
BUS	总线
NOR	或非门
TRIODE?	三级真空管
SOURCE	CURRENT
SHT?	温湿度传感器
VOLTMETER	伏特计

元器件符号	元器件名称
Memory ICS	
AT24C02	
Microprocessor ICS	
MEGA16	
MSP430	
AT89C51	
Miscellaneous 各种器件	
AERIAL	天线
CELL	电池
FUSE	熔丝
GROUND	地
BUZZER	蜂鸣器
SOUNDER	扬声器（数字）
METER	仪表
BATTERY	电池/电池组
POWER	电源
CRYSTAL	晶振
SPEAKER	扬声器（模拟）
Debugging Tools 调试工具	
LOGIC ANALYSER	逻辑分析器
COUNTER TIMER	计数器
I2C DEBUGGER	I2C 协议调试器
SIGNAL GENERATOR	信号发生器
OSCILLOSCOPE	示波器
SPI DEBUGGER	SPI 协议调试器
VIRTUAL TERMINAL	虚拟终端
PROTEUS 原理图元器件库详细说明	
Device.lib	包括电阻、电容、二极管、晶体管和 PCB 的连接器符号
ACTIVE.LIB	包括虚拟仪器和有源器件
DIODE.LIB	包括二极管和整流桥
DISPLAY.LIB	包括 LED，LCD
BIPOLAR.LIB	包括晶体管
FET.LIB	包括场效应晶体管
ASIMMDLS.LIB	包括模拟元器件
VALVES.LIB	包括电子管
ANALOG.LIB	包括电源调节器，运放和数据采样 IC
CAPACITORS.LIB	包括电容
COMS.LIB	包括 400 系列
ECL.LIB	包括 ECL10000 系列
OPAMP.LIB	包括运算放大器
MICRO.LIB	包括通用微处理器
RESISTORS.LIB	包括电阻

元器件符号	元器件名称
PROTEUS 原理图元器件库详细说明	
FAIRCHLD.LIB	包括 FAIRCHLD 半导体公司的分立器件
LINTEC.LIB	包括 LINTEC 公司的运算放大器
NATDAC.LIB	包括国家半导体公司的运算放大器
TECOOR.LIB	包括 TECOOR 公司的 SCR 和 TRIAC
TEXOAC.LIB	包括德州仪器公司的运算放大器和比较器
ZETEX.LIB	包括 ZETEX 公司的分立器件

 # 附录 D　程序下载器制作及其下载

当完成程序的编写工作后，我们需将所编译成功的.HEX 文件下载至芯片中进行脱机运行调试。此时根据项目 7 中所述串口通信知识，焊接图 D-1 所示的程序下载器进行下载。

图 D-1　程序下载器实物装置

其电路原理图及元器件表如图 D-2 和表 D-1 所示。

表 D-1　程序下载器元器件表

名　称	型　号	数　量
单片机调试座	40P	1
串口母口		1
MAX232		1
电解电容	1μF	4
电阻	1kΩ	1
电阻	200Ω	1
电阻	470Ω	2
电解电容	22μF	1
晶振	11.0592MHz	1
陶瓷电容	30pF	2
串口通信指示灯	红色	1
串口通信指示灯	绿色	1

名　称	型　号	数　量
按钮		1
电源接孔		1
导线		若干

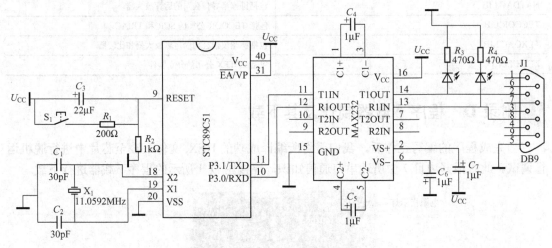

图 D-2　程序下载器电路原理图

当有了程序下载器后，我们就可以进行程序的下载。程序的下载可使用 STC-ISP 官方下载软件，其使用步骤如下：

1）根据计算机的系统安装 USB 转串口驱动。

2）当安装完 USB 驱动后进行重启计算机，使用 USB 转串口线将下载器与计算机相连接（听到有"噔噔"一声），然后打开设备管理器（"我的电脑"→"管理"→"设备管理器"），展开"端口"页面，查看 USB-to-Serial 是哪个端口，如图 D-3 所示（COM3）。

图 D-3　查看 USB 端口号

3）将 STC89C51 单片机放进单片机调试座中并夹紧芯片，芯片缺口朝手杆方向放置，切勿放反！

4）用鼠标双击打开 STC 单片机下载软件 STC-ISP，其图标为 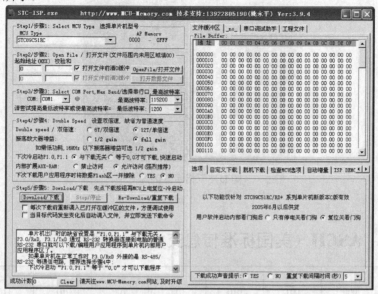，将进入下载软件界面，如图 D-4 所示。

图 D-4 下载软件界面

5）依据实际情况，选择芯片型号、串行端口（选择与步骤 2 所查看的端口号一致），当设置无误后单击 OPENFILE 导入所要下载的.HEX 文件，单击 Download/下载。在下方的提示窗口中会出现"正单片机进行握手连接..."的提示，当握手成功后，又会出现"请给 MCU 上电"的提示，如图 D-5 所示。

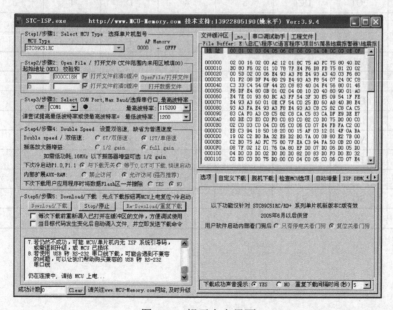

图 D-5 提示上电界面

6）根据提示给下载器上电，此时发现下载器上的指示灯不断闪烁，表明程序正在下载中，如图 D-6 所示。

图 D-6 指示灯闪烁

 附录 E ASCII（美国标准信息交换码）表

字符 d6d5d4 ＼ d3d2d1d0	000	001	010	011	100	101	110	111
0000	NUL	DLE	SP	0	@	P		p
0001	SOH	DC1	!	1	A	Q	a	q
0010	STX	DC2	"	2	B	R	b	r
0011	ETX	DC3	#	3	C	S	c	s
0100	EOT	DC4	$	4	D	T	d	t
0101	ENQ	NAK	%	5	E	U	e	u
0110	ACK	SYN	&	6	F	V	f	v
0111	BEL	ETB	,	7	G	W	g	w
1000	BS	CAN	(	8	H	X	h	x
1001	HT	EM	)	9	I	Y	i	y
1010	LF	SUB	*	:	J	Z	j	z
1011	VT	ESC	+	;	K	[	k	{
1100	FF	FS	'	<	L	\	l	|
1101	CR	GS	–	=	M	]	m	}
1110	SO	RS	.	>	N	Ω	n	~
1111	SI	US	/	?	O	—	o	DEL

参 考 文 献

[1] 秦志强. C51 单片机应用与 C 语言程序设计[M]. 北京：电子工业出版社，2009.

[2] 苏家健，等. 单片机原理及应用技术[M]. 北京：高等教育出版社，2004.

[3] 赵润林，等. 汇编语言程序设计——教程与实训[M]. 北京：北京大学出版社，2006.

[4] 毕万新. 单片机原理与接口技术[M]. 大连：大连理工大学出版社，2005.

[5] 张永枫，等. 单片机应用实训教程[M]. 北京：清华大学出版社，2008.

[6] 蔡柏樟. 视窗 51 模拟实物——组合语言篇[M]. 台北：知行文化事业股份有限公司，2000.

[7] 戴娟，等. 单片机技术与项目实施[M]. 南京：南京大学出版社，2010.

[8] 高锋. 单片机习题与试题解析[M]. 北京：北京航空航天大学出版社，2006.

[9] 吴金戌，等. 8051 单片机实践与应用[M]. 北京：清华大学出版社，2002.

[10] 高锋. 单片微型计算机原理与接口技术[M]. 北京：科学出版社，2003.

[11] 刘文涛. 单片机语言 C51 典型应用技术[M]. 北京：人民邮电出版社，2005.

[12] 张义和，等. 例说 51 单片机（C 语言版）[M]. 北京：人民邮电出版社，2008.

[13] 林小茶. C 语言程序设计[M]. 北京：中国铁道出版社，2004.

[14] 王静霞，等. 单片机应用技术（C 语言版）[M]. 北京：电子工业出版社，2009.

[15] 万隆，等. 单片机原理与实例应用[M]. 北京：清华大学出版社，2011.

[16] 郁文工作室. 嵌入式 C 语言程序设计——使用 MCS-51[M]. 北京：人民邮电出版社，2006.

[17] 谢维成，等. 单片机原理与应用及 C51 程序设计[M]. 北京：清华大学出版社，2009.

[18] 徐海峰，等. C51 单片机项目式教程[M]. 北京：清华大学出版社，2011.

[19] 张志良. 单片机原理与控制技术[M]. 北京：机械工业出版社，2005.

[20] 张平川，等. 单片机原理与技术项目化教程[M]. 哈尔滨：哈尔滨工程大学出版社，2011.

[21] 金杰. 单片机技术应用项目教程[M]. 北京：电子工业出版社，2010.

[22] 侯玉宝，等. 基于 Proteus 的 51 系列单片机设计与仿真[M]. 北京：电子工业出版社，2008.

[23] 陈明荧. 8051 单片机课程设计实训教材[M]. 北京：清华大学出版社，2004.

[24] 徐江海. 单片机实用教程[M]. 北京：机械工业出版社，2006.

[25] 周兴华. 手把手教你学单片机[M]. 北京：北京航空航天大学出版社，2007.

[26] 孙惠芹. 单片机项目设计教程[M]. 北京：电子工业出版社，2009.

[27] 张景璐，等. 51 单片机项目教程[M]. 北京：人民邮电出版社，2010.

[28] 王喜云. 单片机应用基础项目教程[M]. 北京：机械工业出版社，2009.

[29] 徐大诚，等. 微型计算机控制技术及应用[M]. 北京：高等教育出版社，2003.

[30] 蔡柏樟. 视窗 51 模拟实物——C 语言篇[M]. 台北：知行文化事业股份有限公司，2000.

[31] 蔡美琴，等. MCS-51 系列单片机系统及其应用[M]. 北京：高等教育出版社，1992.

[32] 高建国，等. 单片机实战项目教程[M]. 武汉：华中科技大学出版社，2010.

[33] 狄建雄. 自动化类专业毕业设计指南[M]. 南京：南京大学出版社，2007.

精品教材推荐

电子工艺与技能实训教程

书号：ISBN 978-7-111-34459-9

定价：33.00 元　　作者：夏西泉　刘良华

推荐简言：

　　本书以理论够用为度、注重培养学生的实践基本技能为目的，具有指导性、可实施性和可操作性的特点。内容丰富、取材新颖、图文并茂、直观易懂，具有很强的实用性。

综合布线技术

书号：ISBN 978-7-111-32332-7

定价：26.00 元　　作者：王用伦　陈学平

推荐简言：

　　本书面向学生，便于自学。习题丰富，内容、例题、习题与工程实际结合，性价比高，有实用价值。

集成电路芯片制造实用技术

书号：ISBN 978-7-111-34458-2

定价：31.00 元　　作者：卢静

推荐简言：

　　本书的内容覆盖面较宽，浅显易懂；减少理论部分，突出实用性和可操作性，内容上涵盖了部分工艺设备的操作入门知识，为学生步入工作岗位奠定了基础，而且重点放在基本技术和工艺的讲解上。

通信终端设备原理与维修　第2版

书号：ISBN 978-7-111-34098-0

定价：27.00 元　　作者：陈良

推荐简言：

　　本书是在2006年第1版《通信终端设备原理与维修》基础上，结合当今技术发展进行的改编版本，旨在为高职高专电子信息、通信工程专业学生提供现代通信终端设备原理与维修的专门教材。

SMT 基础与工艺

书号：ISBN 978-7-111-35230-3

定价：31.00 元　　作者：何丽梅

推荐简言：

　　本书具有很高的实用参考价值，适用面较广，特别强调了生产现场的技能性指导，印刷、贴片、焊接、检测等 SMT 关键工艺制程与关键设备使用维护方面的内容尤为突出。为便于理解与掌握，书中配有大量的插图及照片。

MATLAB 应用技术

书号：ISBN 978-7-111-36131-2

定价：22.00 元　　作者：于润伟

推荐简言：

　　本书系统地介绍了 MATLAB 的工作环境和操作要点，书末附有部分习题答案。编排风格上注重精讲多练，配备丰富的例题和习题，突出 MATLAB 的应用，为更好地理解专业理论奠定基础，也便于读者学习及领会 MATLAB 的应用技巧。